彩 插

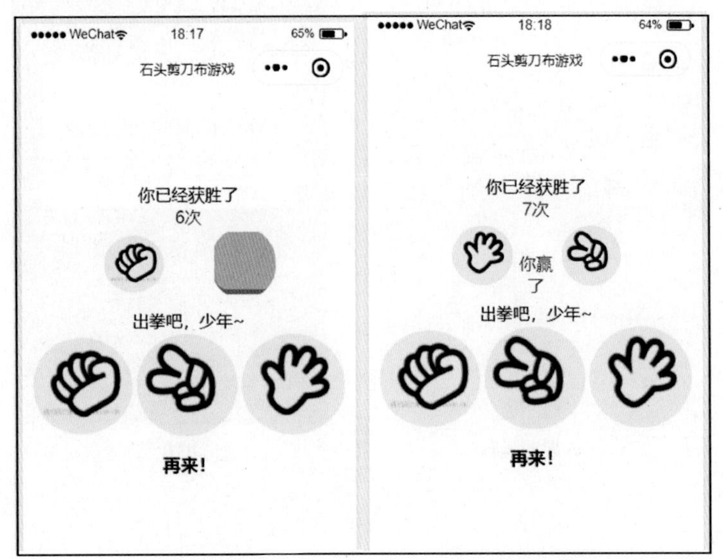

(a) 玩家出拳前　　(b) 玩家出拳后

第 4 章　石头剪刀布

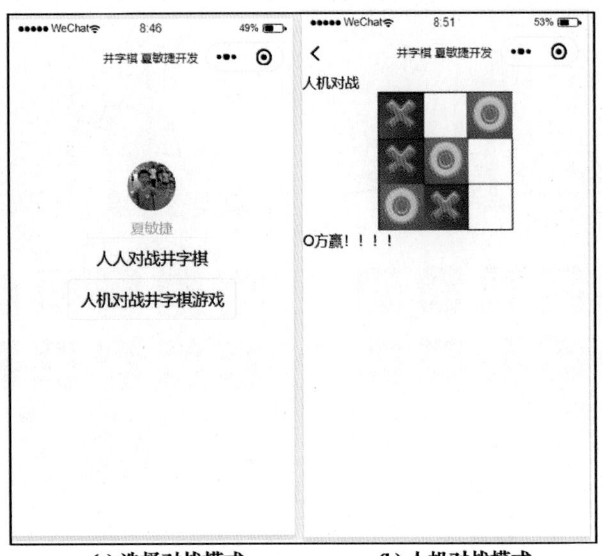

(a) 选择对战模式　　(b) 人机对战模式

第 5 章　井字棋

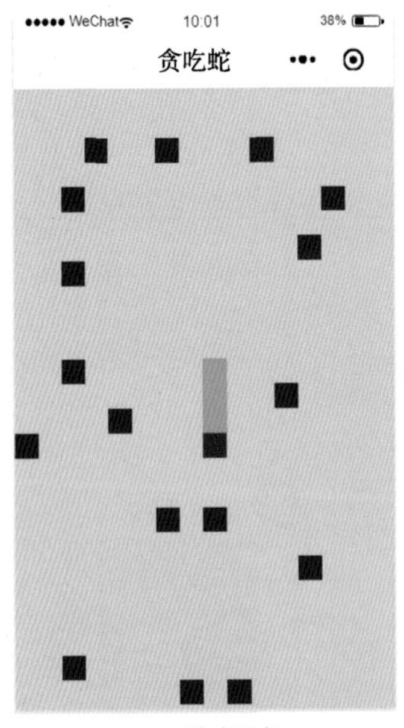

(a) 游戏运行

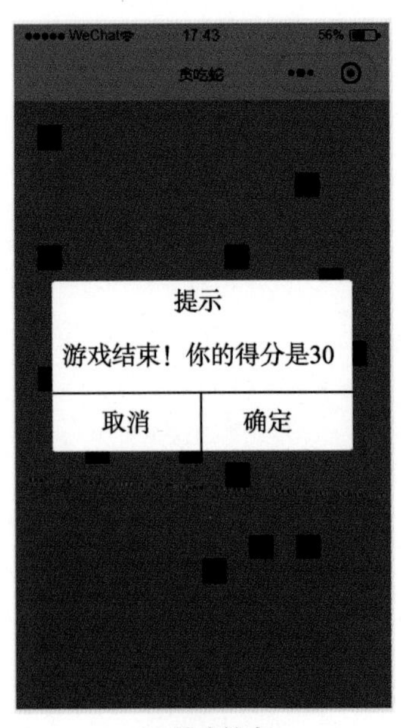

(b) 游戏结束

第 6 章　贪吃蛇

第 7 章　看图猜成语

●●●●● WeChat 17:35 82%

智力问答

哈雷彗星的平均公转周期为?

A. 54年

B. 56年

C. 76年

D. 83年

上一题 下一题 显示答案

积分：每答对一题积20分，
目前得分0

第 8 章　智力测试——button 版

●●●●● WeChat 11:17 69%

智力问答

哈雷彗星的平均公转周期为?

A. 54年
B. 56年
C. 76年
D. 83年

上一题 下一题 显示答案

积分：每答对一题积20分，
目前得分0

第 9 章　智力测试——radio 版

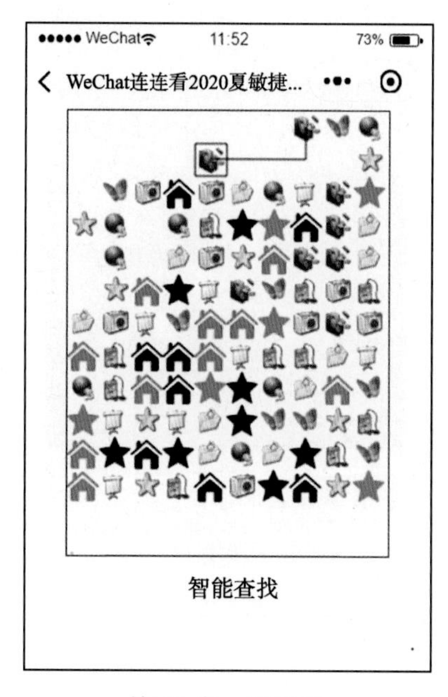

第 10 章　连连看

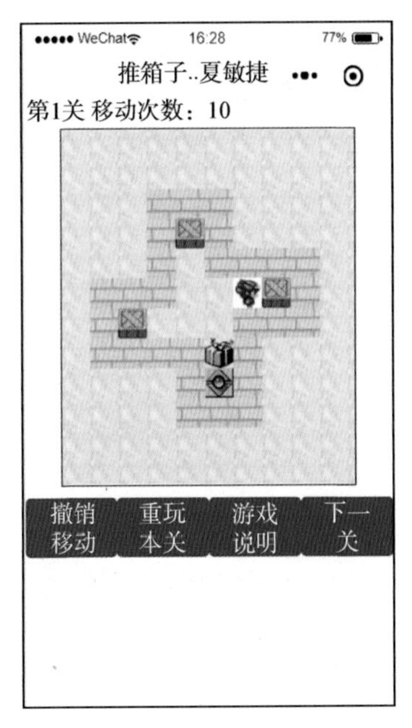

第 11 章　推箱子

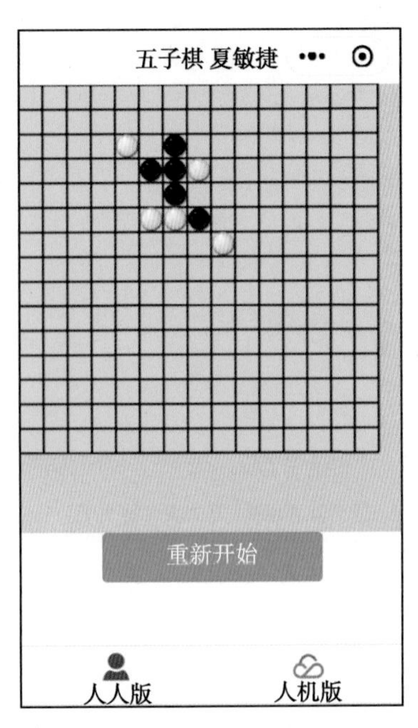

第 12 章　五子棋

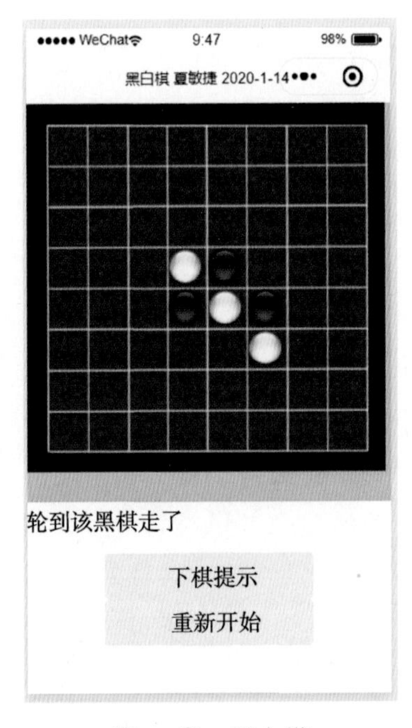

第 13 章　黑白棋

第 14 章　拼图

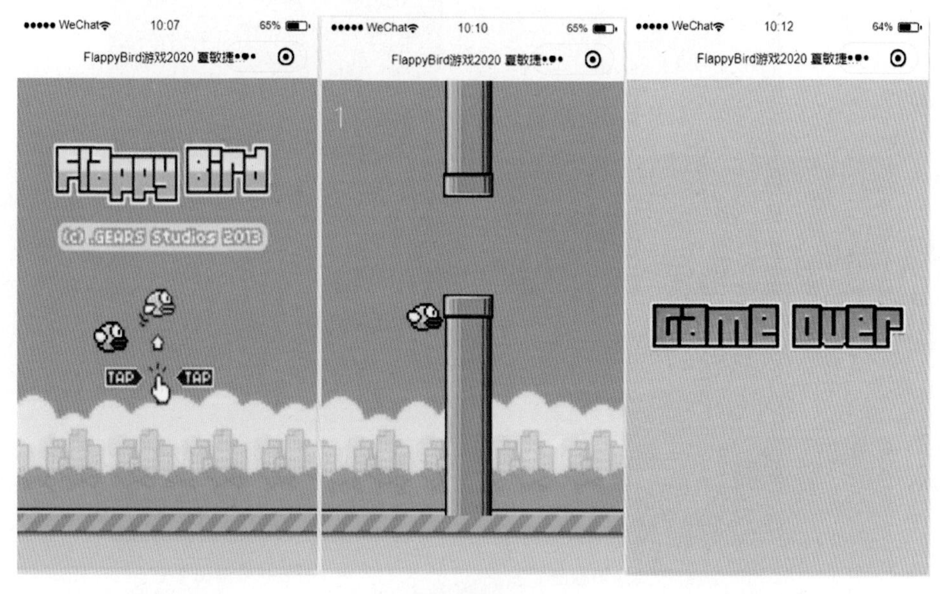

(a) 初始界面　　(b) 游戏过程界面　　(c) 游戏结束界面

第 15 章　Flappy Bird

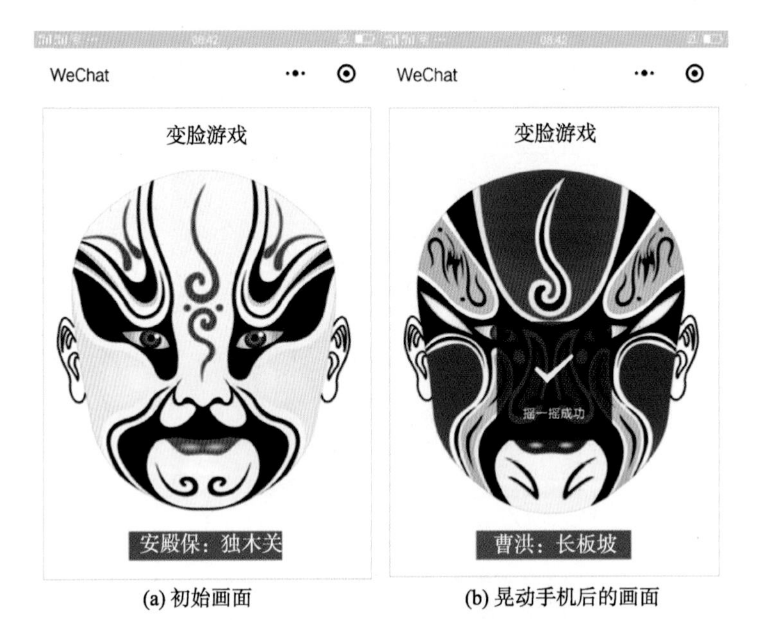

(a) 初始画面　　(b) 晃动手机后的画面

第 16 章　摇一摇变脸

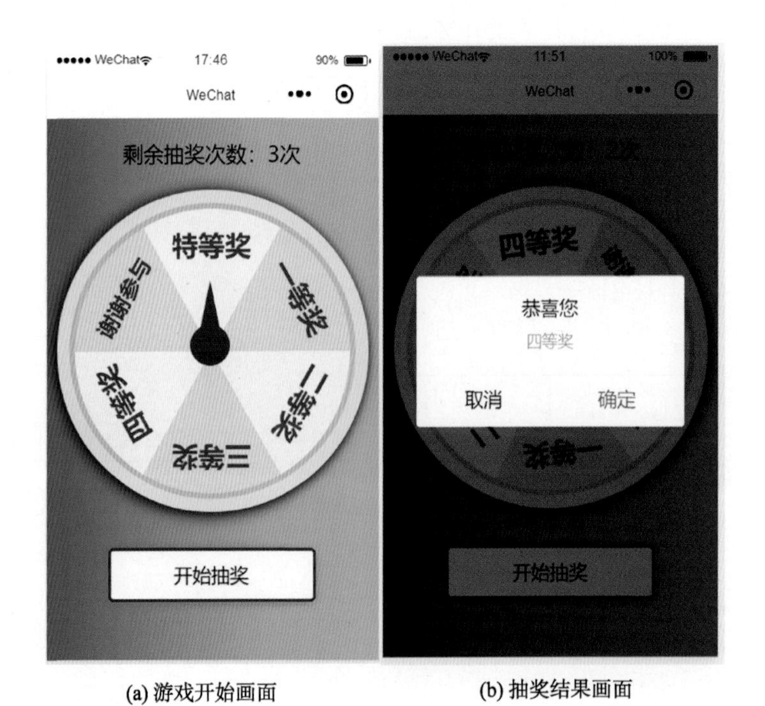

(a) 游戏开始画面　　(b) 抽奖结果画面

第 17 章　抽奖

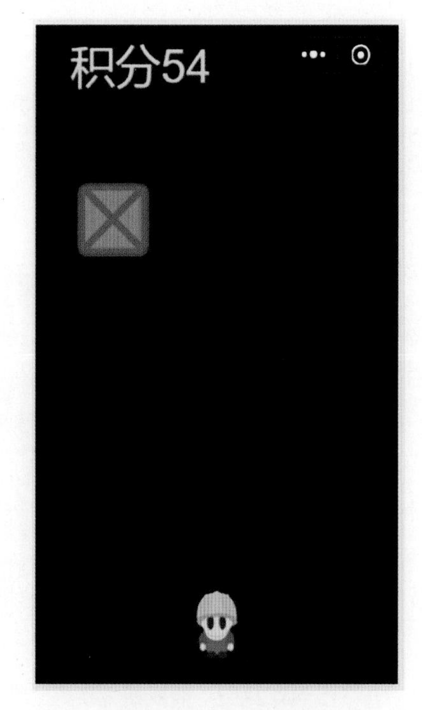

第 19 章　接宝石箱子

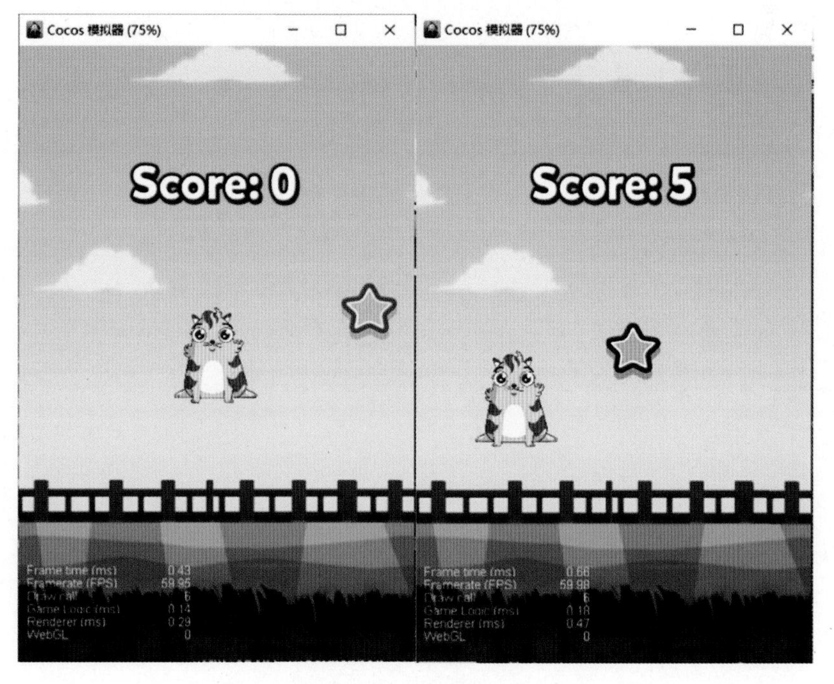

第 21 章　跳跳猫

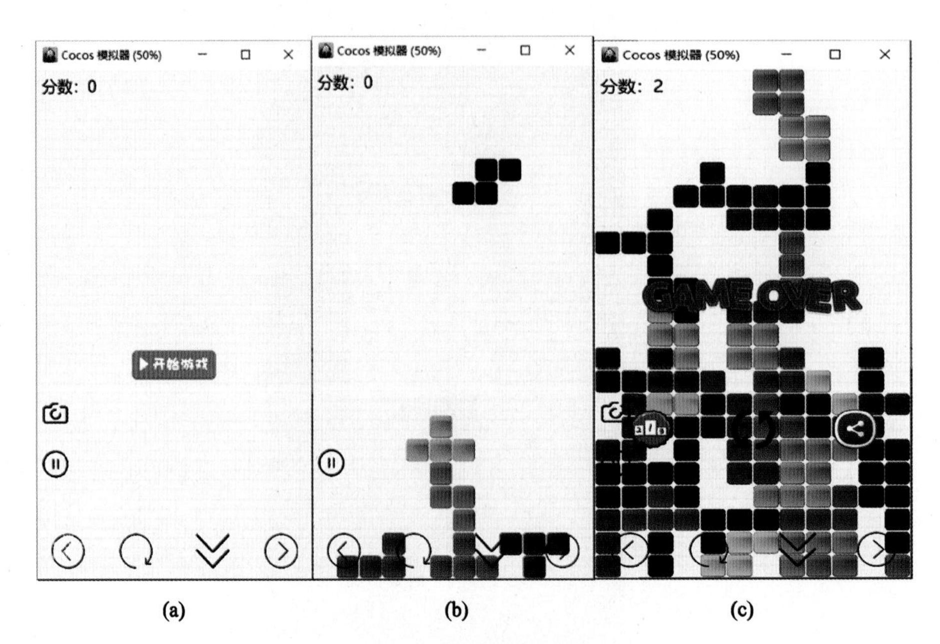
Cocos 模拟器 (50%)
分数: 0
开始游戏
Cocos 模拟器 (50%)
分数: 0
Cocos 模拟器 (50%)
分数: 2
GAME OVER
(a)
(b)
(c)

第22章　俄罗斯方块

移动互联网开发技术丛书

微信小程序
游戏开发快速入门到实战

夏敏捷 尚展垒 著

清華大学出版社
北京

内容简介

本书是微信小程序游戏开发的入门教程，通过大量案例介绍微信小程序游戏开发的基础知识和技巧。全书分三篇，基础篇（第 1~3 章）对微信小程序的框架文件、微信小程序的逻辑层和视图层、微信小程序的组件进行详细介绍，包括 JavaScript 编程语言基础、WXML、WXSS 和组件的使用，尤其重点学习与游戏绘图相关的 Canvas 画布组件。开发篇（第 4~17 章）应用前面的知识设计了 14 个大家耳熟能详的游戏案例，例如贪吃蛇游戏、推箱子游戏、智力测试游戏、五子棋游戏、黑白棋游戏、拼图游戏和 Flappy Bird 游戏等，进一步提高对知识的应用能力。提高篇（第 18~22 章）讲解如何使用当前流行的游戏开发工具 Cocos Creator 开发微信小游戏，并实现两个游戏案例：跳跳猫和俄罗斯方块。

本书的最大特色是通过具体案例讲解游戏开发，将关键技术分解到各个案例，不仅有利于知识点的掌握，更重要的是让读者学会如何开发游戏。书中对源代码进行了非常详细的解释，做到通俗易懂，图文并茂。

本书可作为高等学校计算机、数字媒体技术等相关专业的教材，也适用于游戏编程爱好者和微信小程序编程学习者。

图书在版编目（CIP）数据

微信小程序游戏开发快速入门到实战/夏敏捷，尚展垒著. —北京：清华大学出版社，2022.1（2022.10重印）
（移动互联网开发技术丛书）

ISBN 978-7-302-57298-5

Ⅰ. ①微… Ⅱ. ①夏… ②尚… Ⅲ. ①移动终端–应用程序–程序设计 Ⅳ. ①TN929.53

中国版本图书馆 CIP 数据核字（2021）第 006046 号

策划编辑：魏江江
责任编辑：王冰飞　薛　阳
封面设计：刘　键
责任校对：时翠兰
责任印制：沈　露

出版发行：清华大学出版社
网　　址：http://www.tup.com.cn，http://www.wqbook.com
地　　址：北京清华大学学研大厦 A 座　　邮　　编：100084
社 总 机：010-83470000　　邮　　购：010-62786544
投稿与读者服务：010-62776969，c-service@tup.tsinghua.edu.cn
质 量 反 馈：010-62772015，zhiliang@tup.tsinghua.edu.cn
课 件 下 载：http://www.tup.com.cn，010-83470236
印 装 者：三河市铭诚印务有限公司
经　　销：全国新华书店
开　　本：185mm×260mm　　印　张：24.75　　插　页：4　　字　数：626 千字
版　　次：2022 年 1 月第 1 版　　印　次：2022 年 10 月第 2 次印刷
印　　数：2001~3200
定　　价：89.80 元

产品编号：087914-01

前言

FOREWORD

微信小程序简称小程序，英文名为Mini Program，是一种不需要下载安装即可使用的应用，用户只要“扫一扫”或“搜一搜”即可打开应用。现代社会生活节奏加快，时间被割裂成零散小块。相较于App，小程序游戏具有随用随点、随走随退、无须下载、不占内存等特点，用户可以在各种各样的环境中拿起手机，忙里偷闲地满足放松与娱乐需求。数据显示，大量用户已在日常生活中逐步养成了使用小程序的习惯。小游戏数量在所有小程序中虽然占比不高，但依然是用户访问最多的品类之一。

本书作者长期从事程序设计语言教学与应用开发，在长期的工作学习中，积累了丰富的经验和教训，了解在学习编程的时候什么样的教学方法能够提高微信小程序游戏开发能力，以最少的时间投入收获最好的实际学习效果。

本书内容分成基础篇、开发篇和提高篇。

本书是微信小程序游戏开发的入门教程，通过大量案例介绍微信小程序游戏开发的基础知识和技巧。

基础篇包括第1~3章，主要讲解微信小程序开发工具的使用，对微信小程序的框架文件、微信小程序逻辑层和视图层、微信小程序组件进行了详细介绍，包括JavaScript编程语言基础、WXML、WXSS和组件的使用，尤其重点学习了与游戏绘图相关的Canvas画布组件的使用等。

开发篇包括第4~17章，应用前面学习的知识设计了14个大家耳熟能详的游戏案例，例如贪吃蛇、推箱子、智力测试、五子棋、黑白棋、拼图和Flappy Bird游戏等，进一步提高读者对知识的应用能力。

提高篇包括第18~22章，第18章和第19章介绍原生微信小游戏的开发方式，并实现了接宝石箱子游戏；第20~22章讲解游戏开发工具Cocos Creator开发微信小游戏的技术和流程，并实现两个游戏案例：跳跳猫和俄罗斯方块。

需要说明的是，学习微信小程序游戏编程是一个实践的过程，而不仅仅是看书、看资料的过程，亲自动手编写、调试程序才是至关重要的。通过实际的编程以及积极的思考，读者可以很快地掌握许多宝贵的编程经验，这种编程经验对开发者来说尤其显得不可或缺。

本书提供教学课件和程序源码，本书还提供450分钟的微课视频。

资源下载提示

课件等资源：扫描封底的“课件下载”二维码，在公众号“书圈”下载。

素材（源码）等资源：扫描目录上方的二维码下载。

视频等资源：扫描封底刮刮卡中的二维码，再扫描书中相应章节中的二维码，可以在线学习。

本书由夏敏捷（中原工学院）和尚展垒（郑州轻工业大学）主持编写，高丽平（中原工学院）编写第1章，尚展垒（郑州轻工业大学）编写第5章，樊银亭（中原工学院）编写19~22章，其余章节由夏敏捷编写。在本书的编写过程中，为确保内容的正确性，参阅了很多资料，并且得到了潘惠勇等老师和资深 Web 程序员的支持，在此谨向他们表示衷心的感谢。

由于编者水平有限，书中难免有疏漏和不足之处，敬请广大读者批评指正，在此表示感谢。

夏敏捷

2021年8月

目录

CONTENTS

源码下载

第1篇 基 础 篇

第 2 篇　开　发　篇

第 3 篇 提 高 篇

第1篇

基础篇

第 1 章

微信小程序基础

微信小程序，简称小程序，英文名为 Mini Program，是一种不需要下载安装即可使用的应用，用户只要“扫一扫”或“搜一搜”即可打开应用。微信小程序于 2017 年 1 月 9 日正式上线后，受到广大用户的关注，其较低的成本和微信庞大的用户数量的优势为许多商家提供了商机，为了让读者对微信小程序有一个整体的认识，本章将会介绍微信小程序的基本概念和特征，并针对开发环境的搭建和开发工具的使用进行详细讲解。

1.1 微信小程序介绍

1.1.1 什么是微信小程序

微信小程序这个词可以分解为“微信”和“小程序”两部分。

（1）其中，“微信”可以理解为“微信中的”，指的是小程序的执行环境；当然微信在提供执行环境的同时也延长了用户使用微信的时间。

（2）“小程序”首先是程序，然后具备轻便的特征。小程序并不像其他应用那样，它不需要安装，而是通过扫描二维码等方式打开后直接执行；用完以后也不需要卸载。这就是所谓用完即走的原则。

总之，微信小程序是一种全新的连接用户与服务的方式，它可以在微信内被便捷地获取和传播，同时具有出色的使用体验。

微信小程序自推出以后就大受欢迎，经过三年多的发展，已经构造了新的小程序开发环境和开发者生态。小程序也是中国 IT 行业里一个真正能够影响到普通程序员的创新成果，已经有超过 150 万的开发者加入小程序的开发中，小程序应用数量已经超过了 100 万，覆盖教育、媒体、交通、旅游、电商、餐饮等二百多个细分的行业，日活用户达到两个亿。小程序的发展带来更多的就业机会，社会效应不断提升。由于微信小程序操作简单，使用方便，一些热门的原生 App 也发布了小程序版本，如京东购物、当当图书、美团外卖等。

若要打开一个微信小程序，可以在微信中通过搜索关键字、扫描二维码、群分享、好友分享等途径实现。例如，单击微信搜索按钮，输入关键词“当当”，就可以找到与其相关的公众号、小程序和文章。

值得一提的是，微信小程序可以开发游戏，即微信小游戏，它是微信小程序的一个类目，使用相同的开发工具开发。

1.1.2 注册开发者账号

在创建自己的微信小程序之前，需要注册小程序账号，这样才能进行代码开发和提交工作。其注册步骤如下。

（1）使用浏览器打开微信公众平台网站 https://mp.weixin.qq.com，如图 1-1 所示，单击右上角“立即注册”链接进行注册。

图 1-1 微信公众平台网站

（2）根据图 1-2 中页面提示，选择注册微信公众平台的账号类型为“小程序”，即可开始账号注册。

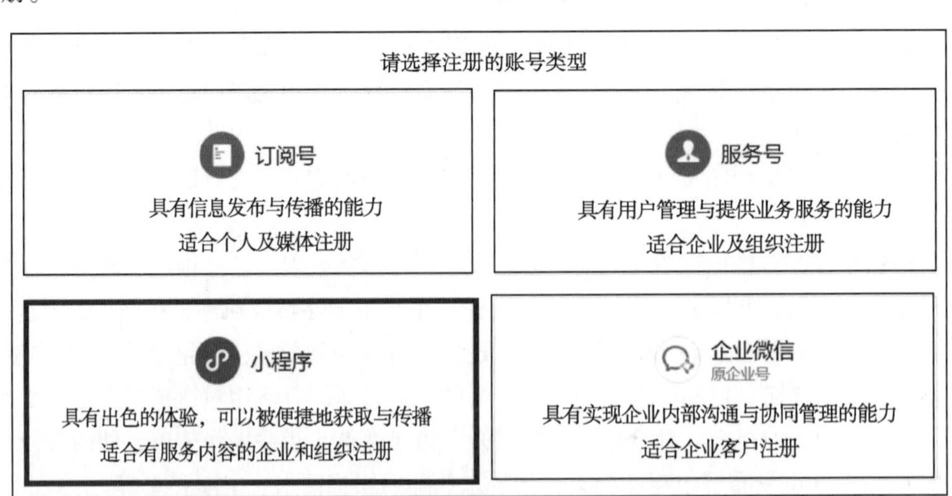

图 1-2 微信公众平台网站

（3）小程序注册页面包含三个填写页面，即账号信息、邮箱激活、信息登记，如图 1-3 所示。完成注册后可以使用刚才的注册账号登录进入小程序管理页面（详见 1.2 节），可以进行小程序信息完善和管理工作。例如，填写小程序基本信息，包括名称、头像、介绍及服务范围等。

图 1-3　小程序注册页面

1.2　微信小程序开发工具的使用

1.2.1　获取微信小程序 AppID

登录 https://mp.weixin.qq.com，就可以在微信小程序管理页面的“开发”→“开发设置”中，查看到微信小程序的 AppID，如图 1-4 所示。注意：不可直接使用服务号或订阅号的 AppID。

1.2.2　安装微信开发者工具

微信提供了小程序的官方开发工具——微信开发者工具。目前，微信开发者工具仍然在不断的完善中，在开发小程序时经常要不断地更新。微信开发者工具官方下载地址为：https://developers.weixin.qq.com/miniprogram/dev/devtools/download.html。

读者根据自己的实际情况，选择 Windows 64（64 位操作系统）、Windows 32（32 位操作系统）或者 MacOS（Mac 操作系统）版本下载，安装界面如图 1-5 所示。

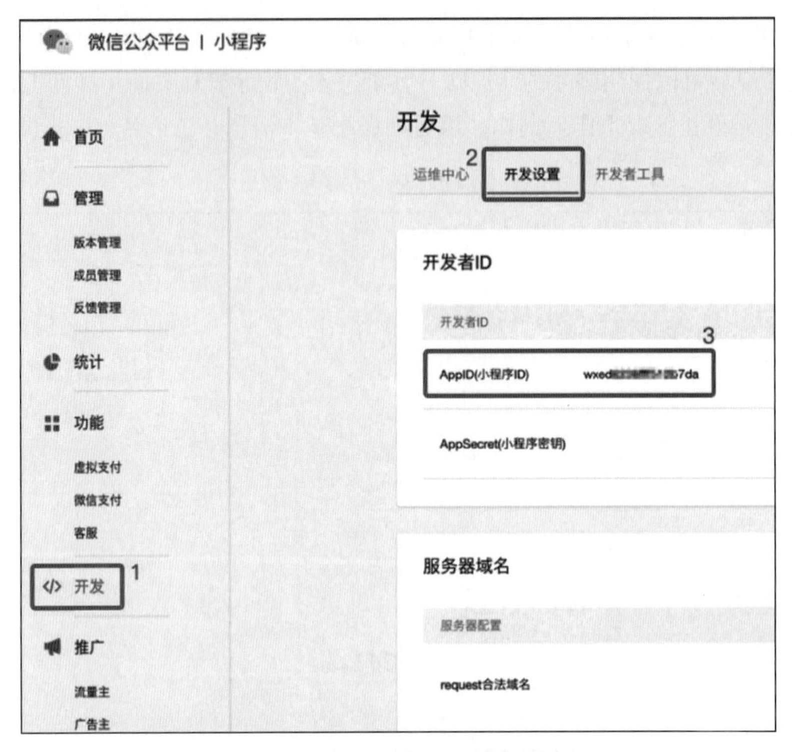

图 1-4 小程序管理页面

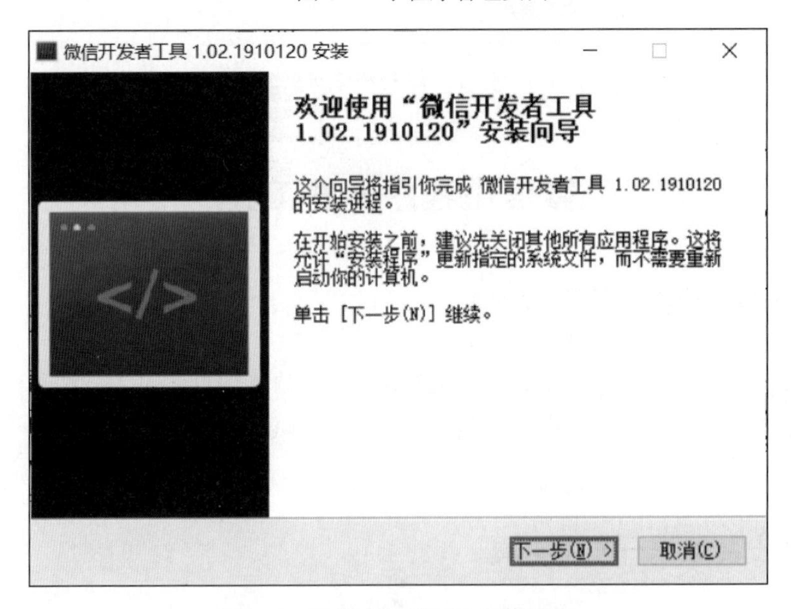

图 1-5 微信开发者工具安装界面

微信开发者工具在使用微信开发者账号登录后，才能进行小程序开发。与一般软件的输入账号和密码登录不同，微信开发者工具使用微信二维码扫描方式验证开发者身份。双击启动微信开发者工具图标时会弹出二维码，开发者使用手机微信扫描二维码确认身份后，才能使用微信开发者工具。

如图 1-6 所示，微信开发者工具界面提供的主要功能如下。

（1）机型选择：小程序以 iPhone 6 的屏幕尺寸为设计标准，此处可选择不同机型来改变屏幕尺寸。

（2）模拟器：用于模拟手机环境，查看不同手机的运行效果。写好视图布局代码后单击编译，模拟器会刷新显示。

（3）远程调试：手机端和 PC 端开发工具联调（非常实用）。

（4）上传代码：上传到腾讯服务器提交审核的必经步骤，可以填写版本号和备注信息。

（5）详情：可以查看代码体积（5-1 处），微信限制代码必须在 2MB 以内；控制 ES6 语法转换 ES5（5-2 处）；开发中一般不校验合法域名信息（5-3 处），域名信息是小程序后台要做的配置服务器域名，有 request 域名、socket 域名以及 uploadFile 和 downloadFile 域名。

图 1-6 微信开发者工具的界面

注意：*小程序要求域名必须是 https。*

（6）控制台 Console：打印输出信息，小程序中方便调试。

（7）资源文件 Sources：对应项目的文件目录，一般可以在这里进行断点调试。

（8）本地数据存储：显示的是本地存储的数据，对应的相关 API 是 wx.setStorageSync(key,data)。

（9）视图调试 Wxml：组件以子父层级结构呈现，方便调试。

以上就是在开发过程中微信开发者工具常用到的功能，微信开发者工具也在不断地完善，为了以后更好地提升开发效率，也需要用户在开发过程中将遇到的问题不断地反馈给小程序团队进行优化。

1.2.3 微信小程序发布流程

完成小程序开发后，提交代码至微信团队审核，审核通过后即可发布（公测期间不能发布）。微信小程序发布之前，开发者首先需要在自己的移动终端上预览确保没有任何的问题，当确认无误时，上传代码到小程序的管理后台，并设置版本，具体见以下内容。

（1）预览。

单击开发者工具顶部操作栏的“预览”按钮，开发者工具会自动打包当前项目，并上传小程序代码至微信的服务器，成功之后会在界面上显示一个二维码。使用当前小程序开发者的微信扫码即可看到小程序在手机客户端上的真实表现。

（2）上传代码。

单击开发者工具顶部操作栏的“上传”按钮，填写版本号以及项目备注，需要注意的是，这里版本号以及项目备注是为了方便管理员检查版本使用的，开发者可以根据自己的实际要求来填写这两个字段。

上传成功之后，登录小程序管理后台，在“管理”→“版本管理”就可以找到刚提交上传的版本了。

（3）可以将这个版本设置为“体验版”或者“提交审核”。小程序版本说明见表 1-1。

表 1-1 小程序版本

版 本	说 明
开发版本	使用开发者工具，可将代码上传到开发版本中。开发版本只保留每人最新的一份上传的代码。单击提交审核，可将代码提交审核。开发版本可删除，不影响线上版本和审核中版本的代码
审核中版本	只能有一份代码处于审核中。有审核结果后可以发布到线上，也可直接重新提交审核，覆盖原审核版本
线上版本	线上所有用户使用的代码版本，该版本代码在新版本代码发布后被覆盖更新

开发版本在还没审核通过成为线上版本之前，可以先将开发版本设为“体验版”，然后使用“小程序教学助手”，将自己的小程序授权给其他人体验。

（4）发布。

审核通过之后，管理员的微信中会收到小程序通过审核的通知，此时登录小程序管理后台，在“开发管理”→“审核版本”中可以看到通过审核的版本。选择单击发布，即可发布小程序。

（5）运营数据。

登录小程序管理后台→“统计”，单击相应的选项卡标签可以看到相关的数据，如图 1-7 所示。

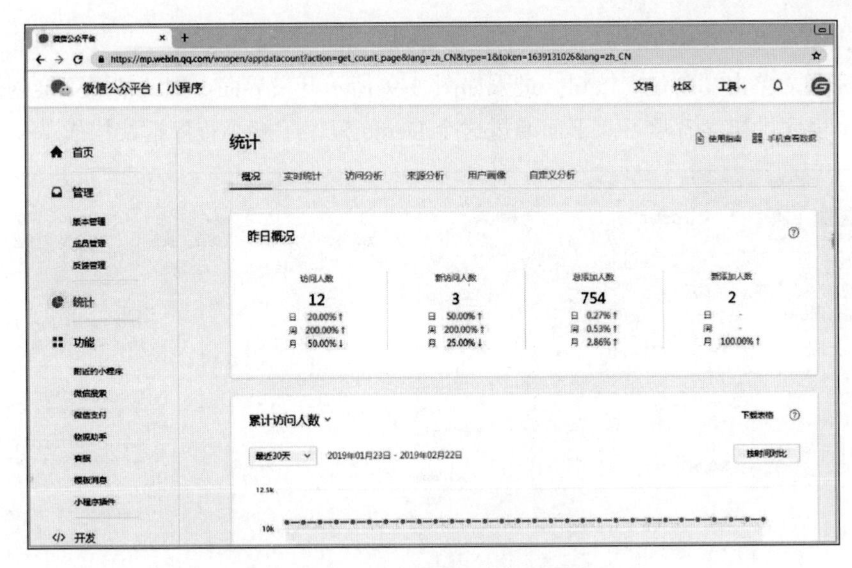

图 1-7　使用网页查看运营数据

1.3　微信小程序框架文件

1.3.1　创建一个微信小程序项目

启动微信开发者工具创建一个微信小程序项目，单击菜单“项目”→“新建项目”，如图 1-8 所示选择小程序项目类型为“小程序”，同时填写项目名称、项目文件存放的路径和 AppID。其中，AppID 就是用户注册时的小程序 ID，见 1.2.1 节。如果没有 AppID，可以使用测试号，但发布时需要使用正式的小程序 ID。

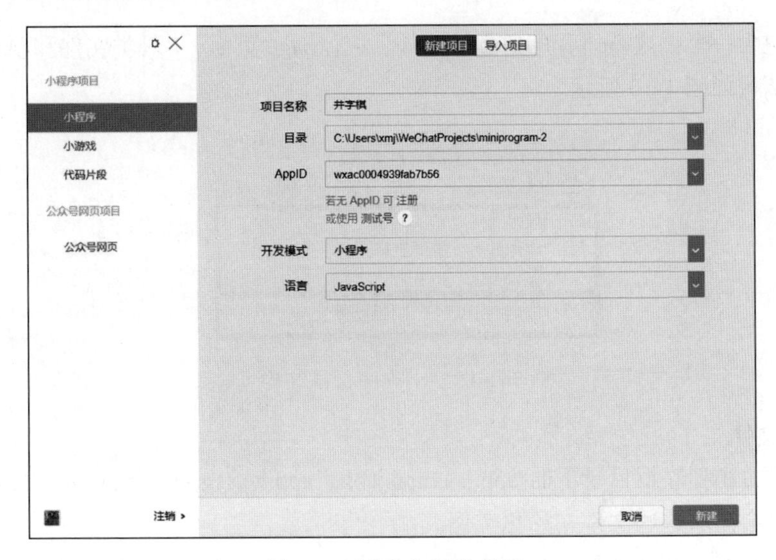

图 1-8　新建小程序项目

说明：小程序项目类型为“小程序”“小游戏”和“代码片段”。

填写完毕后单击“新建”按钮，进入如图 1-9 所示开发界面。默认情况下会创建一个简单 Demo 小程序供初学者学习。下面通过这个 Demo 程序了解小程序框架构成。

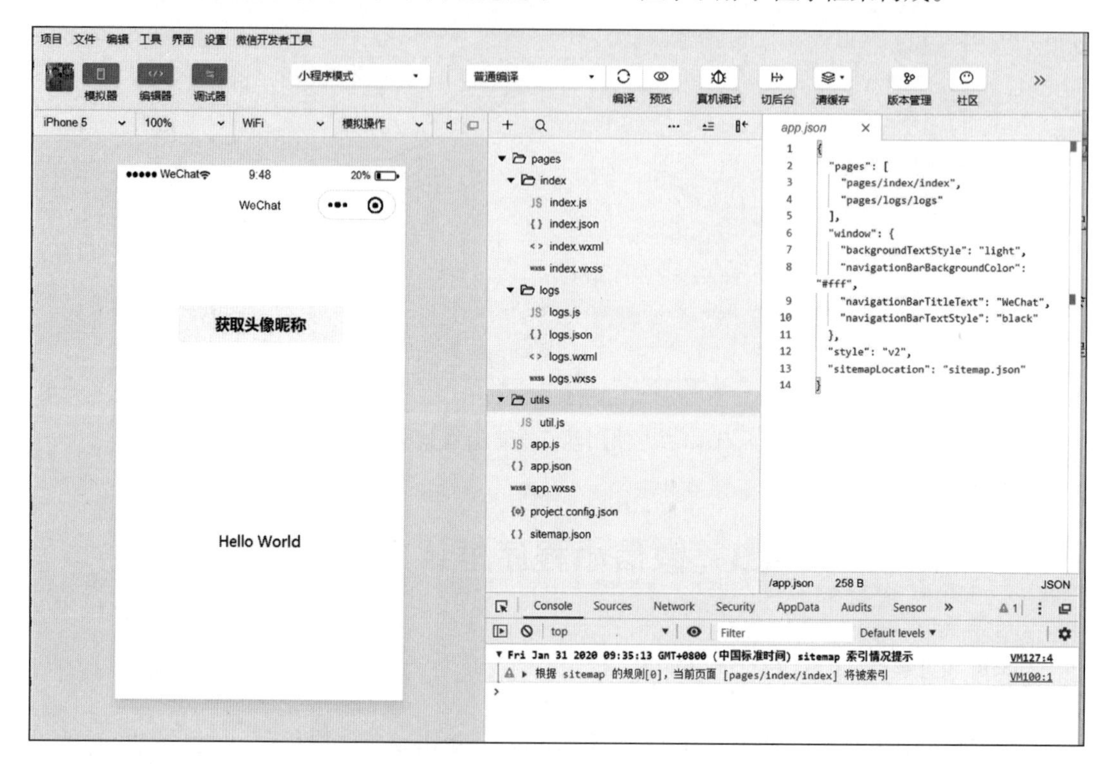

图 1-9 新建的一个小程序

视频讲解

1.3.2 小程序的框架结构

小程序包含一个描述整体程序的主体文件、多个 page 页面、工具类文件和项目配置文件。小程序目录结构如图 1-10 所示。

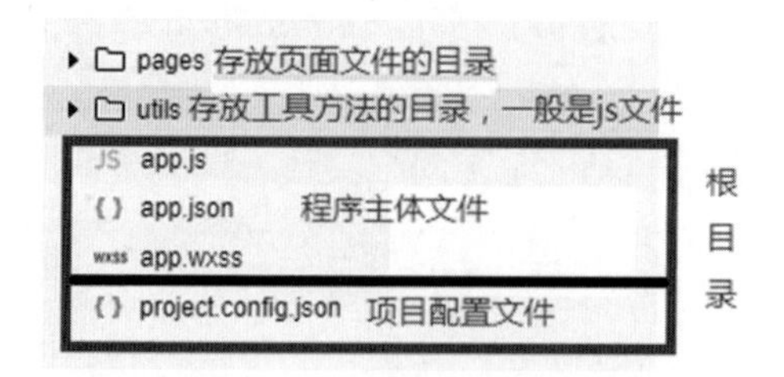

图 1-10 小程序目录结构

1. 主体文件

主体文件由小程序根目录下的 app.js、app.json、app.wxss 这三个必不可少的文件组成，小程序启动时会读取这些文件初始化实例。

（1）app.js 是小程序的初始化脚本，可以在这个文件中监听小程序的生命周期，定义小程序的全局变量和调用 API 等。

```
App({
  //如下为小程序的生命周期
  onLaunch: function() { },          //监听初始化
  onShow: function() {  },           //监听显示（进入前台）
  onHide: function() {  },           //监听隐藏（进入后台：按Home键离开微信）
  onError: function(msg) {  },       //监听错误
  //如下为自定义的全局方法和全局变量
  globalFun:function(){},            //全局方法（函数）
  globalData: 'I am global data'     //全局变量
})
```

使用 App()来注册一个小程序，必须在 app.js 中注册，且不能注册多个。

小程序应用与其内部的页面都有各自的生命周期函数，它们在使用过程中也会互相影响。小程序应用的生命周期如图 1-11 所示。

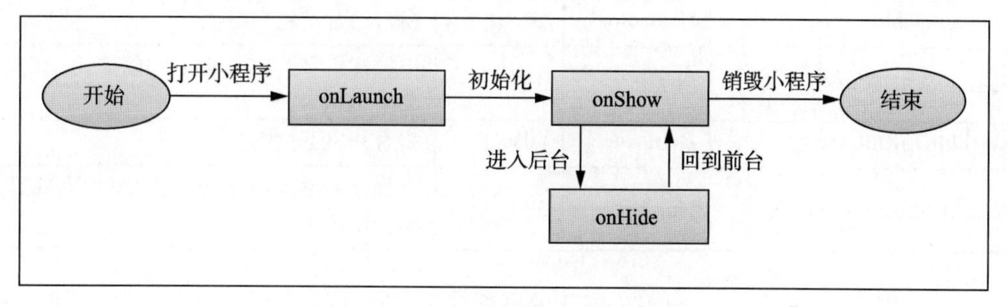

图 1-11　小程序应用的生命周期

小程序在被打开时会首先触发 onLaunch 进行程序启动，完成后调用 onShow 准备展示页面，如果被切换进入后台会调用 onHide，直到下次程序在销毁前重新被唤起，会再次调用 onShow。

（2）app.json 是对小程序的全局配置，其中，pages 属性设置页面路径组成（默认第一条为首页）；window 属性设置默认页面的窗口表现（状态栏、导航条、标题、窗口背景色），设置网络超时时间，设置 tab 等。app.json 文件内容为一个 JSON 对象，有以下属性。

```
{
  "pages": [
    "pages/index/index",
    "pages/logs/logs"
  ],
  "window": {
    "backgroundTextStyle": "light",
    "navigationBarBackgroundColor": "#fff",
    "navigationBarTitleText": "WeChat",
    "navigationBarTextStyle": "black"
  },
  "style": "v2",
```

```
  "sitemapLocation": "sitemap.json"
}
```

这里 pages 说明本小程序由两个 page 页面组成，index 页面是第一个页面（首页）。pages 是一个数组，用来指定小程序由哪些页面组成。其中第一项代表小程序的初始页面（首页），小程序中新增/减少页面，都需要对 pages 数组进行修改。

window 属性设置 navigationBarBackgroundColor 导航栏背景颜色为"#fff"（白色），navigationBarTextStyle 导航栏标题颜色（仅支持 black / white）为黑色，navigationBarTitleText 导航栏标题文字为 WeChat。常用 window 属性如表 1-2 所示。

表 1-2 window 属性

属 性	类 型	默 认 值	描 述
navigationBarBackgroundColor	HexColor	#000000	导航栏背景颜色，如"#000000"
navigationBarTextStyle	String	white	导航栏标题颜色，仅支持 black/white
navigationBarTitleText	String		导航栏标题文字内容
backgroundColor	HexColor	#ffffff	窗口的背景色
backgroundTextStyle	String	dark	下拉背景字体、loading 图的样式，仅支持 dark/light
enablePullDownRefresh	Boolean	false	是否开启下拉刷新
onReachBottomDistance	Number	50	页面上拉触底事件触发时距页面底部距离，单位为 px

如果小程序是一个多 tab 应用（窗口的底部或顶部有 tab 栏可以切换页面），可以通过 tabBar 配置项指定 tab 标签的内容与属性，以及 tab 切换时显示的对应页面。tabBar 属性如表 1-3 所示。

表 1-3 tabBar 属性

属 性	类 型	必 填	默 认 值	描 述
color	HexColor	是		tab 上的文字默认颜色
selectedColor	HexColor	是		tab 上的文字选中时的颜色
backgroundColor	HexColor	是		tab 的背景色
borderStyle	String	否	black	tabBar 上边框的颜色，仅支持 black/white
list	Array	是		tab 的列表，最少 2 个，最多 5 个
position	String	否	bottom	可选值，bottom 或者 top（顶部导航栏或者底部导航栏）

下面的示例就是显示两个 tab 标签，一个显示“人人版”的 tab 标签进入 pages/index/index 页面，另一个显示“人机版”的 tab 标签进入 pages/computer/computer 页面。

```
"tabBar": {
  "color": "#000",
  "list": [
```

```
      {
        "pagePath": "pages/index/index",
        "text": "人人版",
        "iconPath": "images/one-off.png",
        "selectedIconPath": "images/one-on.png"
      },
      {
        "pagePath": "pages/computer/computer",
        "text": "人机版",
        "iconPath": "images/computer-off.png",
        "selectedIconPath": "images/computer-on.png"
      }
    ]
  },
```

（3）app.wxss 是整个小程序的公共样式表，类似网站开发中的 common.css。

```
/**app.wxss**/
.container {
  height: 100%;
  display: flex;
  flex-direction: column;
  align-items: center;
  justify-content: space-between;
  padding: 200rpx 0;
  box-sizing: border-box;
}
```

app.wxss 文件用于规定所有页面都可以用的样式效果，语法格式类似 CSS。该文件是可选文件，如果没有公共样式效果规定，可以省略不写。

2. 项目配置文件

1）project.config 项目配置

小程序根目录下的 project.config.json 文件用于定义小程序项目名称、AppID 等内容。

```
{
    "description": "项目配置文件", //文件描述
    "packOptions": {//用于配置项目在打包上传过程中的选项
          "ignore": []//用于配置打包时对符合规则的文件或文件夹进行忽略，以跳过打包的
                      //过程，被忽略的文件或文件夹不会出现在预览或上传的结果中
    },
    "setting": {//项目设置
          "urlCheck": true,//是否检查安全域名和TLS版本
          "es6": true,      //是否启用ES6转ES5
          "postcss": true, //上传代码样式是否自动补全
          "minified": true,//上传代码时是否自动压缩
          "newFeature": true,
          "autoAudits": false
     },
```

```
        "compileType": "miniprogram",
        //miniprogram为普通小程序项目，plugin为小程序插件项目
        "libVersion": "2.10.1",         //基础库版本
        "appid": " wxac0004939fab7b56",//项目的AppID，只在新建项目时读取
        "projectname": "miniprogram-1",//项目名字，只在新建项目时读取
        "debugOptions": {               //用于配置在对项目进行调试时的选项
              "hidedInDevtools": []
        //用于配置调试时调试器Sources面板中被隐藏源代码的文件
        },
        "isGameTourist": false,
        "condition": {
        }
}
```

2）sitemap 配置

小程序根目录下的 sitemap.json 文件用于配置小程序及其页面是否允许被微信索引，文件内容为一个 JSON 对象，如果没有 sitemap.json，则默认为所有页面都允许被索引。

3. 页面文件

小程序页面在pages目录下，由一个文件夹中的四个同名不同类型文件组成。例如在index文件夹中，index.js 是脚本文件，index.json 是配置文件，index.wxss 是样式表文件，index.wxml 是页面结构文件。其中，JSON 和 WXSS 文件为非必需（默认会继承 App 的 JSON 和 WXSS 默认设置）。

1）注册一个页面

小程序在每个页面 JS 文件中通过使用 Page(OBJECT)函数来进行页面注册。例如，index.js 中使用 Page()注册一个页面。

```
Page({
  data: {text1: "This is page data."},//页面数据，用来维护视图，JSON格式
  onLoad: function(options) {  },      //监听加载
  onReady: function() {  },            //监听初次渲染完成
  onShow: function() {  },             //监听显示
  onHide: function() {  },             //监听隐藏
  onUnload: function() {  },           //监听卸载
  onPullDownRefresh: function() {  },  //监听下拉
  onReachBottom: function() {  },      //监听上拉触底
  onShareAppMessage: function () {  },//监听右上角分享
  //如下为自定义的事件处理函数（视图中绑定的）
   bindviewTap: function() {           //setData设置data值，同时将更新视图
   this.setData({text: 'Set some data for updating view.'})
  }
})
```

一个服务只有界面展示是不够的，还需要和用户交互：响应用户的单击、获取用户的位置等。在小程序里边，就通过编写 JS 文件来处理用户的操作。

2）小程序的视图与事件绑定

小程序中使用 WXML（WeiXin Markup Language）实现页面结构。WXML 是一套标签语言，结合小程序组件和事件系统，可以构建出页面的结构。在每个页面中的 WXML 视图文件中，对页面 JS 文件中 data 进行数据绑定，以及自定义事件绑定。

```
<!--index.wxml-->
<view class="container">
<view class="userinfo">
<button wx:if="{{!hasUserInfo && canIUse}}" open-type="getUserInfo"
   bindgetuserinfo="getUserInfo">获取头像昵称</button>
<block wx:else>
<image bindtap="bindViewTap" class="userinfo-avatar" src=
   "{{userInfo.avatarUrl}}" mode="cover"></image>
<text class="userinfo-nickname">{{userInfo.nickName}}</text>
</block>
</view>
<view class="usermotto">
<text class="user-motto">{{motto}}</text>
</view>
</view>
```

例如，在 Demo 程序中，{{userInfo.nickName}}{{motto}}都是对 index.js 中的 data 中的变量 motto 和 userInfo 绑定，将绑定 data 中的指定数据并渲染到视图中。

```
data: {
   motto: 'Hello World',
   userInfo: {},
   hasUserInfo: false,
   canIUse: wx.canIUse('button.open-type.getUserInfo')
  }
```

3）页面的样式

在每个页面的 WXSS 文件中，对 WXML 中的视图结构进行样式设置等同于 CSS，而定义在 app.wxss 中的样式为全局样式，作用于微信小程序中的每个页面。在 page 的 WXSS 文件中定义的样式为局部样式，只作用在对应的页面，并会覆盖 app.wxss 中相同的选择器。

4）页面的配置文件

每个小程序页面也可以使用.json 文件来对本页面的窗口表现进行配置。页面中配置项在当前页面会覆盖 app.json 的 window 中相同的配置项。例如，在本页面中设置页面导航文字：

```
{
  "navigationBarTitleText ": "井字棋游戏"
  "backgroundColor": "#eeeeee",
  "backgroundTextStyle": "light"
}
```

页面配置中只能设置 app.json 中 window 对应的配置项，以决定本页面的窗口表现。

4. utils 目录

utils 目录，可以用于定义一些页面、组件公用的方法，例如，获取日期字符串、生成随机数等功能函数。

可以在util.js 中定义功能函数，也可以按照相关性，把同一类别的功能函数单独写进一个 JS 文件，例如，创建 time.js 文件专门用于定义与时间处理的一系列函数。

1.3.3 Page( )注册页面

小程序在每个页面 JS 文件中通过使用 Page(OBJECT)函数来进行页面注册，该函数可以用于指定小程序页面的生命周期函数。注意：Page()函数只能写在小程序每个页面对应的 JS 文件中，且每个页面只能注册一个。例如：

```
Page({
  myData: '123',                    //定义页面变量
  onLoad: function (options) {
      console.log(this.myData) //使用this调用页面变量
  },
})
```

1. 初始数据

Page()函数中默认生成的第一项就是 data 属性，该属性是页面第一次渲染使用的初始数据。

JS 文件除了函数外，Page()同样也支持添加自定义的页面变量。这里变量的名称、取值和数量也都可以由开发者自定义，往往与页面渲染视图层相关的变量写在 data 属性中。

页面加载时，data 将会以 JSON 字符串的形式由逻辑层传至渲染视图层，因此 data 中的数据必须是可以转成 JSON 的类型：字符串、数字、布尔值、对象、数组。

例如，在 data 中放置一个自定义数据。

```
Page({
  data:{
      text1: 'This is page data',
  }
})
```

渲染视图层可以通过 WXML 对数据进行绑定。

```
<view>{{text1}}</view>
```

渲染时{{text1}}不会显示字面内容，而是会查找 data 中的初始数据，然后显示出“This is page data”字样。

在 Page()函数中，setData()可以用来同步更新 data 属性中的数据值，也会更新相关数据到 WXML 页面上去。

```
this.setData({text1: '大家好'})
```

WXML 中的{{ text1}}值将立刻更新成“大家好”。

setData()方法在使用时不是必须事先在 Page()函数的 data 中定义初始值，可以在 data 数据空白的情况下直接用该方法设置一些新定义的变量。

如果想读取 data 中的数值，可以使用 this.data 的形式来获取。例如，上述代码如果只是想获得当前 text1 值，可以用 this.data.text1 表示。

2. 生命周期回调函数

Page()函数中默认生成的 onLoad、onShow、onReady、onHide 以及 onUnload 均属于页面的生命周期回调函数。

- onLoad()：格式为 onLoad(Object query)，只在页面加载时触发一次，可以在 onLoad()的参数中获取打开当前页面路径附带的参数。
- onShow()：页面显示或从小程序后台切入前台时触发。
- onReady()：页面初次渲染完成时触发。一个页面只会调用一次，代表页面已经准备妥当，可以和视图层进行交互。
- onHide()：页面隐藏/切入后台时触发。例如，navigateTo 或底部 tab 切换到其他页面，小程序切入后台等。
- onUnload()：页面卸载时触发。例如，redirectTo 或 navigateBack 到其他页面时。

3. 页面事件处理函数

Page()函数中默认生成的 onPullDownRefresh、onReachBottom、onShareAppMessage 以及未自动生成的 onPageScroll、onTabItemTap 均属于页面的事件处理函数。具体解释如下。

- onPullDownRefresh()：监听用户下拉刷新事件。
- onReachBottom()：监听用户上拉触底事件。
- onPageScroll(Object)：监听用户滑动页面事件。
- onShareAppMessage(Object)：监听用户单击页面内转发按钮（<button>按钮组件，其属性值 open-type="share"）或右上角菜单“转发”按钮的行为，并自定义转发内容。
- onTabItemTap(OBJECT)：单击 tab 时触发，从基础库 1.9.0 开始支持，低版本需做兼容处理。

Page()函数中还可以定义组件事件处理函数，在 WXML 页面的组件上添加事件绑定，当事件被触发时就会主动执行 Page()中对应的事件处理函数。

4. 生命周期回调函数调用顺序

当小程序应用生命周期调用完 onShow()后，就准备触发小程序页面生命周期了。页面初次打开会依次触发 onLoad()→onShow()→onReady()这三个函数。同样，如果被切换到后台，会调用页面 onHide()，从后台被唤醒会调用页面 onShow()。直到页面关闭会调用 onUnload()，下次打开还会照样触发 onLoad()→onShow()→onReady()这三个函数。

视频讲解

1.4 微信小程序视图

微信小程序在每个页面的.wxml 视图文件中使用 WXML 实现页面结构。WXML 是一套标签语言，例如，<view>标签用于定义视图容器，与 HTML 中<div>标签的作用类似。除此之外，小程序还有许多类似的标签，用于创建页面组件。常见的页面组件如表 1-4 所示。

表 1-4 常见的页面组件

标　签	功　能	标　签	功　能
<view>	视图容器	<image>	图片
<button>	按钮	<form>	表单
<checkbox>	复选框	<radio>	单选框
<input>	输入框	<progress>	进度条
<text>	文本域	<icon>	图标
<slider>	滑动选择器	<switch>	开关选择器
<textarea>	多行输入框	<audio>	音频
<camera>	照相机	<video>	视频

从表 1-4 可见，小程序提供了丰富的页面组件，可以完成复杂页面的开发。

1.4.1 绑定数据

在网页的一般开发流程中，通常会通过 JavaScript 操作 DOM（由 HTML 标签生成的树），以引起界面的一些变化响应用户的行为。例如，用户单击某个按钮的时候，JavaScript 会记录一些状态变化到 JavaScript 变量中，同时通过 DOM API 操控 DOM 的属性或者行为，进而引起界面的一些变化。

微信小程序开发模式把渲染和逻辑分离，不让 JavaScript 直接操控 DOM，JavaScript 只需要管理状态(数据)变化即可；然后再通过一种模板语法来描述状态和界面结构的关系，将状态（数据）变化实时更新到界面。

在微信小程序开发中通过数据绑定，将状态(数据)在界面上显示。通过{{变量名}}的语法把一个变量绑定到界面上，称为数据绑定。仅通过数据绑定还不够完整地描述状态和界面的关系，还需要 if/else,for 语句等控制。在小程序中，这些控制都用 wx:开头的 wxs 语法表达。

1. 简单数据绑定

数据绑定使用 Mustache 语法（双大括号）将要绑定的变量包起来。数据在 JS 文件中定义，在 WXML 文件中绑定。实现 JS 文件和 WXML 文件之间的数据交互。

例如：

在 JS 文件中定义 message：

```
Page({
  data: { //定义数据
    message: 'Hello world!'
  }
})
```

在 WXML 文件中绑定 message：

```
<view> {{ message }} </view>//数据绑定到页面
```

上述代码会把'Hello world!'渲染到 WXML 页面上{{ message }}出现的地方。

2. 组件属性绑定

WXML 文件中组件的属性也可以使用动态数据，例如，组件的 id 和 class 等属性值。

```
<view id="{{my}}"></view>
```

JS 文件中定义 my：

```
Page({
  data: { //定义数据
    my: 'xmj1'
  }
})
```

相当于如下定义：

```
<view id="xmj1"></view>
```

3. 条件语句值绑定

条件语句中的值也可以通过数据绑定来赋值。

```
<view wx:if="{{condition}}"></view>
```

JS 文件中定义 condition：

```
Page({
  data: {
    condition: true //条件语句的值
  }
})
```

4. 关键字绑定

对于一些关键字、保留字，需要在{{关键字}}内才能起作用，如果只有双引号，没有双括号，则只是作为一个字符串而已。

```
<checkbox checked="{{false}}"></checkbox>
```

注意：不要直接写 checked="false"，"false"是一个字符串，转成 boolean 类型后反而代表真值。

5. 运算结果绑定

可以在{{表达式}}内进行表达式运算，将结果绑定到页面。支持的运算如下：

- 三目运算：conditions ? val1：val2。
- 算术运算：+，–，*，/。
- 比较运算：>，< ，== 等。
- 点运算符：对象.属性。
- 索引运算：数组对象[index]。
- 组合成数组：{{[值 1，值 2，值 3，值 4，…]}}。
- 组合成对象：{{属性 1：值，属性 2：值，属性 3：值，…}}。

例如：

JS 文件中定义如下。

```
Page({
  data: {
    a: 1,
    b: 2,
    c: 3,
    d: 4
  }
})
```

WXML 文件：

```
<view> {{a+b}} </view>                //a+b的值绑定到页面
<view> {{a+b}+{{c}}+d</view>
```

第 1 个 view 中内容为 3，第 2 个 view 中内容为 3+3+d。由于 d 没有使用{{d}}形式，所以是 d 字符本身。页面显示效果等同于：

```
<view> 3 </view>
<view> 3+3+d</view>
```

如果使用{{d}}，则第 2 个 view 中内容为 3+3+4。

再如字符串运算：

```
<view>{{"hello" + name}}</view>
```

page.js：

```
Page({
  data:{
    name: 'xmj'
  }
})
```

则 WXML 视图文件渲染后 view 中内容为“hello xmj”。

1.4.2　条件渲染

使用 wx:if="{{condition}}"来判断是否需要渲染该代码块。例如：

```
<view wx:if="{{condition}}">大家好</view>
```

上述条件渲染根据 condition 的真假来控制 view 组件是否显示。

另外，在组件上通过用 wx:elif 和 wx:else 来添加一个 else 块，实现 JavaScript 中类似的条件分支语句实现条件判断，根据条件渲染组件。

```
<!--wxml-->
<view wx:if="{{condition == 'WEB'}}"> WEB</view>
<view wx:elif="{{condition == 'APP'}}"> APP </view>
<view wx:else">QQ</view>
```

JS 文件中定义 condition：

```
Page({
  data: {
    condition: 'QQ'
  }
})
```

显示结果是一个 view 而不是三个 view，组件内容是 QQ。

1.4.3　循环渲染

在组件上使用 wx:for 控制属性绑定一个数组，即可使用数组中各项的数据重复渲染该组件。数组的当前项的下标变量默认为 index，数组当前项的变量默认为 item。示例如下。

```
<view wx:for ="{{items}}">
{{index}}: {{item.message}}
</view>
```

page.js：

```
Page({
    data:{
        items:[{ message:'2020' },
               { message:'2018' },
               { message:'2015' }]
    }
})
```

结果显示为：

```
0: 2020
1: 2018
2: 2015
```

也可以使用 wx:for-item 指定数组当前元素的变量名，使用 wx:for-index 可以指定数组当前下标的变量名。例如：

```
<view wx:for="{{array}}" wx:for-index="idx" wx:for-item="itemName">
  {{idx}}: {{itemName}}
</view>
```

wx:for 也可以嵌套使用：

```
<view wx:for ="{{items}}"  wx:for-item= "i">
    <view wx:for ="{{items}}"  wx:for-item= "j">
        <view wx:if = "{{i <= j}}">
            {{i}} * {{j}} = {{i * j}}
        </view>
    </view>
</view>
```

这里是双重循环，相当于有两个循环变量 i 和 j，条件渲染时判断是否 i≤j。

page.js：

```
Page({
    data:{
        items:[1,2,3,4,5,6,7,8,9]
    }
})
```

结果显示为如图 1-12 所示的乘法口诀表。

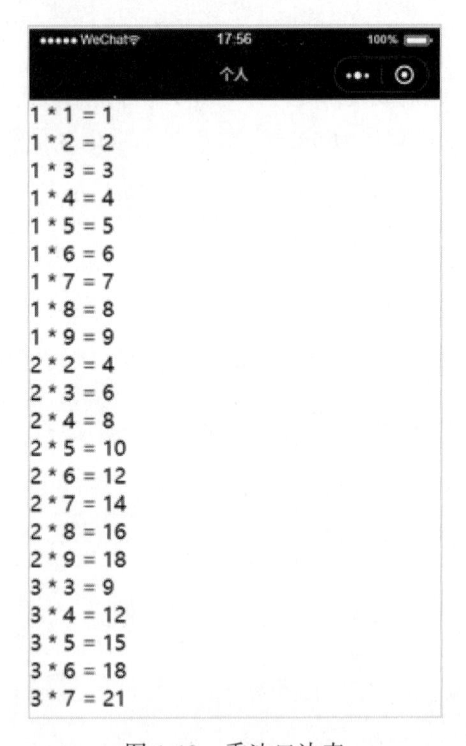

图 1-12　乘法口诀表

1.4.4 WXML 模板

对于可以在不同页面出现的相同页面结构，可提取成为一个 WXML 模板，然后在不同页面的 WXML 文件中引入这个模板，从而复用这个页面结构。

1. 模板定义

新建一个 template 文件夹，专门用于存放 WXML 模板文件。模板文件也是 WXML 文件，以 wxml 为后缀名。模板部分界面结构用 template 括住，示例如下。

```
//header.wxml 页面头部模板文件示例
<template name="header">
  <view class="left">
    左边内容
  </view>
  <view class="center">
    中间内容
  </view>
  <view class="right">
    右边内容
  </view>
</template>
```

在模板文件中，也可以使用 WXS 语法进行组件的条件渲染、列表渲染。

2. 使用模板

使用 is 属性声明需要使用的模板，然后将模板所需要的 data 传入。data 的格式需要符合模板中数据绑定的格式（类型、变量名都要对应上）。

```
<import src="模板文件相对路径"/>                       //导入模板
<template is="模板名" data="{{模板需要的数据}}" />   //传递数据
```

例如，引入上面定义的 header.wxml 页面头部模板文件：

```
<import src="/template/header.wxml "/>        //导入模板
<template is="header " data="{{index}}" />   //传递数据
```

is 属性可以使用 Mustache 语法，动态决定具体需要渲染哪个模板。

<template is="{{条件? '模板名 1' : '模板名 2'}}"/>

1.4.5 WXML 视图中的事件

视频讲解

微信小程序整个系统分为两部分：视图层（WXML 文件）和逻辑层（JS 文件），并在视图层和逻辑层之间提供数据传输和事件系统，让开发者聚焦于数据与逻辑上，如图 1-13 所示。

事件是视图层和逻辑层的通信方式，事件将用户的行为反映到逻辑层，进而对数据进行处理、发起请求、更新数据等，而后再更新视图。

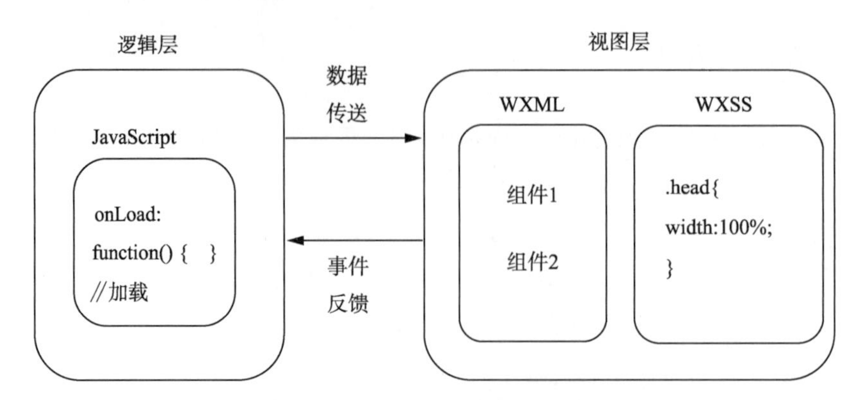

图 1-13 微信小程序整个系统

事件可以绑定到组件上，当满足触发条件后，就会调用逻辑层定义的事件处理函数进行数据交互。事件对象可以携带额外的数据，在逻辑层的事件回调函数中会接收视图层传递的数据，如 id、dataset、touches。

1. 事件分类

事件分为冒泡事件和非冒泡事件。冒泡事件是当一个组件上的事件被触发后，该事件会向父节点传递。非冒泡事件是当一个组件上的事件被触发后，该事件不会向父节点传递。WXML 视图中的冒泡事件如表 1-5 所示。

表 1-5 冒泡事件

类 型	触发条件
touchstart	手指触摸动作开始
touchmove	手指触摸后移动
touchcancel	手指触摸动作被打断，如来电提醒、弹窗
touchend	手指触摸动作结束
tap	手指触摸后马上离开
longpress	手指触摸后，超过 350ms 再离开，如果指定了事件回调函数并触发了这个事件，tap 事件将不被触发
longtap	手指触摸后，超过 350ms 再离开（推荐使用 longpress 事件代替）
transitionend	会在 WXSS transition 或 wx.createAnimation 动画结束后触发
animationstart	会在一个 WXSS animation 动画开始时触发
animationiteration	会在一个 WXSS animation 一次迭代结束时触发
animationend	会在一个 WXSS animation 动画完成时触发
touchforcechange	在支持 3D Touch 的 iPhone 设备上，重按时会触发

注意：除表 1-5 之外的其他组件自定义事件如无特殊声明都是非冒泡事件，如<form>的 submit 事件，<input>的 input 事件，<scroll-view>的 scroll 事件。

2. 事件绑定

事件绑定的写法同组件的属性，为 key 和 value 的形式。key 以 bind 或 catch 开头，后接事件名，如 bindtap、bindtouchstart。value 是一个字符串，是 Page 中定义的函数名。

```
<view id="tapTest"  bindtap="tapName"> Click me! </view>
<view id="tapTest" catchtap="tapName"> Click me! </view>
```

tapName 与在 Page 中定义的函数名相同，否则触发事件时会报错。bind 绑定的事件不会阻止事件冒泡，catch 绑定的事件会阻止事件冒泡。

关于事件冒泡过程举例如下。

```
<view id="outer" bindtap="handleTap1">
  outer view
  <view id="middle" catchtap="handleTap2">
    middle view
    <view id="inner" bindtap="handleTap3">
      inner view
    </view>
  </view>
</view>
```

这是父子三层嵌套 view。最外层父容器 outer view，中间子容器 middle view 和最内部子容器 inner view。单击 inner view 会先后调用 handleTap3 和 handleTap2，而不会再向上冒泡到 outer（因为 tap 事件会冒泡到 middle view，而 middle view 阻止了 tap 事件冒泡，不再向父节点传递）。单击 middle view 会触发 handleTap2。单击 outer view 会触发 handleTap1。

1.4.6 WXSS

视频讲解

在网页制作时采用 CSS（Cascading Style Sheet，层叠样式表）技术，可以有效地对页面的布局、字体、颜色、背景和其他效果实现更加精确的控制。CSS3 是 CSS 技术的升级版本，CSS3 语言开发是朝着模块化发展的，更多新的模块也被加入进来。这些模块包括：盒子模型、列表模块、超链接方式、语言模块、背景和边框、文字特效、多栏布局等。

WXSS（WeiXin Style Sheets）是一套样式语言，用于描述 WXML 的组件样式（例如尺寸、颜色、边框效果等）。WXSS 用来决定 WXML 的组件应该怎么显示。为了适应广大的前端开发者，WXSS 具有 CSS 的大部分特性。同时为了更适合开发微信小程序，对 CSS 进行了扩充以及修改。与 CSS 相比，扩展的特性有全新的尺寸单位和样式导入。

1. 尺寸单位

小程序规定了全新的尺寸单位 rpx（responsive pixel），可以根据屏幕宽度进行自适应。其原理是无视设备原先的尺寸大小，统一规定屏幕宽度为 750rpx。

rpx 不是固定值，屏幕越大，1rpx 对应的像素就越大。例如，在 iPhone 6 上，屏幕宽度为 375px，共有 750 个物理像素，则 750rpx = 375px = 750 物理像素，1rpx = 0.5px = 1 物理像素。

常见机型的尺寸单位对比如表 1-6 所示。

表 1-6 常见机型的尺寸单位对比

设　备	rpx 换算 px (屏幕宽度/750)	px 换算 rpx (750/屏幕宽度)
IPhone 5	1rpx = 0.42px	1px = 2.34rpx
IPhone 6	1rpx = 0.5px	1px = 2rpx
IPhone 6 Plus	1rpx = 0.552px	1px = 1.81rpx

注：由于 iPhone 6 换算较为方便，建议开发者可以用 iPhone 6 作为视觉设计稿的标准。

2. 定义样式

在微信小程序中，WXML 负责页面结构(类似 HTML)，WXSS 负责页面样式(类似 CSS)，而 JavaScript 负责页面交互及逻辑实现。WXSS 在小程序中扮演的角色和 CSS 在前端开发中的角色类似。

WXSS 和 CSS 层叠样式表一样，一般由若干条样式规则组成，一条样式规则的结构如下。

```
选择器{
属性名:值;
属性名:值;
...
}
```

例如：

```
text{
width:100px;
font-size:16pt;
color:red
}
```

width 设置宽度，把 text 组件宽度设置为 100 px 大小。font-size 设置字体大小，把字体设置成 16 pt；而 color 设置文字的颜色，颜色是红色。

样式规则都包含一个选择器（Selector），用于指定在页面中哪种组件（例如 button、text 或 view）套用花括号内的属性设置。每个属性带一个值，共同地描述这个选择器应该如何显示在页面中。

在样式规则中，选择器用于选择需要添加样式的组件。目前支持的选择器如表 1-7 所示。

表 1-7 样式规则中的选择器

选 择 器	样　例	样例描述
element	view	选择所有 view 组件
element, element	view, checkbox	选择所有文档的 view 组件和所有的 checkbox 组件
.class	.intro	选择所有拥有 class="intro"的组件
#id	#firstname	选择拥有 id="firstname"的组件
::after	view::after	在 view 组件后边插入内容
::before	view::before	在 view 组件前边插入内容

1）组件选择器

一个微信小程序页面是由很多不同的组件标记组成的，例如，button、view 或 canvas 等。而组件选择器，则是决定哪些组件采用相应的样式。

例如，在 style.wxss 文件中对 button 组件样式的声明如下。

```
button {
font-size:12px;
background:#00ff00;
color:red;
}
```

则页面中所有 button 组件的背景都是#00ff00(绿色)，文字大小均是 12px，颜色为 red(红色)。

2）类别选择器

在定义组件时，可以使用 class 属性指定组件的类别。在 WXSS 中可以使用类别选择器选择指定类别的组件，方法如下。

```
.类名
{
属性:值;…属性:值;
}
```

在 WXML 中，给组件定义一个 class 的类名属性，如下。

```
<view class="demoDiv">这个区域字体颜色为红色</div>
<text class="demoDiv">这个段落字体颜色为红色</p>
```

WXSS 的类选择器根据类名来选择组件，前面以“.”标识，例如：

```
.demoDiv{
color:#FF0000;
}
```

运行后发现所有 class 属性为 demoDiv 的组件都应用了这个样式，包括页面中的 view 组件和 text 组件。

3）ID 选择器

使用 ID 选择器可以根据组件的 ID 选取。所谓 ID，就是相当于页面中组件的“身份证”，以保证其在一个页面中具有唯一性。这给使用 JavaScript 等脚本编写语言的应用带来了方便。要将一个 ID 包括在样式定义中，需要“#”号作为 ID 名称的前缀。例如，将 id="highlight" 的组件设置背景为黄色的代码如下。

```
# highlight{background-color:yellow;}
```

WXSS 所支持的样式属性与 CSS 属性类似，为方便理解本节示例代码，表 1-8 列出了部分常用样式属性和参考值。

3. 内联样式

WXML 内的组件上支持使用 style、class 属性来控制组件的样式。

表 1-8 常用样式属性

样式属性	含 义	参 考 值
background-color	背景色	颜色名，例如，red 表示红色
color	前景色	同上
font-size	字体大小	例如，16px 表示 16px 大小的字体
border	边框	例如，3px solid blue 表示宽度为 3px 的蓝色实线
width	宽度	例如，20px 表示 20px 的宽度
height	高度	例如，100px 表示 100px 的高度

1）style

style 属性又称为行内样式，可直接将样式代码写到组件的首标签中。例如：

```
<view style="color:red;background-color:yellow">测试</view>
```

上述代码表示当前这个<view>组件中的文本将变为红色，背景将变为黄色。

style 也支持动态样式效果，例如：

```
<view style="color:{{color}} ">测试</view>
```

上述代码表示组件中的文本颜色将由页面 JS 文件的 data.color 属性规定。

官方建议开发者尽量避免将静态的样式写进 style 中，以免影响渲染速度。如果是静态的样式，可以统一写到 class 中。

2）class

小程序使用 class 属性指定样式规则，其属性值是由一个或多个自定义样式类名组成，多个样式类名之间用空格分隔。

例如，WXSS 文件中：

```
.style01{                //样式类名
    color: red;          //文字为红色
}
.style02{                //样式类名
    font-size: 20px;     //字体大小为20px
    font-weight: bold;   //字体加粗
}
```

页面 WXML 文件中：

```
<view class="style01 style02">测试</view>
```

上述代码表示组件同时接受.style01 和.style02 的样式规则。

注意：在 class 属性值的引号内部不需要加上类名前面的点。

4. 样式导入

小程序在 WXSS 样式表中使用@import 语句导入外联样式表，@import 后跟需要导入的外联样式表的相对路径，用;表示语句结束。

例如，有个公共样式表 common.wxss 代码如下。

```
.red{
  color:red;
}
```

然后可以在其他任意 WXSS 样式表中使用@import 语句对其进行引用。例如，a.wxss 代码如下。

```
@import "common.wxss";
.blue {
  color:blue;
}
```

5. 全局样式和局部样式

小程序 WXSS 样式表中规定的样式根据其作用范围分为以下两类。

- 全局样式：在 app.wxss 中的样式，作用于每个页面。
- 局部样式：在页面 WXSS 文件中定义的样式，只作用在对应的页面，并会覆盖 app.wxss 中相同的选择器。

1.4.7 Flex 布局

视频讲解

微信小程序常用布局为 Flex（Flexible Box 的缩写）布局，意为“弹性布局”。小程序使用 Flex 模型来提高页面布局效率，当页面需要适应不同屏幕大小以及设备类型时，该模型可以确保元素在恰当的位置。它为盒状模型提供了最大的灵活性。

1. 容器和项目

采用 Flex 布局的元素，称为容器（container）。容器内部的组件（子元素）自动成为容器成员，称为项目（item）。

例如：

```
<view id="A">
    <view id="B">
        <view id="C"></view>
    </view>
</view>
```

代码中共有三个<view>组件，对于 A、B 来说，A 是容器，B 是项目；对于 B、C 来说，B 是容器，C 是项目。

2. 坐标轴

Flex 布局的坐标系是以容器左上角的点为原点，自原点往右、往下两条坐标轴。默认情况下是水平布局，即水平方向从左往右为主轴（main axis），垂直方向自上而下为交叉轴（cross axis）。主轴的开始位置（与边框的交叉点）叫作 main start，结束位置叫作 main end；交叉轴的开始位置叫作 cross start，结束位置叫作 cross end，如图 1-14 所示。

也可以使用样式属性 flex-direction: column 将主轴与交叉轴位置互换，成为垂直布局。

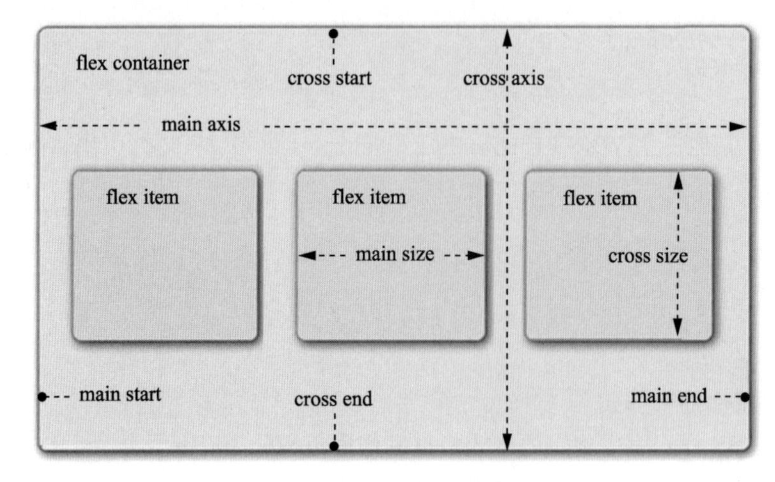

图 1-14 Flex 布局坐标轴

3. Flex 属性

在小程序中，与 Flex 布局模型相关的样式属性根据其属性标签的类型可以分为容器属性和项目属性。

容器属性用于规定容器布局方式，从而控制内部项目的排列和对齐方式。表 1-9 列出了 Flex 布局中的容器属性。

表 1-9 Flex 布局中的容器属性

属 性	解 释	默 认 值	其他有效值
flex-direction	设置项目排列方向	row	row-reverse|column|column-reverse。其中，row（默认值）：主轴为水平方向，起点在左端。row-reverse：主轴为水平方向，起点在右端。column：主轴为垂直方向，起点在上沿。column-reverse：主轴为垂直方向，起点在下沿
flex-wrap	设置项目是否换行	nowrap	wrap|wrap-reverse。其中，nowrap：默认值，表示不换行。如果单行内容过多，项目宽度可能会被压缩。wrap：容器单行容不下所有项目时允许换行排列。wrap-reverse：容器单行容不下所有项目时允许换行排列。换行方向为 wrap 的反方向
justify-content	设置项目在主轴方向上的对齐方式	flex-start	flex-end|center|space-between|space-around|space-evenly。具体对齐方式与轴的方向有关。下面假设主轴为从左到右。flex-start（默认值）：左对齐。flex-end：右对齐。center：居中。space-between：两端对齐，项目之间的间隔都相等。space-around：每个项目两侧的间隔相等，项目之间的间隔比项目与边框的间隔大一倍。space-evenly：每个项目的间隔相等

续表

属　性	解　释	默 认 值	其他有效值
align-items	设置水平方向的对齐方式	stretch	center |flex-end|baseline|flex-start。flex-start：交叉轴的起点对齐。flex-end：交叉轴的终点对齐。center：交叉轴的中点对齐。baseline:项目的第一行文字的基线对齐。stretch（默认值）：如果项目未设置高度或设为 auto，将占满整个容器的高度
align-content	多行排列时，设置行在交叉轴方向上的对齐方式	stretch	flex-start|center|flex-end|space-between |space-around|space-evenly

项目属性用于设置容器内部项目的尺寸、位置以及对齐方式。表 1-10 列出了 Flex 布局中的项目属性。

表 1-10　Flex 布局中的项目属性

属　性	解　释	默 认 值	其他有效值
order	设置项目在主轴上的排列顺序。数值越小，排列越靠前，默认为 0	0	<integer>
flex-shrink	收缩在主轴上溢出的项目。此属性定义项目的缩小比例，默认为 1，即如果空间不足，该项目将缩小	1	<number>
flex-grow	放大在主轴方向上还有空间的项目。此属性定义项目的放大比例，默认为 0，即如果存在剩余空间，也不放大	0	<number>
flex-basis	代替项目的原来宽/高属性。定义了在分配多余空间之前，项目占据的主轴空间。浏览器根据这个属性，计算主轴是否有多余空间。它的默认值为 auto，即项目的本来大小	auto	<length>
flex	是 flex-shrink、flex-grow 和 flex-basis 三种属性的综合简写，默认值为 0 1 auto。后两个属性可选	无	none|auto|@flex-grow @flex-shrink @flex-basis
align-self	设置项目在行中交叉轴上的对齐方式，允许单个项目有与其他项目不一样的对齐方式	auto	flex-start|flex-end|center| baseline|stretch

下面举例说明。如果实现图 1-15 效果，WXML 代码如下。

```
<view class='box'>
  <view>页面布局示例</view>
  <!--实现三栏水平均匀布局-->
  <view style='display:flex;text-align:center;line-height:80rpx;'>
    <view style='background-color:red;flex-grow:1;'>1</view>
    <view style='background-color:green;flex-grow:1;'>2</view>
    <view style='background-color:blue;flex-grow:1;'>3</view>
  </view>
 ------------------------------------
```

```
    <!--实现左右混合布局-->
    <view style='display:flex;height:300rpx;text-align:center;'>
      <view style='background-color:red;width:250rpx;line-height:150rpx;'>1
</view>
        <view style='display:flex;flex-direction:column;flex-grow:1;line-
height: 150rpx;'>
          <view style='background-color:green;flex-grow:1;'>2</view>
          <view style='background-color:blue;flex-grow:1;'>3</view>
      </view>
    </view>
    ---------------------------------
    <!--实现上下混合布局-->
    <view style='display:flex;flex-direction:column;line-height:300rpx;
text-align:center;'>
      <view style='background-color:red;height:100rpx;line-height:100rpx;'>1
</view>
      <view style='flex-grow:1;display:flex;flex-direction:row;'>
        <view style='background-color:green;flex-grow:1;'>2</view>
        <view style='background-color:blue;flex-grow:1;'>3</view>
      </view>
    </view>
  </view>
```

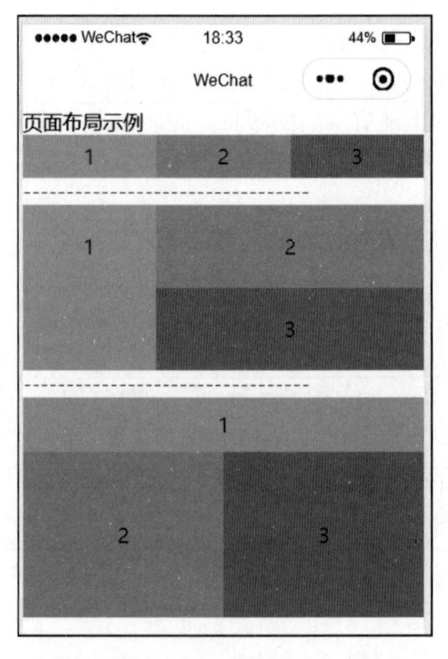

图 1-15　Flex 布局示例

假如微信小程序中无法确定容器组件的宽高但却需要内部项目垂直居中，WXSS 代码如下。

```
  .container{
    display: flex; /*使用flex布局（必写语句）*/
    flex-direction: column; /*排列方向：垂直*/
```

```
  justify-content: center; /*内容调整：居中*/
}
```

由于 Flex 属性较多，需要读者仔细体会其使用方法。

1.5 微信小程序页面组件

微信小程序提供了一系列页面组件，开发者可以通过组合这些页面组件进行快速界面开发。一个页面组件通常包括开始标签<tagname>和结束标签</tagname>，属性用来修饰这个组件，内容在两个标签之内。注意：所有页面组件标签与属性都是小写。

```
<tagname 属性="值">
内容…
</tagname>
```

例如：

```
<button id="button1" bindtap="setLoading">设置</button>
```

上述语句定义一个按钮组件，组件有一个 id 属性，id 属性是一个通用属性，所有组件都具有此属性。bindtap 属性是绑定 tap 事件，用来定义单击事件处理函数。

微信小程序组件都有的属性如表 1-11 所示。

表 1-11 页面组件都有的属性

属 性 名	类 型	描 述
id	String	组件的唯一标识，保持整个页面唯一性
class	String	组件的样式类，在对应的 WXSS 中定义的样式类
style	String	组件的内联样式
hidden	Boolean	组件是否显示，默认显示
data-*	Any	自定义属性，组件上触发事件时，会发送给事件处理函数
bind* / catch*	EventHandler	组件的事件

微信小程序组件分为以下 7 大类。

（1）视图容器组件：主要用于规划布局页面内容。

（2）基础内容组件：用于显示图标、文字等常用基础内容，主要包含 icon 图标、text 文字、rich-text 富文本和 progress 进度条组件。

（3）表单组件：用于制作表单。微信小程序的表单组件与 HTML 类似。

（4）导航组件：用于跳转到指定页面，仅有 navigator 导航组件。

（5）多媒体组件：用于显示图片、音频、视频等多媒体信息，主要包含 audio 音频、image 图片、video 视频组件。

（6）地图 map 组件：用于显示地图效果。

（7）canvas 画布组件：用于绘制图画内容，游戏开发主要使用此组件实现游戏画面。

1.5.1 视图容器组件

视图容器组件主要包含 view 视图容器，scroll-view 可滚动视图容器，swiper 可滑动视图容器，movable- view 可移动视图容器和 cover-view 覆盖视图容器这些组件。

1. view 视图容器

view 是静态视图容器，通常用<view>和</view>标签标识一个容器区域。需要注意的是，view 视图容器本身没有大小和颜色，需要在 WXSS 样式文件中设置。

view 对应的属性如表 1-12 所示。

表 1-12 view 组件的属性

属性名	类型	默认值	说明
hover-class	String	none	指定按下去的样式类。当 hover-class="none" 时，没有单击态效果
hover-start-time	Number	50	按住后多久出现单击态，单位为 ms
hover-stay-time	Number	400	手指松开后单击态保留时间，单位为 ms

【例 1-1】 视图容器组件 view 的简单应用。

WXML 文件代码如下。

```
<!--ex1.wxml-->
<view class="flex-wrp" >
    <view class="flex-item bc_green"  hover-class="hover">子View1</view>
    <view class="flex-item bc_red">子View2</view>
    <view class="flex-item bc_blue">子View3</view>
</view>
```

WXSS 文件代码如下。

```
/**ex1.wxss**/
.flex-wrp{
   height: 100px;
   display:flex;
   background-color: #FFFFFF;
   justify-content: center;
}
.flex-item{
   width: 100px;/*宽度和高度*/
   height: 100px;
}
.hover {
  background-color: black;/*单击时显示黑色*/
}
```

```
.bc_green {
  background-color: green;
}
.bc_red {
  background-color: red;
}
.bc_blue {
  background-color: blue;
}
```

运行效果如图 1-16 所示。

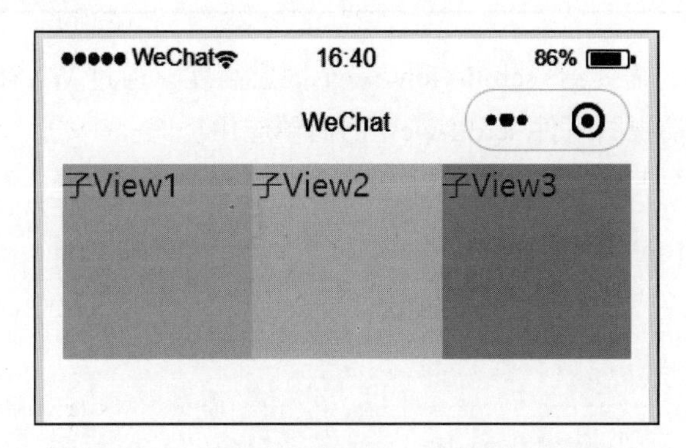

图 1-16　视图容器组件 view 的简单应用

本例中 ex1.wxml 中定义一个父视图容器和三个子视图容器(分别显示绿色,红色和蓝色)。单击“子 View1”时背景色显示成黑色。

2. scroll-view 可滚动视图容器

可滚动视图是指当拥有内容过多,屏幕显示不完全时,需要通过滚动显示视图。scroll-view 组件可以横向滚动和纵向滚动。

scroll-view 对应的属性如表 1-13 所示。

表 1-13　scroll-view 组件的属性

属性名	类型	默认值	说明
scroll-x	Boolean	false	允许横向滚动
scroll-y	Boolean	false	允许纵向滚动
upper-threshold	Number	50	距顶部/左边多远时（单位为 px），触发 scrolltoupper 事件
lower-threshold	Number	50	距底部/右边多远时（单位为 px），触发 scrolltolower 事件
scroll-top	Number		设置竖向滚动条位置
scroll-left	Number		设置横向滚动条位置
scroll-into-view	String		值应为某子元素 id（id 不能以数字开头）。设置哪个方向可滚动，则在哪个方向滚动到该元素
scroll-with-animation	Boolean	false	在设置滚动条位置时使用动画过渡

续表

属性名	类型	默认值	说明
enable-back-to-top	Boolean	false	iOS 单击顶部状态栏、安卓双击标题栏时，滚动条返回顶部，只支持竖向
bindscrolltoupper	EventHandle		滚动到顶部/左边，会触发 scrolltoupper 事件
bindscrolltolower	EventHandle		滚动到底部/右边，会触发 scrolltolower 事件
bindscroll	EventHandle		滚动时触发，event.detail = {scrollLeft, scrollTop, scrollHeight, scrollWidth, deltaX, deltaY}

使用纵向滚动时，需要给<scroll-view>一个固定高度，通过 WXSS 设置 height。

【例 1-2】 可滚动视图组件 scroll-view 的简单应用。

WXML 文件代码如下。

```
<!--ex2.wxml-->
<text>横向滚动</text>
<scroll-view scroll-x="true"style="width:100%">
  <view class="scroll-view_H">
    <view class="scroll-view-item_H bc_green">1</view>
    <view class="scroll-view-item_H bc_red">2</view>
    <view class="scroll-view-item_H bc_yellow">3</view>
    <view class="scroll-view-item_H bc_blue">4</view>
  </view>
</scroll-view>
```

WXSS 文件代码如下。

```
/**ex2.wxss**/
.scroll-view-item{
  height: 80px;
  width: 400px;
}
.scroll-view_H{
  display: flex;
  height: 80px;
  width: 500px;
  flex-direction: row;
}
.scroll-view-item_H{
  width: 200px;
  height: 100px;
}
.bc_green{
  background: green;
}
.bc_red{
  background: red;
}
.bc_yellow{
```

```
  background: yellow;
}
.bc_blue{
  background: blue;
}
```

运行效果如图 1-17 所示。使用属性 scroll-x 使得可以横向滚动 4 个子 view。

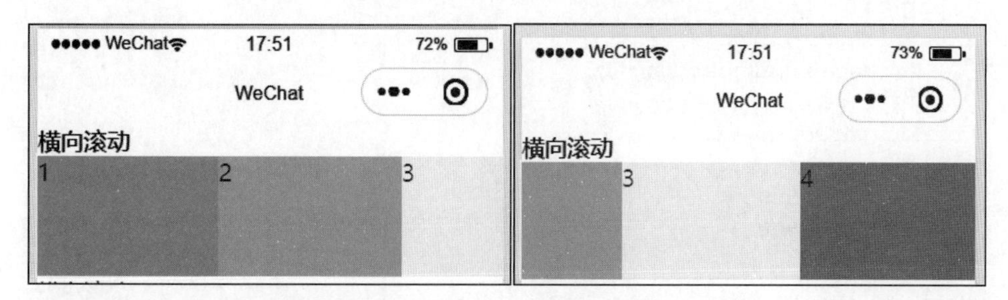

图 1-17 可滚动视图 scroll-view 的简单应用

3. swiper 可滑动视图容器

swiper 通常用于实现制作幻灯片切换的效果，结合 image 组件也可以制作轮播图。swiper 对应的属性如表 1-14 所示。

表 1-14 swiper 组件的属性

属 性 名	类 型	默 认 值	说 明
indicator-dots	Boolean	false	是否显示面板指示点
indicator-color	Color	rgba(0, 0, 0, .3)	指示点颜色
indicator-active-color	Color	#000000	当前选中的指示点颜色
autoplay	Boolean	false	是否自动切换
current	Number	0	当前所在页面的 index
interval	Number	5000	自动切换时间间隔
duration	Number	500	滑动动画时长
circular	Boolean	false	是否采用衔接滑动
vertical	Boolean	false	滑动方向是否为纵向
bindchange	EventHandle		current 改变时会触发 change 事件，event.detail = {current: current, source: source}

【例 1-3】 swiper 滑块视图容器实现轮播图。程序提供 3 张图片，通过 swiper 滑块视图容器对 3 张图片不停地切换达到轮播效果。

WXML 文件代码如下。

```
<!—ex3.wxml-->
<swiper class="swiper" indicator-dots="{{indcatorDots}}" autoplay=
   "{{autoPlay}}" interval="{{interval}}" duration="{{duration}}">
<block wx:for="{{imgUrls}}" wx:for-index="index" wx:key="index">
<swiper-item>
<image src="{{item}}" class="side-img"></image>
</swiper-item>
```

```
  </block>
  </swiper>
```

JS 文件代码如下。

```
Page({
  data: {
    imgUrls: [
      '/images/bu.png',
      '/images/jiandao.png',
      '/images/shitou.png'],
    indcatorDots: true,
    autoPlay: true,
    interval: 5000,
    duration: 500
  },
})
```

运行效果如图 1-18 所示。

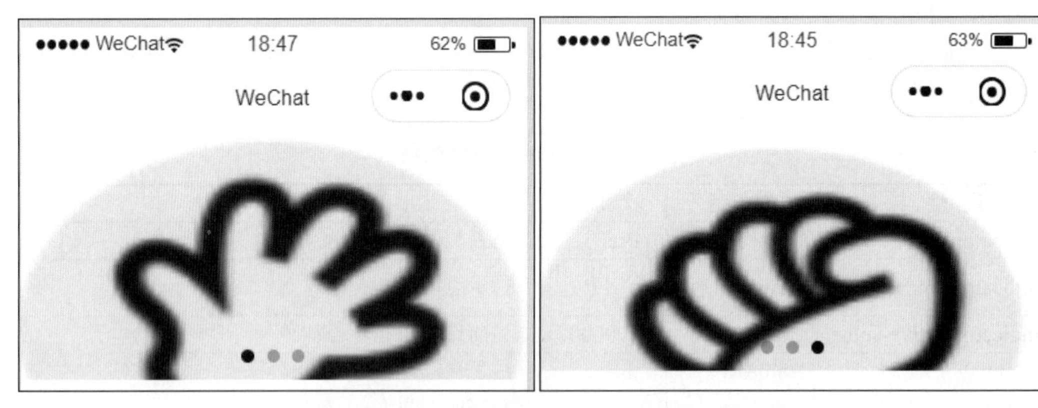

图 1-18 swiper 滑块视图容器制作轮播图

4. movable-view 可移动视图容器

可移动的视图容器在页面中可以被拖曳滑动。

注意： movable-view 必须在<movable-area>组件中，并且必须是直接子节点，否则不能移动。

movable-view 对应的属性如表 1-15 所示。

表 1-15 movable-view 组件的属性

属性名	类型	默认值	说明
direction	String	none	movable-view 的移动方向，属性值有 all、vertical、horizontal、none
inertia	Boolean	false	movable-view 是否带有惯性
out-of-bounds	Boolean	false	超过可移动区域后，movable-view 是否还可以移动
x	Number		定义 x 轴方向的偏移，如果 x 的值不在可移动范围内，会自动移动到可移动范围；改变 x 的值会触发动画

续表

属性名	类型	默认值	说明
y	Number		定义 y 轴方向的偏移，如果 y 的值不在可移动范围内，会自动移动到可移动范围；改变 y 的值会触发动画
damping	Number	20	阻尼系数，用于控制 x 或 y 改变时的动画和过界回弹的动画，值越大移动越快
friction	Number	2	摩擦系数，用于控制惯性滑动的动画，值越大摩擦力越大，滑动越快停止；必须大于 0，否则会被设置成默认值

movable-view 必须设置 width 和 height 属性，不设置则默认为 10px。movable-view 默认为绝对定位，top 和 left 属性为 0px。

当 movable-view < movable-area 时，movable-view 的移动范围是在 movable-area 内；当 movable-view≥movable-area 时，movable-view 的移动范围必须包含 movable-area（x 轴方向和 y 轴方向分开考虑）。

【例 1-4】 movable-view 可移动的视图容器的简单应用。

WXML 文件代码如下。

```
<!--pages/ex1-4/ex1-4.wxml-->
<view class="section">
<view class="section__title">movable-view区域小于movable-area</view>
<movable-area style="height: 200px;width: 200px;background: red;">
<movable-view style="height: 50px; width: 50px; background: blue;" x=
   "{{x}}" y="{{y}}" direction="all">
</movable-view>
</movable-area>
<view class="btn-area">
<button size="mini" bindtap="tap">单击我</button>
</view>
</view>
```

JS 文件代码如下。

```
Page({
  data: {
    x: 0,
    y: 0
  },
  tap: function (e) {
    this.setData({
      x: 30,
      y: 30
    });
  }
})
```

运行效果如图 1-19 所示。单击“单击我”按钮后，this.setData()更新 data 属性中的 x,y 数据值，也会更新到 WXML 页面上去。从而使内部蓝色滑块向右下移动(30,30)。

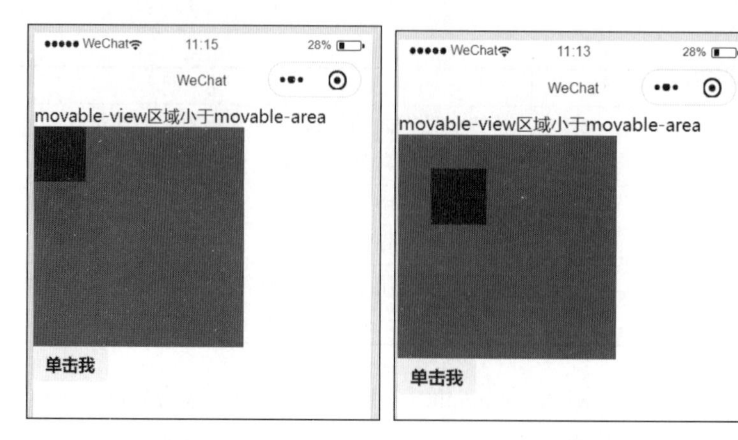

图 1-19 movable-view 可移动的视图容器

5. cover-view 覆盖视图容器

cover-view 是覆盖在原生组件之上的文本视图容器，可覆盖的原生组件包括 map、vidco、canvas 等，支持内嵌 cover-image、cover-view 和 button 组件。cover-image 是指覆盖在原生组件之上的图片视图容器，可覆盖的原生组件同 cover-view 一样，该组件可以直接使用或者被嵌套在 cover-view 中。cover-image 组件与 image 类似，但仅有一个 src 属性。

【例 1-5】cover-view 覆盖视图容器的简单应用。在地图上放置一个 cover-view 覆盖视图，内部有一个图片和一个按钮。

WXML 文件代码如下。

```
<!--pages/cover-view/cover-view.wxml-->
<view >
  <view>在地图上放置cover-view</view>
  <map>
    <cover-view>
      <cover-view>Cover-View</cover-view>
      <cover-image src='house.png'></cover-image>
      <button type='primary' size='mini'>这是按钮</button>
    </cover-view>
  </map>
</view>
```

WXSS 文件代码如下。

```
/* pages/cover-view/cover-view.wxss */
map{
  width: 100%;
  height: 600rpx;
}
cover-view{
  width: 200rpx;
  background-color: lightcyan;
  margin: 0 auto;
}
cover-image{
```

```
  width: 100rpx;
  height: 100rpx;
  margin: 0 auto;
}
```

运行效果如图 1-20 所示。

图 1-20　cover-view 覆盖视图容器

1.5.2　基础内容组件

基础内容组件包括 icon 图标、text 文本、rich-text 富文本和 process 进度条组件。

1. icon 图标组件

微信小程序提供了丰富的图标组件，应用于不同场景，有成功、警告、取消、下载等不同含义的图标，如图 1-21 所示。

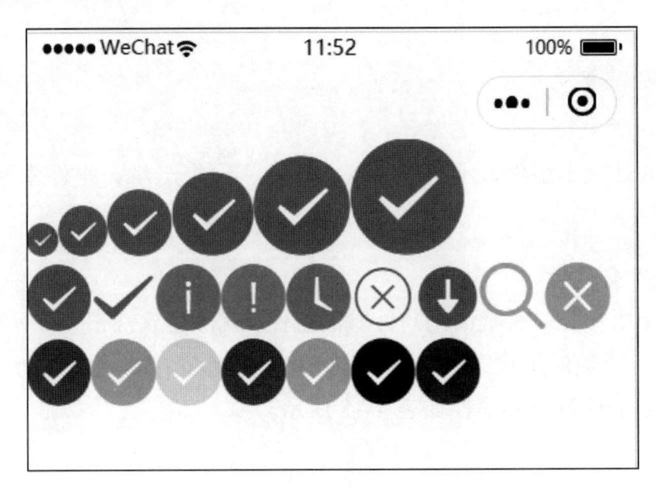

图 1-21　不同含义的图标

icon 图标组件对应的属性如表 1-16 所示。

表 1-16 icon 组件的属性

属性名	类型	默认值	说明
type	String		icon 的类型，有效值：success、success_no_circle、info、warn、waiting、 cancel、download、search、clear
size	Number	23	icon 的大小，单位为 px
color	Color		icon 的颜色，同 CSS 的 color

例如，声明一个蓝色、50 px 大小表示成功的图标，其 WXML 代码如下。

```
<icon type="success" size="50" color="blue"></icon>
```

或者

```
<icon type="success" size="50" color="blue"/>
```

2. text 文本组件

text 文本组件显示文字，它支持转义符"\",如换行"\n"、制表符"\t"。text 组件内只支持<text/>嵌套。除了文本节点以外的其他节点都无法长按选中。该组件对应的属性如表 1-17 所示。

表 1-17 text 组件的属性

属性名	类型	默认值	说明
selectable	Boolean	false	文本是否可选
space	String	false	显示连续空格
decode	Boolean	false	是否解码

例如：

```
<text>你好世界</text>
<text>武汉加油</text>
<text>大家好 \n 武汉好</text>
```

运行结果如下。

```
你好世界武汉加油大家好
武汉好
```

由上例可知，text 文本组件显示时放置在一行里，不同于 view 组件显示时，每个 view 组件占据一行。

3. progress 进度条组件

progress 进度条组件是一种提高用户体验的组件，就像播放视频一样，可以通过进度条看到完整的视频长度、当前的进度，这样能够让用户合理地安排自己的时间，提高用户的体验度。progress 进度条组件对应的属性如表 1-18 所示。

例如：

```
<progress percent="20" stroke-width="20" show-info />
```

```
<progress percent="40" stroke-width="20" show-info/>
<progress percent="60" stroke-width="30" color="pink" />
<progress percent="80" stroke-width="20" active true />
```

表 1-18　progress 进度条组件的属性

属 性 名	类 型	默 认 值	说 明
percent	Float	无	百分比 0~100
show-info	Boolean	false	在进度条右侧显示百分比
stroke-width	Number	6	进度条线的宽度，单位为 px
color	Color	#09BB07	进度条颜色（请使用 activeColor）
activeColor	Color		已选择的进度条的颜色
backgroundColor	Color		未选择的进度条的颜色
active	Boolean	false	进度条从左往右的动画
active-mode	String	backwards	backwards: 动画从头播。forwards：动画从上次结束点接着播

运行结果如图 1-22 所示。

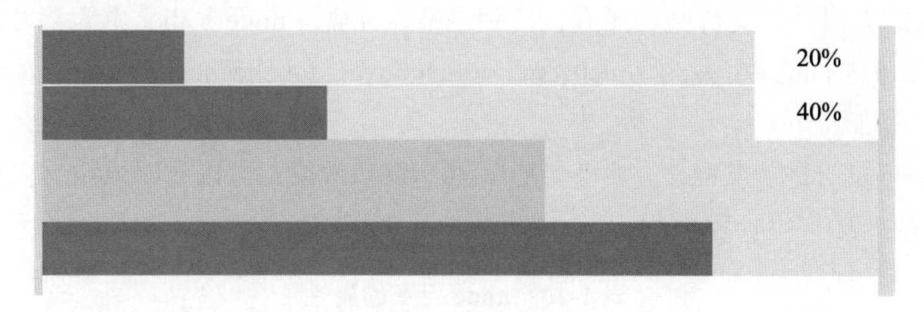

图 1-22　进度条

4. rich-text 富文本

rich-text 富文本组件可以渲染部分 HTML 标签，全局支持 class 和 style 属性，但不支持 id 属性。rich-text 弥补了 text 组件在文本渲染上的不足。对应的属性如表 1-19 所示。

表 1-19　rich-text 组件的属性

属 性	类 型	默 认 值	必 填	说 明
nodes	array/string	[]	否	节点列表/HTML String
space	string		否	显示连续空格

注意 nodes 属性的使用，可以是 Array 和 String 两种类型。

1）String 字符串类型

例如，在 WXML 中声明一个 rich-text 富文本组件。

```
<rich-text nodes="{{nodes1}}"></rich-text>
```

其中，{{nodes1}}为自定义变量，用于定义 HTML 的内容。

如果是用纯字符串（String 类型）描述 HTML 代码，在 JS 中表示如下。

```
Page({
  data: {
    nodes1:'<div style="line-height: 60px; color: red;">Hello World!
          </div>'
  }
})
```

运行结果如图 1-23 所示。

图 1-23　rich-text 富文本组件

2）Array 数组类型

需要注意的是，官方声明 nodes 属性推荐使用 Array 类型。这是由于<rich-text>组件会将 String 类型转换为 Array 类型，因而在内容比较多的时候 String 类型性能会有所下降。

Array 数组类型目前支持两种元素，分别是节点元素（node）和文本元素（text）。

支持默认事件，包括：tap、touchstart、touchmove、touchcancel、touchend 和 longtap。

（1）节点元素。

type: 'node'表明是节点元素，由于节点元素为默认效果，可以省略 type 类型不写。每个 node 元素都有如表 1-20 所示属性。

表 1-20　node 元素的属性

属　性	说　明	类　型	必　填	备　注
name	标签名	String	是	支持部分受信任的 HTML 节点
attrs	属性	Object	否	支持部分受信任的属性，遵循 Pascal 命名法
children	子节点列表	Array	否	结构和 nodes 一致

（2）文本元素。

type: 'text'表明是文本元素。文本元素有一个 text 属性表示其文字。

例如，在 WXML 中声明一个 rich-text 富文本组件：

```
<rich-text nodes="{{nodes1}}"></rich-text>
```

在 JS 中使用 Array 数组类型描述 HTML 内容，使用节点元素和文本元素子节点，代码如下。

```
Page({
  data: {
    nodes1: [{
      name: 'div',
      type: 'node',
      attrs: { style: 'line-height: 60px; color: red;' },
      children: [{type: 'text',  text: 'Hello World!' }]
    }]
```

在 JS 文件 data 中定义 nodes1 是 Array 数组，其中仅有一个 node 节点类型元素。节点类型可以有子节点，此时有一个 children 属性。此例中，子节点是文本元素。这里将节点元素和文本元素配合使用，使用节点元素的 attrs 属性声明样式，使用文本元素声明文字内容。运行结果与前面例子相同，如图 1-23 所示。

1.5.3　表单组件

表单组件包含 button 按钮、form 表单、input 输入框、checkbox 复选框、radio 单选按钮、picker 列表选择器、picker-view 内嵌列表选择器、slider 滑动选择器、switch 开关选择器、label 标签组件。

1. button 按钮组件

button 按钮是最为常用的组件之一，用于事件的触发及表单的提交。小程序中按钮的样式有三种，如图 1-24 所示。

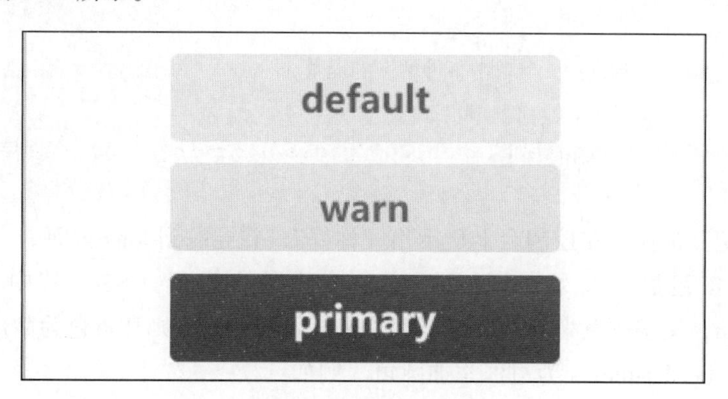

图 1-24　按钮的样式

button 按钮常用属性有 type、size 和 form-type，分别用于修改样式、尺寸和设置不同的触发事件。button 按钮对应的属性如表 1-21 所示。

表 1-21　button 按钮组件的属性

属 性 名	类　型	默 认 值	说　明
size	String	default	按钮的大小，有效值：default、mini
type	String	default	按钮的样式类型，有 primary（绿色）、default（普通灰白）、warn（红色）三种样式效果
plain	Boolean	false	按钮是否镂空，背景色透明
disabled	Boolean	false	是否禁用
loading	Boolean	false	名称前是否带 loading 图标
form-type	String		其有效值"submit"和"reset"，用于<form>组件，单击分别会触发<form>组件的 submit/reset 事件
open-type	String		微信开放能力

续表

属 性 名	类 型	默 认 值	说 明
hover-class	String	button-hover	指定按钮按下去的样式类。当 hover-class="none" 时，没有单击态效果
hover-stop-propagation	Boolean	false	指定是否阻止本节点的祖先节点出现单击态
hover-start-time	Number	20	按住后多久出现单击态，单位为 ms
hover-stay-time	Number	70	手指松开后单击态保留时间，单位为 ms

例如，能触发 tap 单击事件和样式是 default 的按钮：

```
<button type="default" size="default" bindtap="but" class="btn1">确定</button>
<button type="default" size="mini" bindtap="but">确定</button>
```

bindtap 属性就是添加 tap 单击事件触发的函数，函数名是 but。

```
//index.js
Page({
    but: function(){ //单击事件触发的函数
            console.log("你好") }
            wx.navigateTo({ url: '/pages/logs/logs' })   //导航到logs页面
})
```

单击“确定”按钮会在控制台上显示出“你好”，并导航到 logs 页面。

如果修改按钮显示效果，可以在 WXSS 文件中设置 CSS，其中，背景颜色为 background-color，文字颜色为 color。若设置 type 为 primary，则背景色为微信绿，而无法再设置背景颜色。border-radius 为边框添加圆角。例如：

```
.btn1 {
  width: 80%;
  background-color: beige;
  border-radius: 98rpx;
  margin: 15px;}
```

则按钮效果如图 1-25 所示。

图 1-25　按钮的样式

2. input 单行文本输入框组件

input 单行文本输入框组件对应的属性如表 1-22 所示。

表 1-22　input 组件的属性

属 性 名	类 型	默 认 值	说 明
value	String		输入框的初始内容
type	String	"text"	input 的类型。text：文本输入键盘。number：数字输入键盘。idcard：身份证输入键盘。digit：带小数点的数字键盘
password	Boolean	false	是否是密码类型
placeholder	String		输入框为空时占位符
placeholder-style	String		指定 placeholder 的样式
placeholder-class	String	"input-placeholder"	指定 placeholder 的样式类
disabled	Boolean	false	是否禁用
maxlength	Number	140	最大输入长度，设置为 –1 的时候不限制最大长度
cursor-spacing	Number	0	指定光标与键盘的距离，单位为 px。取 input 距离底部的距离和 cursor-spacing 指定的距离的最小值作为光标与键盘的距离
auto-focus	Boolean	false	(即将废弃，请直接使用 focus)自动聚焦，拉起键盘
focus	Boolean	false	获取焦点
confirm-type	String	"done"	设置键盘右下角按钮的文字
confirm-hold	Boolean	false	单击键盘右下角按钮时是否保持键盘不收起
bindinput	EventHandle		当键盘输入时，触发 input 事件，event.detail={value: value}，处理函数可以直接 return 一个字符串，将替换输入框的内容
bindfocus	EventHandle		输入框聚焦时触发，event.detail = {value: value}
bindblur	EventHandle		输入框失去焦点时触发，event.detail = {value: value}
bindconfirm	EventHandle		单击完成按钮时触发，event.detail = {value: value}

例如，输入数字的单行文本输入框：

```
<text>请输入第1个数字：</text>
<input id="num1" type="number" bindinput="inputnum1" />
```

获取 input 值的常用方式如下。

```
inputnum1: function (e) {
   this.num1 = Number(e.detail.value)
   console.log('第1个数字为' + this.num1)
  },
```

【例 1-6】 猜数字小游戏。

视频讲解

创建一个可以猜数字的游戏，它会在 1~100 中随机选择一个数，然后让玩家挑战在 10 轮以内猜出这个数字，每轮都要告诉玩家正确或者错误，如果出错了，则告诉他数字是低了还是高了，并且还要告诉玩家之前猜的数字是什么。一旦玩家猜测正确，或者玩家用完了回合，游戏将会结束。游戏结束后，可以让玩家选择重新开始。运行效果如图 1-26 所示。

图 1-26　猜数字小游戏

guess.wxml 文件：

```
<!--pages/guess/guess.wxml-->
<button bindtap="newgame">重新开始</button>
<view>
  <text>请输入你猜的数字：</text>
  <input id="num3" placeholder-style="color:#ff0000" placeholder-class=
"placeholderStyle" placeholder='输入数字'type="number"  bindconfirm=
"numcompare" />
</view>
<view>
  <text>比较结果：{{result}}</text>
  <view><text>已猜过数字：{{allresult}}</text></view>
</view>
```

guess.wxss 样式文件：

```
/* pages/guess/guess.wxss */
input {
  width: 600rpx;
  margin-top: 20rpx;
  border-bottom: 2rpx solid #ccc;
}
button {
  color: #fff;
  background: #369;
  letter-spacing: 12rpx;
  margin: 50rpx;
}
```

JS 文件：

```
//pages/guess/guess.js
var guessnum="";   //保存已经猜过的数字
var n=0;           //次数
```

定义 data 中页面的初始数据，data 中数据可以渲染到页面上。

```
Page({
  /*页面的初始数据*/
  data: {
    result: '',      //比较结果
    allresult: '', //保存已经猜过的数字
    num: 0           //保存随机数数字
  },
```

页面加载初始化时产生随机数字。

```
onLoad: function(options) {
  this.num = Math.floor(Math.random() * 100);
  console.log(' 生成随机数字为' + this.num)
},
```

输入数字确认后触发的事件代码。

```
numcompare: function(e) {
  var x = Number(e.detail.value);
  guessnum= guessnum + " "+e.detail.value;
  n++;                              //次数加1
  if (n > 10) {
    wx.showToast({  title: "游戏结束，重新开始！" })  //微信小程序的消息提示框
    return;
  }
  console.log(x);
  var str = '两数相等';
  if (x > this.num) {
    str = '数猜大了';
  } else if (x < this.num) {
    str = '数猜小了';
  } else
    str = '你猜对了';
  console.log(str)
  // this.data.result = str; 这种方式无法改变页面中{{result}}的值
  this.setData({
    result: str,
    allresult: guessnum ,
  })
},
```

newgame: function (e)是开始新游戏按钮触发事件代码。

```
newgame: function (e) {
  n=0;
  guessnum = "";   //清空已经猜过的数字
  this.num = Math.floor(Math.random() * 100);
  console.log(' 生成随机数数字为' + this.num)
  this.setData({
```

```
      result: '',
       allresult: '',
      })
    },
  })
```

视频讲解

3. picker 列表选择器

picker 列表选择器是从底部弹起的滚动选择器，现支持五种选择器，通过 mode 区分，分别是普通选择器、多列选择器、时间选择器、日期选择器、省市区选择器，默认是普通选择器。这里仅介绍普通选择器和日期选择器的属性，分别如表 1-23 和表 1-24 所示。

表 1-23 普通选择器（mode=selector）的属性

属 性 名	类 型	默 认 值	说 明
range	Array/Object Array	[]	mode 为 selector 或 multiSelector 时，range 有效
range-key	String		当 range 是一个 Object Array 时，通过 range-key 来指定 Object 中 key 的值作为选择器显示内容
value	Number	0	value 的值表示选择了 range 中的第几个（下标从 0 开始）
bindchange	EventHandle		value 改变时触发 change 事件，event.detail={value: value}
disabled	Boolean	false	是否禁用

表 1-24 日期选择器（mode= date）的属性

属 性 名	类 型	默 认 值	说 明
value	String	0	表示选中的日期，格式为"YYYY-MM-DD"
start	String		表示有效日期范围的开始，字符串格式为"YYYY-MM-DD"
end	String		表示有效日期范围的结束，字符串格式为"YYYY-MM-DD"
fields	String	day	有效值 year、month、day，表示选择器的粒度
bindchange	EventHandle		value 改变时触发 change 事件，event.detail = {value: value}
disabled	Boolean	false	是否禁用

【例 1-7】 picker 列表选择器组件的简单应用。

picker.wxml 文件：

```
<view class="section">
    <view class="section__title">普通选择器</view>
    <picker bindchange="bindPickerChange" value="{{index}}"
range="{{array}} ">
        <view class="picker">
            当前选择: {{array[index]}}
        </view>
    </picker>
</view>
```

```
    <view class="section">
        <view class="section__title">日期选择器</view>
        <picker mode="date" value="{{date}}" start="2015-09-01" end="2020-02-01"
bindchange="bindDateChange">
            <view class="picker">
                当前选择: {{date}}
            </view>
        </picker>
    </view>
```

picker.js 文件：

```
    // pages/picker/picker.js
    Page({
      data: {
        array: ['美国', '中国', '巴西', '日本'],
        objectArray: [
          {    id: 0,  name: '美国'},
          {    id: 1,  name: '中国'  },
          {   id: 2,  name: '巴西'  },
          {   id: 3,   name: '日本' }  ],
        index: 0,
        date: '2019-09-01',
      },
      bindPickerChange: function(e) {
        console.log('picker发送选择改变，携带值为', e.detail.value)
        this.setData({
          index: e.detail.value
        })
      },

      bindDateChange: function(e) {
        console.log('picker发送选择改变，携带值为', e.detail.value)
        this.setData({
          date: e.detail.value
        })
      },
    })
```

运行结果如图 1-27 所示。

4. form 表单组件

微信小程序的表单组件与 HTML 的表单标签是一样的，但微信小程序的 form 组件具有一些特殊的性质，可将用户输入在<switch/><input/><checkbox/><slider/><radio/><picker/>中的内容进行提交。

当单击<form>表单中的<button>（此时 formType 为 submit）组件时，会将表单组件中的 value 值进行提交，需要在表单组件中加上 name 作为 key 识别。form 组件的属性见表 1-25。

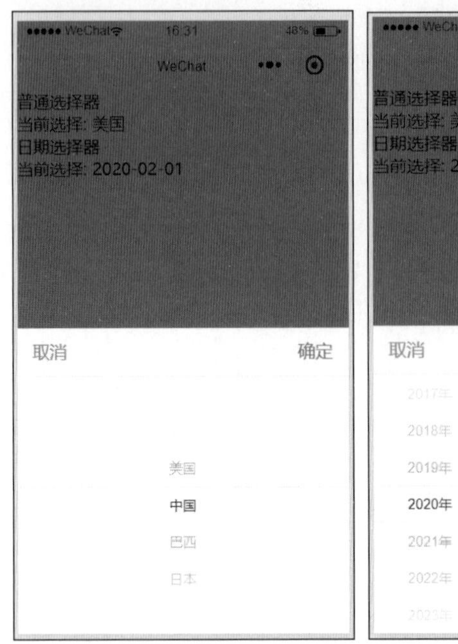

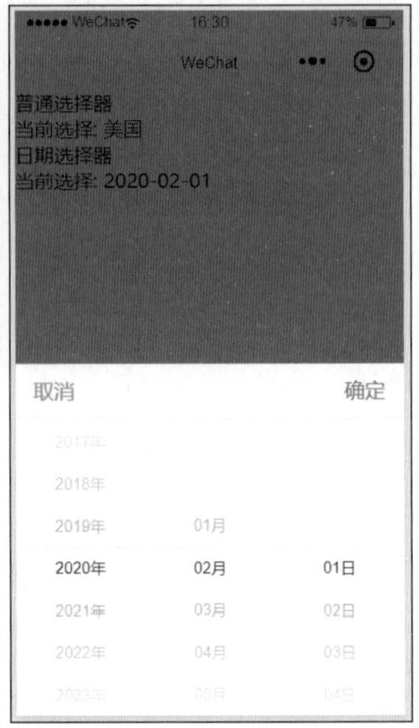

图 1-27　picker 列表选择器

表 1-25　form 组件的属性

属 性 名	类　型	说　明
report-submit	Boolean	是否返回 formId 用于发送模板消息
bindsubmit	EventHandle	携带 form 中的数据触发 submit 事件，event.detail = { value : {"name":"value"} , formId:"" }
bindreset	EventHandle	表单重置时会触发 reset 事件

注意：表单中携带数据的组件（例如输入框）必须带有 name 属性值，否则无法识别提交内容。

【**例 1-8**】 form 组件的简单应用。

form.wxml 文件：

```
<!--pages/form/form.wxml-->
<view class='title'>表单组件form的简单应用</view>
<view class='demo-box'>
   <view class='title'>模拟用户登录效果</view>
   <form bindsubmit='onSubmit' bindreset='onReset'>
     <input name='username' type='text' placeholder='请输入用户名'></input>
     <input name='password' password placeholder='请输入密码'></input>
     <button size='mini' form-type='submit'>提交</button>
     <button size='mini' form-type='reset'>重置</button>
    </form>
</view>
```

form.js 文件：

```
Page({
  formSubmit: function(e) {
    console.log('form发生了submit事件，携带数据为：', e.detail.value)
  },
  formReset: function() {
    console.log('form发生了reset事件')
  }
})
```

输入用户名 xmj 和密码 123 后，单击“提交”按钮后结果如下。

```
表单被提交，携带数据为
{username: "xmj", password: "123"}
```

单击“重置”按钮后输入的用户名和密码被清空。

其余表单组件如 checkbox 组件、radio 组件等在使用到时再详细介绍。

1.5.4 导航组件

视频讲解

导航组件 navigator 用于单击跳转页面链接，其对应的属性如表 1-26 所示。

表 1-26 navigator 组件的属性

属性名	类型	默认值	说明
target	String		在哪个目标上发生跳转，默认为当前小程序
url	String		当前小程序内的跳转链接地址
open-type	String	navigate	跳转方式，共有 5 种方式

其中，open-type 属性对应的有 5 种取值。

- navigate：默认值，表示跳转新页面打开新地址内容（等同于 wx.navigateTo 或 wx.navigateTpMiniProgram 的功能）。
- redirect：重定向，表示在当前页面重新打开新地址内容（等同于 wx.redirectTo 功能）。
- switchTab：切换 Tab 面板，表示跳转指定 Tab 页面重新打开新地址内容（等同于 wx.switchTab 的功能）。
- reLaunch：切换 Tab 面板，表示跳转指定 Tab 页面重新打开新地址内容（等同于 wx.switchTab 的功能）。
- navigateBack：返回上一页（等同于 wx.navigateBack 的功能）。

例如：

```
<navigator url="/page2/page2">
<button type="primary">跳转到新页面打开新内容</button>
</navigator>
```

上述代码表示在导航组件<navigator>中内嵌按钮组件<button>来实现跳转功能。当前<navigator>组件并未声明 open-type 属性，因此表示默认情况，即跳转新页面打开 page2.wxml。

实际上，实现单击按钮跳转，也可以在 WXML 文件中绑定 tap 单击事件，如下。

```
<button type="primary"  bindtap='Tap1'>跳转到新页面打开新内容</button>
```

在 JS 文件中添加事件处理函数 Tap1：

```
Tap1: function () {
  wx.navigateTo({
    url: '../Three/Three'            //跳转到Three游戏页面
  })
},
```

如果需要传递数据给新页面，<navigator>组件的 url 属性值可以使用如下格式。

```
<navigator url="跳转的新页面地址?参数1=值1&参数2=值2&…参数N=值N">
```

其中，参数名称可以由开发者自定义，参数个数为一个至若干个均可，多个参数之间使用&符号隔开。

WXML 文件代码：

```
<navigator url="/page2/page2?date=20201207">
<button type="primary">跳转到新页面打开新内容</button>
</navigator>
```

上述代码表示打开新页面的同时也传递了 date=20201207 这条数据给新页面使用。

在 page2 的 JS 文件中的 onLoad 函数中可以获取到该参数，代码如下。

```
Page({
  onLoad: function (options) {
      console.log(options.date);//将在控制台打印输出20201207
  }
})
```

视频讲解

1.5.5 媒体组件

1. 音频组件 audio

audio 是音频组件，可以用于播放本地或网络音频。该组件对应的属性如表 1-27 所示。

【例 1-9】 音频组件 audio 的简单应用。

WXML 文件代码：

```
<view class='title'>音频组件audio的简单应用</view>
<view class='demo-box'>
<view class='title'>播放网络音频</view>
<audio id="myAudio" poster="http://y.gtimg.cn/music/photo_new/T002R300
    x300M000003rsKF44GyaSk.jpg" name="月亮代表我的心" author="邓丽君"
    src="/audios/邓丽君-月亮代表我的心.mp3" controls loop></audio>
<button size='mini' bindtap='audioPlay'>播放</button>
```

```
<button size='mini' bindtap='audioPause'>暂停</button>
<button size='mini' bindtap='audioSeek0'>回到开头</button>
</view>
```

表 1-27 audio 组件的属性

属性名	类型	默认值	说明
id	String		audio 组件的唯一标识符
src	String		要播放音频的资源地址，可以是网络地址
loop	Boolean	false	是否循环播放
controls	Boolean	false	是否显示默认控件
poster	String		默认控件上的音频封面的图片资源地址，如果 controls 属性值为 false，则设置 poster 无效
name	String	未知音频	默认控件上的音频名字，如果 controls 属性值为 false，则设置 name 无效
author	String	未知作者	默认控件上的作者名字，如果 controls 属性值为 false，则设置 author 无效
binderror	EventHandle		当发生错误时触发 error 事件，detail = {errMsg: MediaError.code}
bindplay	EventHandle		当开始/继续播放时触发 play 事件
bindpause	EventHandle		当暂停播放时触发 pause 事件
bindtimeupdate	EventHandle		当播放进度改变时触发 timeupdate 事件，detail = {currentTime, duration}
bindended	EventHandle		当播放到末尾时触发 ended 事件

JS 文件代码：

```
Page({
  /**
   * 生命周期函数——监听页面初次渲染完成
   */
  onReady: function () {
    //使用wx.createAudioContext获取audio上下文对象
    this.audioCtx = wx.createAudioContext('myAudio')
  },
   //以下是事件代码
  audioPlay: function (options) {      //播放按钮事件代码
    this.audioCtx.play()
  },
  audioPause: function (options) {      //暂停按钮事件代码
    this.audioCtx.pause()
  },
  audioSeek0: function (options) {      //回到开头按钮事件代码
    this.audioCtx.seek(0)
  }
})
```

运行结果如图 1-28 所示。通过单击三个按钮实现播放音乐、暂停播放和音乐播放点回到开头。如果回到指定秒数可以使用 seek(n)，例如，this.audioCtx.seek(14)回到第 14 秒处。

图 1-28　音频组件 audio 的简单应用

2. 图片组件 image

image 是图片组件，可以用于显示本地或网络图片，其默认宽度为 300px，高度为 225px。该组件对应的属性如表 1-28 所示。

表 1-28　image 组件的属性

属 性 名	类　型	默 认 值	说　明
src	String		图片资源地址
mode	String	'scaleToFill'	图片裁剪、缩放的模式
lazy-load	Boolean	false	图片懒加载。只针对 page 与 scroll-view 下的 image 有效
binderror	HandleEvent		当错误发生时，发布到 AppService 的事件名，事件对象 event.detail ={errMsg: 'something wrong'}
bindload	HandleEvent		当图片载入完毕时，发布到 AppService 的事件名，事件对象 event.detail = {height:'图片高度 px', width: '图片宽度 px'}

image 组件的 mode 属性用于控制图片的裁剪、缩放，其中有以下 4 种缩放模式。

- scaleToFill：不保持纵横比缩放图片，使图片的宽高完全拉伸至填满 image 组件。
- aspectFit：保持纵横比缩放图片，使图片的长边能完全显示出来。也就是说，可以完整地将图片显示出来。
- aspectFill：保持纵横比缩放图片，只保证图片的短边能完全显示出来。也就是说，图片通常只在水平或垂直方向是完整的，另一个方向将会发生截取。
- widthFix：宽度不变，高度自动变化，保持原图宽高比不变。

有以下 9 种裁剪模式。

- top：不缩放图片，只显示图片的顶部区域。
- bottom：不缩放图片，只显示图片的底部区域。
- center：不缩放图片，只显示图片的中间区域。
- left：不缩放图片，只显示图片的左边区域。
- right：不缩放图片，只显示图片的右边区域。

- top left：不缩放图片，只显示图片的左上边区域。
- top right：不缩放图片，只显示图片的右上边区域。
- bottom left：不缩放图片，只显示图片的左下边区域。
- bottom right：不缩放图片，只显示图片的右下边区域。

【例 1-10】 图片组件 image 的简单应用。

WXML 文件：

```
<view style='text-align:center;'>
  <view class='title'>图片和声音</view>
  <image style='width: 200px; height: 200px;' src='{{imgSrc}}' bindtap=
'tapCat'mode="{{imgMode}}"></image>
</view>
```

JS 文件代码：

```
//index.js
Page({
  data: {
    imgSrc: '/images/kitty.png',          //图片源文件
    imgMode:'center'                   // imgMode变量赋值'center'
  },
  tapCat: function() {                  //单击事件函数
    let audio = wx.createInnerAudioContext() //创建音频上下文
    audio.src = '/audios/meow.mp3'       //声音源文件，需要放在根目录下
    audio.play() //播放音频
    this.setData({
      imgMode: 'scaleToFill'           //修改imgMode变量值，会更新WXML
    })
  }
})
```

运行结果如图 1-29 所示。最初仅显示猫图片的中间区域，单击图片后更新 mode 属性为'scaleToFill'值，从而缩放图片，使图片的宽高拉伸完全适应 image 组件大小，整个猫图片都被显示出来同时播放猫叫的声音文件。注意这里未使用音频组件 audio，而是直接使用微信小程序 API 音频播放控制 wx.createInnerAudioContext()创建音频。

在游戏开发中播放背景音乐，微信小程序提供的 API 如下。

```
wx.playBackgroundAudio(OBJECT)
```

使用后台播放器播放音乐，对于微信客户端来说，只能同时有一个后台音乐在播放。当用户离开小程序后，音乐将暂停播放；当用户在其他小程序占用了音乐播放器，原有小程序内的音乐将停止播放。

例如：

```
wx.playBackgroundAudio({
   dataUrl: 'http://ws.stream.qqmusic.qq.com/M500001VfvsJ21xFqb.mp3',
```

```
    title: '此时此刻',
    coverImgUrl: ''
  })
```

图 1-29　图片组件 image 的简单应用

3. 视频组件 video

视频组件可用于播放本地或网络视频资源，其默认宽度为 300px、高度为 225px。该组件常用属性 src 显示要播放视频的资源地址，danmu-list 属性是弹幕列表。

【例 1-11】 视频组件 video 的简单应用。

WXML 文件：

```
<view>
<view class='title'>播放网络视频</view>
<video id="myVideo" src="{{src}}" danmu-list="{{danmuList}}" enable-danmu
   danmu-btn controls></video>
</view>
```

JS 文件代码：

```
Page({
  /*页面的初始数据*/
  data: {
    src: 'http://wxsnsdy.tc.qq.com/105/20210/snsdyvideodownload?filekey=
3028020101042130lf0201690402534804102ca905ce620b1241b726bc41dcff44e00204
012882540400&bizid=1023&hy=SH&fileparam=302c020101042530230204136ffd93020457
e3c4ff02024ef202031e8d7f02030f42400204045a320a0201000400',',
    danmuList: [
      {
        text: '第 1s 出现的弹幕',
        color: 'yellow',
        time: 1
      },
      {
        text: '第 3s 出现的弹幕',
        color: 'red',
        time: 3
      }]
```

```
    },
    /**
     * 生命周期函数——监听页面初次渲染完成
     */
    onReady: function () {
      this.videoContext = wx.createVideoContext('myVideo')
    },
  })
```

运行结果如图 1-30 所示。播放时在第 1 秒出现黄色字幕，第 3 秒出现红色字幕。

图 1-30　视频组件 video 的简单应用

1.5.6　map 地图组件

map 是地图组件，根据指定的中心经纬度使用腾讯地图显示对应的地段。map 组件默认大小为 300 × 150 px，该尺寸可以重新自定义。该组件对应的常用属性如表 1-29 所示。

表 1-29　map 组件的属性

属 性 名	类 型	说 明
longitude	Number	中心经度
latitude	Number	中心纬度
scale	Number	缩放级别，取值范围为 5~18。默认值为 16
markers	Array	标记点
show-location	Boolean	显示带有方向的当前定位点
bindmarkertap	EventHandle	单击标记点时触发，会返回 marker 的 id
bindcallouttap	EventHandle	单击标记点对应的气泡时触发，会返回 marker 的 id
bindcontroltap	EventHandle	单击控件时触发，会返回 control 的 id
bindregionchange	EventHandle	视野发生变化时触发
bindtap	EventHandle	单击地图时触发
bindupdated	EventHandle	在地图渲染更新完成时触发

例如，生成一个北京故宫博物院的地图，WXML 代码如下。

```
<map latitude='39.917940' longitude='116.397140'></map>
```

注意：经纬度不知道可以使用腾讯坐标拾取器（http://lbs.qq.com/tool/getpoint/index.html）进行查询。

如果想定位到当前位置，需要用到位置 API 即 wx.getLocation()。

1.5.7 canvas 画布组件

canvas 为画布组件，其默认尺寸是宽度 300px、高度 225px。该组件对应的常用属性如表 1-30 所示。

表 1-30 canvas 组件的属性

属性名	类型	默认值	说明
canvas-id	String		canvas 组件的唯一标识符
disable-scroll	Boolean	false	当在 canvas 中移动时且有绑定手势事件时，禁止屏幕滚动以及下拉刷新
bindtouchstart	EventHandle		手指触摸动作开始
bindtouchmove	EventHandle		手指触摸后移动
bindtouchend	EventHandle		手指触摸动作结束

例如，定义一个画布的 WXML 代码如下。

```
<canvas canvas-id="myCanvas"style="width: 300px; height: 300px;" >
</canvas>
```

1.6 使用 canvas 画图

小程序中 canvas 画布组件可以在页面中定义一个画布，然后使用画布上下文对象的绘图方法在画布中进行画任何的线、图形、填充等一系列的操作。在游戏开发中大量使用 canvas 画图。本节介绍小程序中如何使用 canvas 画图，为游戏开发打下基础。

1.6.1 canvas 组件定义语法

canvas 组件的定义语法如下。

```
<canvas canvas-id="xxx" bindtouchstart="xxxx" > … </canvas>
```

canvas-id 是 canvas 组件的标识 id；bindtouchstart 是手指触摸动作开始事件。同一页面中的 canvas-id 不可重复，如果使用一个已经出现过的 canvas-id，该 canvas 标签对应的画布将被隐藏并不再正常工作。

例如，在小程序中定义一个 canvas 画布，id 为 myCanvas，高和宽各为 300px，WXML 代码如下。

```
<canvas canvas-id="myCanvas"style="width: 300px; height: 300px;" >
    </canvas>
```

要在 canvas 组件中绘图，还需要获得 canvas 组件的上下文对象，可以在 JS 页面的 onLoad()函数中使用 API 绘图接口 wx.createCanvasContext()创建画布上下文对象，代码如下。

```
//使用wx.createContext创建绘图上下文context
var context = wx.createCanvasContext('myCanvas')
```

canvas 绘制图形都是依靠 canvas 组件的上下文对象。上下文对象用于定义如何在画布上绘图，上下文对象支持在画布上绘制 2D 图形、图像和文本。

1.6.2　坐标系统

在实际的绘图中，我们所关注的一般都是指设备坐标系，此坐标系以像素（px）为单位，像素指的是屏幕上的亮点。每个像素都有一个坐标点与之对应，左上角的坐标设为(0, 0)，向右为 x 正轴，向下为 y 正轴。一般情况下以(x, y)代表屏幕上某个像素的坐标点，其中水平以 x 坐标值表示，垂直以 y 坐标值表示。例如，在如图 1-31 所示的坐标系统中画一个点，该点的坐标(x, y)是(4, 3)。

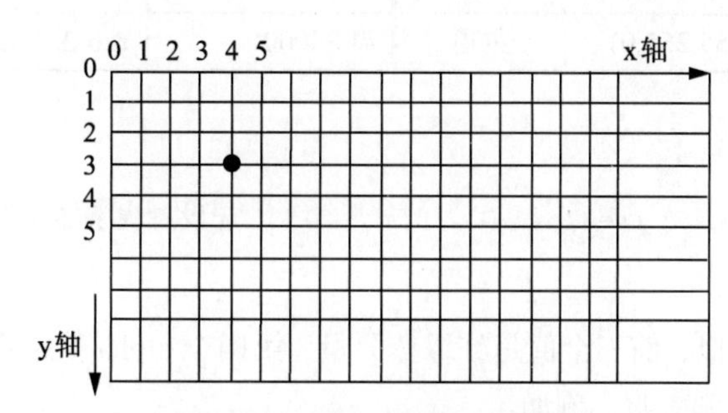

图 1-31　canvas 坐标的示意图

小程序作图是在一个事先定义好的坐标系统中进行的，这与日常生活中的绘图方式有着很大的区别。图形的大小、位置等都与绘图区或容器的坐标有关。

1.6.3　颜色的表示方法

1. 颜色关键字

微信小程序支持 148 种颜色名，它们是 aqua、black、blue、fuchsia、gray、green、lime、maroon、navy、olive、purple、red、silver、teal、white、yellow 等。如果需要使用其他颜色，需要使用十六进制的颜色值。

例如：

```
context.setStrokeStyle('green')    #设置线条样式为绿色
```

2. 十六进制颜色值

可以使用一个十六进制字符串表示颜色，格式为#RGB。其中，R 表示红色分量，G 表示绿色分量，B 表示蓝色分量。每种颜色的最小值是 0（十六进制：#00）。最大值是 255（十六进制：#FF）。例如，#FF0000 表示红色，#00FF00 表示绿色，#0000FF 表示蓝色，#A020F0 表示紫色，#FFFFFF 表示白色，#000000 表示黑色。

例如：

```
context.setStrokeStyle('#00FF00')    #设置线条样式为绿色
```

3. RGB 颜色值

RGB 颜色值可以使用如 rgb(红色分量,绿色分量,蓝色分量)形式表示颜色，分量范围为 0~255 的整数。表 1-31 是十六进制字符串表示颜色与 RGB 颜色值对照表。

表 1-31 十六进制颜色值与 RGB 颜色值对照表

Color HEX	Color RGB	颜 色	Color HEX	Color RGB	颜 色
#000000	rgb(0,0,0)	黑色	#00FFFF	rgb(0,255,255)	青色
#FF0000	rgb(255,0,0)	红色	#FF00FF	rgb(255,0,255)	深红
#00FF00	rgb(0,255,0)	绿色	#C0C0C0	rgb(192,192,192)	灰色
#0000FF	rgb(0,0,255)	蓝色	#FFFFFF	rgb(255,255,255)	白色
#FFFF00	rgb(255,255,0)	黄色	#FF8000	rgb(255,128,0)	橘黄

例如：

```
context.setStrokeStyle('rgb(0, 255, 0)')  #设置线条样式为绿色
```

4. RGBA 颜色

与 RGB 颜色值类似，前三个值是红绿蓝分量，第四个 alpha 值指定色彩的透明度，它的范围为 0.0~1.0，0.5 为半透明。例如：

- rgba(255,255,255,0)表示完全透明的白色。
- rgba(0,0,0,1)表示完全不透明的黑色。
- rgba(0,0,0,0)表示完全不透明的白色，也即无色。

1.6.4 绘制直线

在小程序中绘制直线，具体过程如下。

（1）获取 canvas 组件的上下文对象 context。

```
const context = wx.createCanvasContext('myCanvas')  //获取canvas的上下文
```

（2）调用 beginPath()方法，指示开始绘图路径，即开始绘图。语法如下。

```
context.beginPath();
```

（3）调用 moveTo()方法将坐标移至直线起点。moveTo()方法的语法如下。

```
context.moveTo(x, y);
```

x 和 y 为要移动至的坐标。

（4）调用 lineTo()方法绘制直线。lineTo()方法的语法如下。

```
context.lineTo(x, y);
```

x 和 y 为直线的终点坐标。

（5）调用 stroke()方法，绘制图形的边界轮廓。语法如下。

```
context.stroke();
```

（6）调用 draw()方法把全部路径绘制到画布上。语法如下。

```
context.draw();            //清空画布原来绘画再继续绘制
```

draw()方法将之前在绘图上下文中的描述（路径、变形、样式）画到 canvas 中。其中参数是 Boolean 型，未写参数时默认是 false，则是清空画布原来绘画再继续绘制。参数是 true 时，则保留当前画布上内容，本次调用 drawCanvas 绘制的内容覆盖在原有内容上面。

```
context.draw(true);            //保留画布原来绘画继续绘制
```

【例 1-12】 使用连续画线的方法绘制一个三角形，代码如下。

WXML 代码如下。

```
<canvas canvas-id="myCanvas"style="width: 300px; height: 300px;" >
</canvas>
```

JS 代码如下。

```
Page({
  onLoad: function (options) {
    this.drawtriangle();
  },
  drawtriangle: function()
  {
    const ctx = wx.createCanvasContext('myCanvas')    //创建画布上下文
    ctx.beginPath();        //开始绘图路径
    ctx.moveTo(100, 0);     //将坐标移至直线起点
    ctx.lineTo(50, 100);    //绘制直线
    ctx.lineTo(150, 100); //绘制直线
    ctx.lineTo(100, 0);    //绘制直线
    ctx.closePath();      //闭合路径，不是必需的，如果线的终点跟起点一样会自动闭合
    ctx.stroke();           //通过线条绘制轮廓（边框）
    ctx.draw(true);         //全部绘制到画布上
  },
})
```

运行结果如图 1-32 所示。

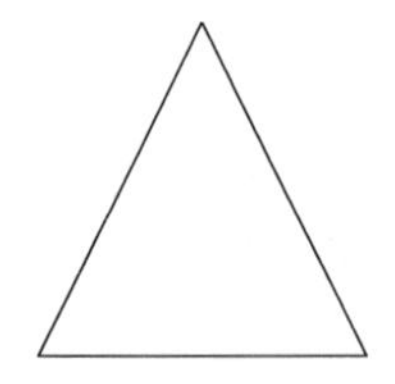

图 1-32　canvas 绘制一个三角形

【例 1-13】 一个通过画线绘制复杂菊花图形的例子。

WXML 代码如下。

```
<canvas canvas-id="myCanvas"style="width: 300px; height: 300px;" >
    </canvas>
```

JS 代码如下。

```
Page({
  onLoad: function(options) {
    const ctx = wx.createCanvasContext('myCanvas') //创建画布上下文
    var dx = 150;
    var dy = 150;
    var s = 100;
    ctx.beginPath();  //开始绘图路径
    var x = Math.sin(0);
    var y = Math.cos(0);
    var dig = Math.PI / 15 * 11;
    for (var i = 0; i < 30; i++) {
      var x = Math.sin(i * dig);
      var y = Math.cos(i * dig);
      //用三角函数计算顶点
      ctx.lineTo(dx + x * s, dy + y * s);
    }
    ctx.closePath();
    ctx.stroke();
    ctx.draw(true);
  },
})
```

运行结果如图 1-33 所示。

图 1-33　canvas 绘制复杂图形

1.6.5 绘制矩形

可以通过调用 rect()、strokeRect()、fillRect()和 clearRect()这 4 个方法在 canvas 画布中绘制矩形。其中，前两个方法用于绘制矩形边框，调用 fillRect()可以填充指定的矩形区域，调用 clearRect ()可以擦除指定的矩形区域。

1. 创建矩形

小程序使用画布对象的 rect()方法创建矩形，然后使用 fill()或 stroke()方法在画布上填充实心矩形或描边空心矩形。其语法格式如下。

```
context.rect(x, y, width, height)
```

参数解释如下。

- x：Number 类型，矩形左上角点的 x 坐标。
- y：Number 类型，矩形左上角点的 y 坐标。
- width：Number 类型，矩形的宽度。
- height：Number 类型，矩形的高度。

【例 1-14】 绘制宽高均为 200px 的矩形。

WXML 代码如下。

```
<canvas canvas-id="myCanvas"style="width: 300px; height: 300px;" >
</canvas>
```

JS 代码如下。

```
Page({
  onLoad: function (options) {
    //创建画布上下文
    const context = wx.createCanvasContext('myCanvas')
    //描述一个左上角坐标(50,50)，宽高均为200px的矩形
    context.rect(50, 50, 200, 200)
    context.setFillStyle('orange')     //描述填充颜色为橙色
    context.fill()                     //描述填充矩形动作
    context.draw()                     //在画布上执行全部描述
  }
})
```

注意： 画笔默认是黑色效果（无论是填充还是描边）。SetFillStyle()用于设置画笔填充颜色，这里仅为临时使用。

上下文 context 对象提供如表 1-32 所示的方法来设置样式（颜色）、阴影和线条宽度。

2. 填充矩形

小程序使用画布对象的 fillRect()方法直接在画布上填充实心矩形，其语法格式如下。

```
context.fillRect(x, y, width, height)
```

参数与创建矩形的 rect()方法参数完全相同。

表 1-32　context 对象提供方法

方　法	说　明
setFillStyle	设置填充样式（颜色），如果没有设置 fillStyle，默认颜色为 black
setStrokeStyle	设置线条样式（颜色），如果没有设置 StrokeStyle，默认颜色为 black
setShadow	设置阴影
setLineWidth	设置线条边线线宽

3. 描边矩形

小程序使用画布对象的 strokeRect()方法直接在画布上描边空心矩形，其语法格式如下。

```
context.strokeRect(x, y, width, height)     //矩形画有线条
```

参数与创建矩形的 rect()方法参数完全相同。

4. 清空矩形区域

小程序使用画布对象的 clearRect()方法清空矩形区域。其语法格式如下。

```
context. clearRect(x, y, width, height)     //清空矩形区域
```

参数与创建矩形的 rect()方法参数完全相同。

1.6.6　绘制圆弧

可以调用 arc()方法绘制圆弧，语法如下。

```
arc(centerX, centerY, radius, startingAngle, endingAngle, antiClockwise);
```

参数说明如下。

- centerX，圆弧圆心的 X 坐标。
- centerY，圆弧圆心的 Y 坐标。
- radius，圆弧的半径。
- startingAnglel，圆弧的起始角度。
- endingAngle，圆弧的结束角度。
- antiClockwise，是否按逆时针方向绘图。

例如，使用 arc()方法绘制圆心为(50, 50)，半径为 100px 的圆弧。圆弧的起始角度为 60°，圆弧的结束角度为 180°。

```
context.beginPath();  //开始绘图路径
context.arc(50, 50, 100, 1/3 * Math.PI, 1 * Math.PI, false);
context.stroke();
```

【例 1-15】 使用 arc()方法画圆的例子。

WXML 代码如下。

```
<canvas canvas-id="myCanvas"style="width: 400px; height: 400px;" >
   </canvas>
```

JS 代码如下。

```
Page({
  onLoad: function (options) {
    this.drawArc();
  },
  drawArc:function ()
  {
    //创建画布上下文
    const context = wx.createCanvasContext('myCanvas')
    //用循环绘制10个圆形
     var n = 0;
     for(var i=0 ;i<10;i++){
      //开始创建路径，因为圆本质上也是一个路径，这里向canvas说明要开始画了，这是起点
        context.beginPath();
        context.arc(i*25,i*25,i*10,0,Math.PI*2,true);
        context.fillStyle="rgba(255,0,0,0.25)";
        context.fill();        //填充刚才所画的圆形
     }
    context.draw()    //在画布上执行全部描述
  },
})
```

运行结果如图 1-34 所示。

1.6.7　绘制图像

在画布上绘制图像的方法是 drawImage()，语法如下。

```
    drawImage(image, x, y)
    drawImage(image, x, y, width, height)
    drawImage(image, sourceX, sourceY, sourceWidth, sourceHeight,destX,  destY,
destWidth, destHeight)
```

参数说明：

- image：所要绘制的图像，必须是图像文件的 Image 对象，或者是 Canvas 元素。
- x 和 y：要绘制的图像的左上角位置。
- width 和 height：绘制图像的宽度和高度。
- sourceX 和 sourceY：图像将要被绘制的区域的左上角。
- destX 和 destY：所要绘制的图像区域的左上角的画布坐标。
- sourceWidth 和 sourceHeight：被绘制的原图像区域。
- destWidth 和 destHeight：图像区域在画布上要绘制成的大小。

【例 1-16】 不同形式显示图书封面 cover.png，其宽度是 240px，高度是 320px。WXML 代码如下。

```
<canvas canvas-id="myCanvas"style="width: 400px; height: 600px;" >
    </canvas>
```

JS 代码如下。

```
Page({
  onLoad: function (options) {
    //创建画布上下文
    const ctx = wx.createCanvasContext('myCanvas')
    var imageObj = "/images/cover.png"          //图片本地路径
    ctx.drawImage(imageObj, 0, 0); //原图大小显示
    ctx.drawImage(imageObj, 250, 0, 120, 160); //原图一半大小显示
    //从原图(0,100)位置开始截取中间一块宽240×高160px的区域，原大小显示在屏幕
    //(50,350)处
    ctx.drawImage(imageObj, 0, 100, 240, 160, 50, 350, 240, 160);
    ctx.draw();
  },
})
```

运行结果如图 1-35 所示。

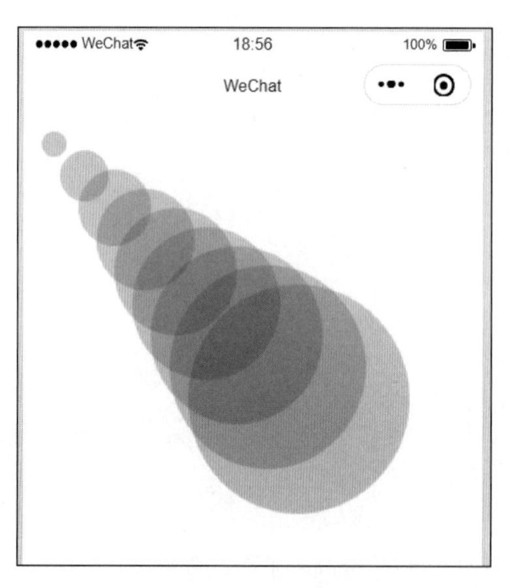

图 1-34　canvas 绘制圆弧

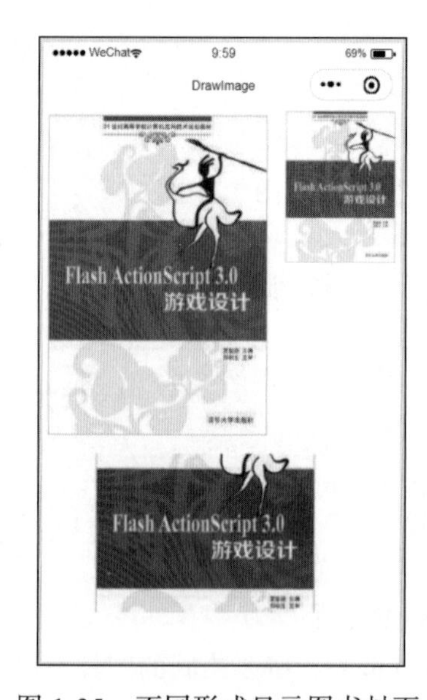

图 1-35　不同形式显示图书封面

1.6.8　输出文字

可以使用 strokeText()方法在画布的指定位置输出文字，语法如下。

```
strokeText(string text, x, y, maxWidth)
```

参数说明如下。

- string：所要输出的字符串。
- x 和 y：要输出的字符串位置坐标。
- maxWidth：绘制文本的最大宽度，可选项。

例如：

```
context.strokeText("中原工学院", 100, 100); //在(100, 100)处显示"中原工学院"
```

1. 设置字体

小程序提供 setFontSize()方法用于设置字体大小，格式如下。

```
context. setFontSize(fontSize)
```

例如：

```
context. setFontSize(40);        //表示字体的字号为40号
context.strokeText("中原工学院", 100, 100);
```

小程序提供 font 属性自定义字体风格，其格式如下。

```
context.font = value
```

参数 value 的默认值为 10px sans-serif，表示字体大小为 10px，字体家族为 sans-serif。value 支持的属性如下。

- style：字体样式，仅支持 italic, oblique, normal。
- weight：字体粗细，仅支持 normal, bold。
- size：字体大小。
- family：字体族名。注意确认各平台所支持的字体。

例如：

```
context.font = "bold 40px 隶书"
context.strokeText("中原工学院", 100, 100);
```

上述代码表示字体设置为加粗、字大小为 40px、隶书字体样式。

2. 设置对齐方式

可以通过 setTextAlign()来设置输出字符串的对齐方式。可选值为"left"（左对齐）、"center"（居中对齐）和"right"（右对齐）。文本对齐参照效果如图 1-36 所示。

例如：

```
context.setTextAlign("center")
或context.textAlign = "center"   //基础库1.9.90开始支持
```

3. 设置文字颜色

可以通过设置 canvas 的上下文对象的 strokeStyle 属性指定输出文字的颜色。

```
context.strokeStyle = "blue";
context.strokeText("中原工学院", 100, 100);
```

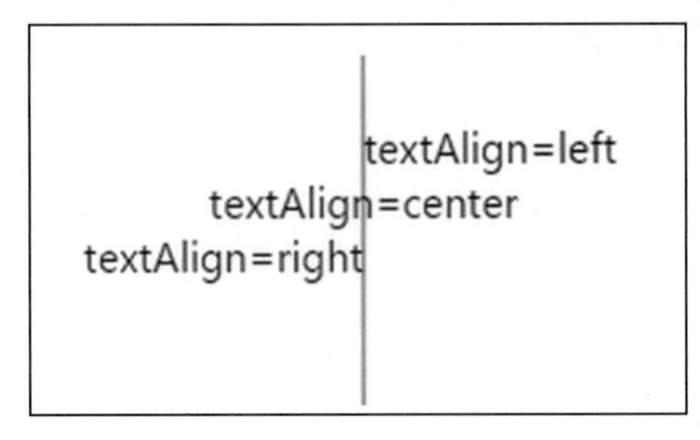

图 1-36　文本对齐参照效果

4. 填充字体内部

使用 strokeText()方法输出的文字是中空的，只绘制了边框。如果要填充文字内部，可以使用 fillText()方法，语法如下。

```
fillText (string text, x, y)
```

可以使用 context.fillStyle 属性指定填充的颜色。

```
context.fillStyle = "blue";
```

【例 1-17】 渐变填充文字。

WXML 代码如下。

```
<canvas canvas-id="myCanvas"style="width: 400px; height: 400px;" >
    </canvas>
```

JS 代码如下。

```
Page({
  onLoad: function (options) {
    //创建画布上下文
    const ctx = wx.createCanvasContext('myCanvas')
    var Colordiagonal = ctx.createLinearGradient(100,100, 300,100);
    Colordiagonal.addColorStop(0, "yellow");
    Colordiagonal.addColorStop(0.5, "green");
    Colordiagonal.addColorStop(1, "red");
    ctx.fillStyle = Colordiagonal;
    ctx.font = "30px隶书";
    ctx.fillText("中原工学院", 100, 100);
    ctx.draw();
},
})
```

运行结果如图 1-37 所示。

中原工学院

图 1-37　渐变填充文字

1.6.9　保存和恢复绘图状态

在绘制复杂图形时有可能临时需要进行多个属性的设置更改（例如画笔的粗细、填充颜色等效果），在绘制完成后又要重新恢复初始设置进行后续的操作。调用 context.save()方法可以保存当前的绘图状态。绘图状态包括：

（1）当前应用的操作（如移动、旋转、缩放或变形，具体方法将在本节稍后介绍）。

（2）strokeStyle、fillStyle、globalAlpha、lineWidth、lineCap、lineJoin、miterLimit、shadowOffsetX、shadowOffsetY、shadowBlur、shadowColor、globalCompositeOperation 等属性的值。

调用 context.restore()方法可以从堆中弹出之前保存的绘图状态。

context.save()方法和 context.restore()方法都没有参数。

【例 1-18】 保存和恢复绘图状态。

WXML 代码如下。

```
<canvas canvas-id="myCanvas"style="width: 300px; height: 300px;" >
   </canvas>
```

JS 代码如下。

```
Page({
  onLoad: function(options) {
    //创建画布上下文
    const ctx = wx.createCanvasContext('myCanvas')
    ctx.fillStyle = 'red'
    ctx.fillRect(0, 0, 150, 150); //使用红色填充矩形
    ctx.save(); //保存当前的绘图状态
    ctx.fillStyle = 'green'
    ctx.fillRect(45, 45, 60, 60); //使用绿色填充矩形
    ctx.restore(); //恢复在之前保存的绘图状态，即ctx.fillStyle = 'red'
    ctx.fillRect(60, 60, 30, 30); //使用红色填充矩形
    ctx.draw();
  },
})
```

运行结果如图 1-38 所示。

图 1-38　保存和恢复绘图状态

1.6.10　图形的变换

1. 平移 translate(x,y)

移动图形到新的位置，图形的大小形状不变。参数 x 是向 x 轴方向平移位移，参数 y 是向 y 轴方向平移位移。

2. 缩放 scale(x,y)

对图形进行指定比例的放大或缩小，图形的位置不变。参数 x 是 x 坐标轴缩放比例，参数 y 是 y 坐标轴缩放比例。

3. 旋转 rotate(angle)

以画布的原点(0,0)坐标为参照点进行图形旋转，图形的大小形状不变。参数 angle 是坐标轴旋转的角度（角度变化模型和画圆的模型一样）。

4. 变形 transform()

使用数学矩阵多次叠加形成更复杂的变化。可以调用 transform()方法对绘制的 canvas 图形进行变形，语法如下。

```
context.transform(m11, m12, m21, m22, dx, dy);
```

假定点(x, y)经过变形后变成了(X, Y)，则变形的转换公式如下。

```
X = m11×x + m21×y+ dx
Y = m12×x + m22×y+ dy
```

【例 1-19】 图形的变换例子。

WXML 代码如下。

```
<canvas canvas-id="myCanvas"style="width: 300px; height: 300px;" >
</canvas>
```

JS 代码如下。

```
Page({
  onLoad: function(options) {
    //创建画布上下文
    var context = wx.createCanvasContext('myCanvas')
    context.save(); //保存了当前context的状态
    context.fillStyle = "#EEEEFF";
```

```
        context.fillRect(0, 0, 400, 300);
        context.fillStyle = "rgba(255,0,0,0.1)";
        context.fillRect(0, 0, 100, 100);      //正方形
        //平移1 缩放2 旋转3
        context.translate(100, 100);           //坐标原点平移(100, 100)
        context.scale(0.5, 0.5);               //x,y轴是原来一半
        context.rotate(Math.PI / 4);           //旋转45°
        context.fillRect(0, 0, 100, 100);      //平移缩放旋转后的正方形
        context.restore();                     //恢复之前保存的绘图状态
        context.beginPath();                   //开始绘图路径
        context.arc(200, 50, 50, 0, 2 * Math.PI, false); //绘制圆
        context.stroke();
        context.fill();
        context.draw();
    },
})
```

运行结果如图 1-39 所示。

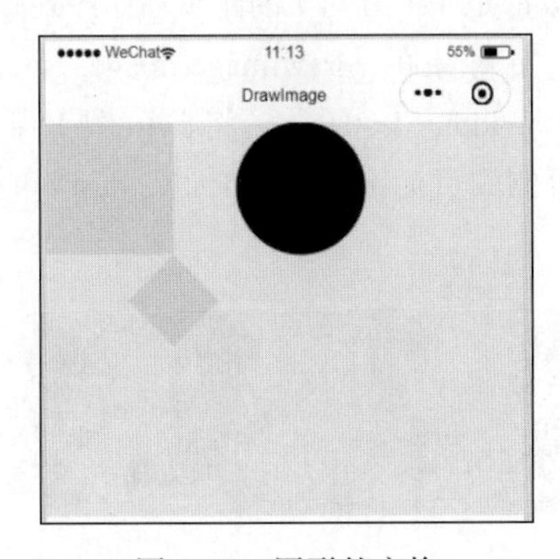

图 1-39　图形的变换

1.7　canvas 动画实例

在开发在线游戏时，绘制动画是非常重要的。本节介绍一个使用canvas实现的动画实例——游戏人物的跑步动画。

1.7.1　动画的概念及原理

1. 动画

动画是通过一幅幅静止的、内容不同的画面（即帧）快速播放使人们在视觉上产生运动的感觉。这是利用了人类眼睛的视觉暂留原理。利用人的这种生理特性可制作出具有高度想象力和表现力的动画影片。

2. 原理

人们在看画面时，画面在大脑视觉神经中停留时间大约是 1/24 s，如果每秒更替 24 个画面或更多，那么前一个画面还没在人脑中消失之前，下一个画面即进入人脑，人们就会觉得画面动起来了，它的基本原理与电影、电视一样，都是视觉原理。

在计算机上要实现动画效果，除了绘图外，还需要解决下面两个问题。

（1）定期绘图，也就是每隔一段时间就调用绘图函数进行绘图。动画是通过多次绘图实现的，一次绘图只能实现静态图像。

可以使用 setInterval()方法设置一个定时器，语法如下。

```
setInterval(函数名,时间间隔)
```

时间间隔的单位是 ms，每经过指定的时间间隔系统都会自动调用指定的函数完成绘画。

（2）清除先前绘制的所有图形。物体已经移动开来，可原来的位置上还保留先前绘制的图形，这样当然不行。解决这个问题最简单的方法是使用 clearRect(x, y, width, height)方法清除画布中的指定区域内容。

图 1-40 是一个方向（一般都是 4 个方向）的跑步动作序列图。假如想获取一个姿态的位图，可利用 canvas 的上下文对象的 drawImage(image, sourceX, sourceY, sourceWidth, sourceHeight,destX, destY, destWidth, destHeight)将源位图上某个区域（sourceX, sourceY, sourceWidth, sourceHeight）复制到目标区域的（destX, destY）坐标点处，显示大小为（宽 destWidth, 高 destHeight）。

图 1-40　一个方向的跑步动作序列

【例 1-20】 实现从跑步动作序列 Snap1.jpg 文件中截取的第 3 个动作（帧）。

分析：在 Snap1.jpg 文件中，每个人物动作的大小 60 × 80px，所以截取源位图的 sourceX=120，sourceY=0，sourceWidth=60, sourceHeight=80 就是第 3 个动作（帧）。

WXML 代码如下。

```
<canvas canvas-id="myCanvas"style="width: 300px; height: 300px;" >
</canvas>
```

JS 代码如下。

```
Page({
onLoad: function() {
  //创建画布上下文
  var ctx = wx.createCanvasContext('myCanvas')
  //从原图(120, 0)位置开始截取中间一块宽60×高80的区域，原大小显示在屏幕(0,0)处
  ctx.drawImage("people.jpg", 120, 0, 60, 80, 0, 0, 60, 80);
```

```
    ctx.draw();
  }
})
```

运行结果如图 1-41 所示，在页面上仅显示第 3 个动作。

图 1-41 静态显示第 3 个动作

1.7.2 游戏人物的跑步动画

【例 1-21】 实现游戏人物的跑步动画。

首先定义一个 canvas 元素，画布的长和宽都是 300px，WXML 代码如下。

```
<canvas canvas-id="myCanvas" style="width: 300px; height: 300px;" >
</canvas>
```

在 JavaScript 代码中定义一个 init()函数，并设置定时器，代码如下。

```
var x = 300;
var n = 0;                              //计数器
Page({
  onLoad: function () {
    this.init();
  },
  init: function(){
    setInterval(this.draw, 100); //定时器，每0.1s执行一次draw()函数
  },
```

使用了定时器，每隔 100ms 就会在 Snap1.jpg 图片上截取一张 60 × 80px 大小的小图并绘制出来，且每次向左移 15px，直到最左端时重新从右侧开始，不停循环，就可见游戏人物在屏幕上不停地奔跑。

下面分析 draw()函数实现。例 1-20 中仅显示人物第 3 个动作，而为了实现动画需要 clearRect(x, y, width, height)不断清除先前绘制的动作图形，再绘制后续的动作。所以需要一个计数器 n，记录当前绘制第几动作（帧）了。

```
draw: function() {
  var ctx = wx.createCanvasContext('myCanvas')     //创建画布上下文对象
  ctx.clearRect(0, 0, 300, 300);                   //清除canvas画布
  //从原图(60*n)位置开始截取中间一块宽60px和高80px的区域，显示在屏幕(x,0)处
  ctx.drawImage('people.jpg', 60 * n, 0, 60, 80, x, 0, 60, 80);
  if (n >= 8) {
    n = 0;
```

```
      } else {
        n++;
      }
      if (x >= 0) {
        x = x - 30;  //前移30px
      } else {
        x = 300;     //回到右侧
      }
      ctx.draw();
    },
  })
```

运行的结果是一个游戏人物不停重复地从右侧跑到左侧的动画。

第 2 章

JavaScript 语法基础

微信小程序使用的编程语言是 JavaScript，简称 JS，是一种可以嵌入 HTML 页面中的脚本语言。掌握 JavaScript 的核心语法就足以满足小程序的开发需求，学习 JavaScript 编程是阅读本书后面内容的基础。

2.1 JavaScript 语言概述

JavaScript 是互联网上最流行的脚本语言，这门语言可用于 HTML 和 Web，更可广泛用于服务器、PC、笔记本电脑、平板电脑和智能手机等设备。JavaScript 主要用于以下三个领域。

（1）浏览器：得到所有浏览器的支持，只要有网页的地方就有 JavaScript。

（2）服务器：借助 Node.js 运行环境，JavaScript 已经成为很多开发者进行后端开发的选择之一。

（3）微信小程序：小程序逻辑开发的语言。

2.1.1 JavaScript 语言简介

JavaScript 和 Java 是完全不同的语言，不论是概念还是设计。JavaScript 在 1995 年由 Brendan Eich 发明，并于 1997 年成为一个 ECMA 标准。ECMAScript（ECMA-262）是 JavaScript 的官方名称。ECMAScript1(1997)是第一版，其后经历多个版本，ECMAScript5（发布于 2009 年）也称为 ES5 和 ECMAScript 2009，ECMAScript 6（发布于 2015 年）是最新的 JavaScript 版本。

ECMAScript 通常缩写为 ES。在微信小程序中通常使用 ES5 和 ES6 版本。

在 ES5 版本中添加了 JSON 支持、String.trim()、Array.isArray()数组迭代方法等。在 ES6 版本中添加了 let 和 const、class 类、Array.find()和 Array.findIndex()等功能。

2.1.2 运行 JavaScript 语言

1. 在浏览器中运行

在 HTML 网页文件中使用 JavaScript 脚本时，JavaScript 代码需要出现在<Script Language

="JavaScript">和</Script>之间。

【例 2-1】 一个简单的在 HTML 文件中使用 JavaScript 脚本实例。

```
<HTML>
<HEAD>
<TITLE>简单的 JavaScript 代码</TITLE>
<Script Language ="JavaScript">
//下面是 JavaScript 代码
var iNum = 10;
iNum *= 2;
console.log(iNum);
console.log ("这是一个简单的 JavaScript 程序!");
</Script>
</HEAD>
<BODY>
简单的 JavaScript 脚本
</BODY>
</HTML>
```

在 JavaScript 中，使用//作为注释符。浏览器在解释程序时，将不考虑一行程序中//后面的代码。

另外一种插入 JavaScript 程序的方法是把 JavaScript 代码写到一个.js 文件当中，然后在 HTML 文件中引用该 js 文件，方法如下。

```
<script src="***.js 文件"></script>
```

使用引用 JS 文件的方法实现例 2-1 的功能。创建 output.js，内容如下。

```
var iNum = 10;
iNum *= 2;
console.log(iNum);
console.log("这是一个简单的 JavaScript 程序!");
```

HTML 文件的代码如下。

```
<HTML>
<HEAD><TITLE>简单的 JavaScript 代码</TITLE></HEAD>
<BODY>
<Script src="output.js"></Script>
</BODY>
</HTML>
```

JavaScript 是一种解释性编程语言，其源代码在发往客户端执行之前不需要经过编译，而是将文本格式的字符代码发送给客户端由浏览器解释执行。注意 JavaScript 与 Java 的区别，Java 的源代码在传递到客户端执行之前，必须经过编译，因而客户端上必须具有相应平台上的解释器，它可以通过解释器实现独立于某个特定的平台编译代码的束缚。

2. 在服务器中运行

搭建 Node 运行环境后，通过命令行执行 JS 文件。例如：

```
node output.js
```

3. 在微信小程序中运行

在微信小程序中，JavaScript 需要单独保存在 JS 文件中，即外联式。小程序框架对此进行了优化，只要按目录规范保证 JS 文件与 WXML 文件同名，则无须使用<script src="***.js文件"></script>引入即可使用。

在微信开发工具中，可以让用户方便地调试 JavaScript 代码，打开 Console 选项卡（如图 2-1 所示），可以查看 JS 代码文件中 console.log()输出的调试信息。

此外，对于不依赖界面的纯 JS 代码，可以直接在 Console 选项卡的命令行中>符号后输入相关代码，按回车键后即可以得到结果。

例如：

```
var iNum = 10;
iNum *= 2;
console.log(iNum);
```

即可以得到结果 20。

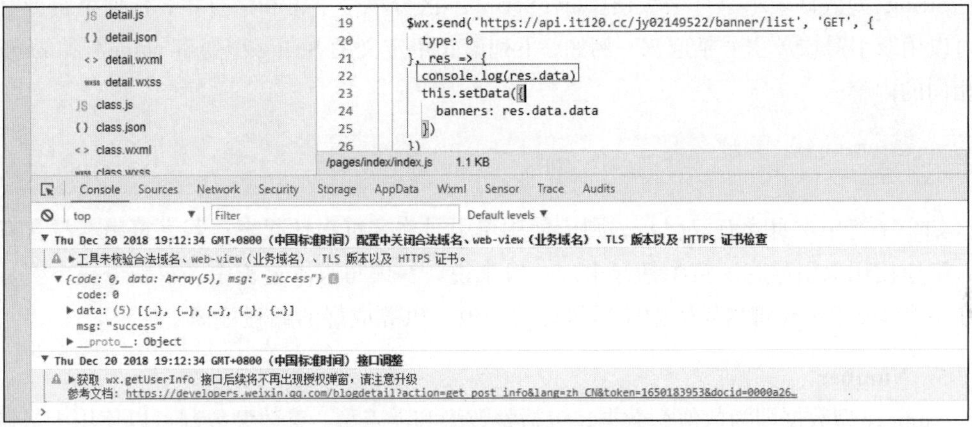

图 2-1　调试 console 效果图

2.2 基 本 语 法

2.2.1 数据类型

JavaScript 包含下面 5 种原始数据类型。

1. Undefined

Undefined 型即为未定义类型，用于不存在或者没有被赋初始值的变量或对象的属性，如下列语句定义变量 name 为 Undefined 型。

```
var name;
```

定义 Undefined 型变量后，可在后续的脚本代码中对其进行赋值操作，从而自动获得由其值决定的数据类型。

2. Null

Null 型数据表示空值，作用是表明数据空缺的值，一般在设定已存在的变量（或对象的属性）为空时较为常用。区分 Undefined 型和 Null 型数据比较麻烦，一般将 Undefined 型和 Null 型等同对待。

3. Boolean

Boolean 型数据表示的是布尔型数据，取值为 true 或 false，分别表示逻辑真和假，且任何时刻都只能使用两种状态中的一种，不能同时出现。例如，下列语句分别定义 Boolean 变量 bChooseA 和 bChooseB，并分别赋予初值 true 和 false。

```
var bChooseA = true;
var bChooseB = false;
```

4. String

String 型数据表示字符型数据。JavaScript 不区分单个字符和字符串，任何字符或字符串都可以用双引号或单引号括起来。例如，下列语句中定义的 String 型变量 nameA 和 nameB 包含相同的内容。

```
var nameA = "Tom";
var nameB = 'Tom';
```

如果字符串本身含有双引号，则应使用单引号将字符串括起来；若字符串本身含有单引号，则应使用双引号将字符串括起来。一般来说，在编写脚本过程中，双引号或单引号的选择在整个 JavaScript 脚本代码中应尽量保持一致，以养成好的编程习惯。

5. Number

Number 型数据即为数值型数据，包括整数型和浮点型。整数型数制可以使用十进制、八进制以及十六进制标识，而浮点型为包含小数点的实数，且可用科学记数法来表示。例如：

```
var myDataA=8;
var myDataB=6.3;
```

上述代码分别定义值为整数 8 的 Number 型变量 myDataA 和值为浮点数 6.3 的 Number 型变量 myDataB。

JavaScript 脚本语言除了支持上述基本数据类型外，也支持组合类型，如数组 Array 和对象 Object 等。

2.2.2 常量和变量

1. 常量

常量是内存中用于保存固定值的单元，在程序中常量的值不能发生改变。

2. 变量

变量是内存中命名的存储位置，可以在程序中设置和修改变量的值。在 JavaScript 中，可以使用 var 关键字声明变量，声明变量时不要求指明变量的数据类型。例如：

```
var x;
```

也可以在声明变量时为其赋值，例如：

```
var x = 1;
var a=1,b=2,c=3,d=4;
```

或者不声明变量，而通过使用变量来确定其类型，但这样的变量默认是全局的，例如：

```
x = 1;
str = "This is a string";
exist = false;
```

JavaScript 变量名需要遵守下面的规则。

（1）第一个字符必须是字母、下画线（_）或美元符号（$）。

（2）其他字符可以是下画线、美元符号或任何字母或数字字符。

（3）变量名称对大小写敏感（也就是说 x 和 X 是不同的变量）。

JavaScript 脚本程序对大小写敏感，相同的字母，大小写不同，代表的意义也不同，如变量名 name、Name 和 NAME 代表三个不同的变量名。在 JavaScript 脚本程序中，变量名、函数名、运算符、关键字、对象属性等都是对大小写敏感的。同时，所有的关键字、内建函数以及对象属性等的大小写都是固定的，甚至混合大小写，因此在编写 JavaScript 脚本程序时，要确保输入正确，否则不能达到编写程序的目的。

提示：JavaScript 变量在使用前可以不做声明，采用弱类型变量检查，而是解释器在运行时检查其数据类型。而 Java 与 C 语言一样，采用强类型变量检查，所有变量在编译之前必须声明，而且不能使用没有赋值的变量。

变量声明时不需要显式指定其数据类型既是 JavaScript 脚本语言的优点也是其缺点。优点是编写脚本代码时不需要指明数据类型，使变量声明过程简单明了；缺点就是有可能造成因拼写不当而引起致命的错误。

注意：JavaScript 用分号表示结束一行代码，每行结尾的分号可有可无，最好的代码习惯是每行结尾加上分号。

2.2.3 注释

JavaScript 支持以下两种类型的注释字符。

1. //

//是单行注释符，这种注释符可与要执行的代码处在同一行，也可另起一行。从//开始到行尾均表示注释。对于多行注释，必须在每个注释行的开始使用//。

2. /*…*/

/*…*/是多行注释符，…表示注释的内容。这种注释字符可与要执行的代码处在同一行，也可另起一行，甚至用在可执行代码内。对于多行注释，必须使用开始注释符（/*）开始注释，使用结束注释符（*/）结束注释。注释行上不应出现其他注释字符。

2.2.4 运算符和表达式

编写 JavaScript 脚本代码过程中，对数据进行运算操作需用到运算符。表达式则由常量、变量和运算符等组成。

1. 算术运算符

算术运算符可以实现数学运行，包括加（+）、减（–）、乘（*）、除（/）和求余（%）等。具体使用方法如下。

```
var a,b,c;
a = b + c;
a = b - c;
a = b * c;
a = b / c;
a = b % c;
```

2. 赋值运算符

JavaScript 脚本语言的赋值运算符包含“=”“+=”“–=”“*=”“/=”“%=”“&=”“^=”等，如表 2-1 所示。

表 2-1 赋值运算符

运 算 符	举 例	简 要 说 明
=	m=n	将运算符右边变量的值赋给左边变量
+=	m+=n	将运算符两侧变量的值相加并将结果赋给左边变量
–=	m–=n	将运算符两侧变量的值相减并将结果赋给左边变量
*=	m*=n	将运算符两侧变量的值相乘并将结果赋给左边变量
/=	m/=n	将运算符两侧变量的值相除并将整除的结果赋给左边变量
%=	m%=n	将运算符两侧变量的值相除并将余数赋给左边变量
&=	m&=n	将运算符两侧变量的值进行按位与操作并将结果赋值给左边变量
^=	m^=n	将运算符两侧变量的值进行按位或操作并将结果赋值给左边变量
<<=	m<<=n	将运算符左边变量的值左移由右边变量的值指定的位数，并将结果赋予左边变量
>>=	m>>=n	将运算符左边变量的值右移由右边变量的值指定的位数，并将结果赋予左边变量

例如：

```
var iNum = 10;
iNum *= 2;
```

```
console.log(iNum);        //输出 "20"
```

3. 关系运算符

JavaScript 脚本语言中用于比较两个数据的运算符称为比较运算符，包括“==”“!=”“>”“<”“<=”“>=”等，其具体作用如表 2-2 所示。

表 2-2　关系运算符

关系运算符	具体描述
==	等于运算符（两个=）。例如 a==b，如果 a 等于 b，则返回 True；否则返回 False

===	恒等运算符（三个=）。例如 a===b，如果 a 的值等于 b，而且它们的数据类型也相同，则返回 True；否则返回 False。例如：
	var a=8 , b="8";
	a==b; //true
	a===b; //false

!=	不等运算符。例如 a!=b，如果 a 不等于 b，则返回 True；否则返回 False
!==	不恒等，左右两边必须完全不相等（值、类型都相等）才为 True
<	小于运算符
>	大于运算符

4. 逻辑运算符

JavaScript 脚本语言的逻辑运算符包括“&&”“||”和“!”等，用于两个逻辑型数据之间的操作，返回值的数据类型为布尔型。逻辑运算符的功能如表 2-3 所示。

表 2-3　逻辑运算符

逻辑运算符	具体描述
&&	逻辑与运算符。例如 a && b，当 a 和 b 都为 True 时等于 True；否则等于 False
||	逻辑或运算符。例如 a || b，当 a 和 b 至少有一个为 True 时等于 True；否则等于 False
!	逻辑非运算符。例如!a，当 a 等于 True 时，表达式等于 False；否则等于 True

逻辑运算符一般与比较运算符捆绑使用，用以引入多个控制的条件，以控制 JavaScript 脚本代码的流向。

5. 位运算符

位移运算符用于将目标数据（二进制形式）往指定方向移动指定的位数。JavaScript 脚本语言支持“<<”“>>”和“>>>”等位移运算符，其具体作用见表 2-4。

–3 的补码是 11111101，~（–3）按位非运算所以结果是 2。

4&7 结果是 4，因为 00000100 &00000111 的结果是 00000100，所以是 4。

9>>2 结果是 2，因为 00001001>>2 是右移 2 位，结果是 000010，所以是 2。

表 2-4　位运算符

位运算符	具体描述	举　例
~	按位非运算	~（-3）结果是 2
&	按位与运算	4&7 结果是 4
|	按位或运算	4|7 结果是 7
^	按位异或运算	4^7 结果是 3
<<	位左移运算	9<<2 结果是 36
>>	有符号位右移运算，将左边数据表示的二进制值向右移动，忽略被移出的位，左侧空位补符号位（负数补 1，正数补 0）	9>>2 结果是 2
>>>	无符号位右移运算，将左边数据表示的二进制值向右移动，忽略被移出的位，左侧空位补 0	9>>>2 结果是 2

6. 条件运算符

在 JavaScript 脚本语言中，“? :”运算符用于创建条件分支。较 if…else 语句更加简便，其语法结构如下。

```
(condition)?statementA:statementB;
```

上述语句首先判断条件 condition，若结果为真则执行语句 statementA，否则执行语句 statementB。值得注意的是，由于 JavaScript 脚本解释器将分号“;”作为语句的结束符，statementA 和 statementB 语句均必须为单个脚本代码，若使用多个语句会报错。

考查如下简单的分支语句。

```
var age= 25;
var contentA="\n 系统提示：\n 对不起，您未满 18 岁，不能浏览该网站！ \n";
var contentB="\n 系统提示：\n 单击确定按钮，注册网上商城开始欢乐之旅！ "
console.log(age<18?contentA:contentB);
```

程序运行后，结果如下。

```
系统提示：
单击确定按钮，注册网上商城开始欢乐之旅!。
```

效果等同于：

```
if (age<18) console.log(contentA);
else console.log(contentB);
```

7. 逗号运算符

使用逗号运算符可以在一条语句中执行多个运算，例如：

```
var iNum1 = 1, iNum = 2, iNum3 = 3;
```

8. typeof 运算符

typeof 运算符用于表明操作数的数据类型，返回数值类型为一个字符串。在 JavaScript

脚本语言中，其使用格式如下。

```
var myString=typeof(data);
```

【例 2-2】 演示使用 typeof 运算符返回变量类型的方法，代码如下。

```
var temp;
console.log(typeof temp); //输出"undefined"
temp = "test string";
console.log(typeof temp); //输出"string"
temp = 100;
console.log(typeof temp); //输出" number"
```

运行结果如下。

```
undefined
string
number
```

可以看出，使用关键字 var 定义变量时，若不指定其初始值，则变量的数据类型默认为 undefined。同时，若在程序执行过程中，变量被赋予其他隐性包含特定数据类型的数值时，其数据类型也随之发生更改。

9. 其他运算符

还包含其他几个特殊的运算符，其具体作用见表 2-5。

表 2-5　位运算符

一元运算符	具体描述

delete	删除对以前定义的对象属性或方法的引用。例如：
	var o=new Object;//创建 Object 对象 o
	delete o;//删除对象 o

void	出现在任何类型的操作数之前，作用是舍弃运算数的值，返回 undefined 作为表达式的值。例如：var x=1,y=2; console.log(void(x+y));//输出：undefined

++	增量运算符。了解 C 语言或 Java 的读者应该认识此运算符。它与 C 语言或 Java 中的意义相同，可以出现在操作数的前面（此时叫作前增量运算符），也可以出现在操作数的后面（此时叫作后增量运算符）。++运算符对操作数加 1，如果是前增量运算符，则返回加 1 后的结果；如果是后增量运算符，则返回操作数的原值，再对操作数执行加 1 操作。例如：var iNum=10;
	console.log(iNum++);//输出"10"
	console.log(++iNum);//输出"12"

--	减量运算符。它与增量运算符的意义相反，可以出现在操作数的前面（此时叫作前减量运算符），也可以出现在操作数的后面（此时叫作后减量运算符）。–运算符对操作数减 1，如果是前减量运算符，则返回减 1

2.3 常用控制语句

对于 JavaScript 程序中的执行语句，默认时是按照书写顺序依次执行的，这时我们说这样的语句是顺序结构的。但是，仅有顺序结构还是不够的，因为有时候需要根据特定的情况，有选择地执行某些语句，这时就需要一种选择结构的语句。另外，有时还可以在给定条件下反复执行某些语句，这时称这些语句是循环结构的。有了这三种基本的结构，就能够构建任意复杂的程序了。

2.3.1 选择结构语句

1. if 语句

JavaScript 的 if 语句的功能跟其他语言的非常相似，都是用来判定给出的条件是否满足，然后根据判断的结果（即真或假）决定是否执行给出的操作。if 语句是一种单选结构，它选择的是做与不做。它由三部分组成：关键字 if 本身、测试条件真假的表达式（简称为条件表达式）和表达式结果为真（即表达式的值为非零）时要执行的代码。if 语句的语法形式如下。

```
if (表达式)
  语句体
```

if 语句的流程图如图 2-2 所示。

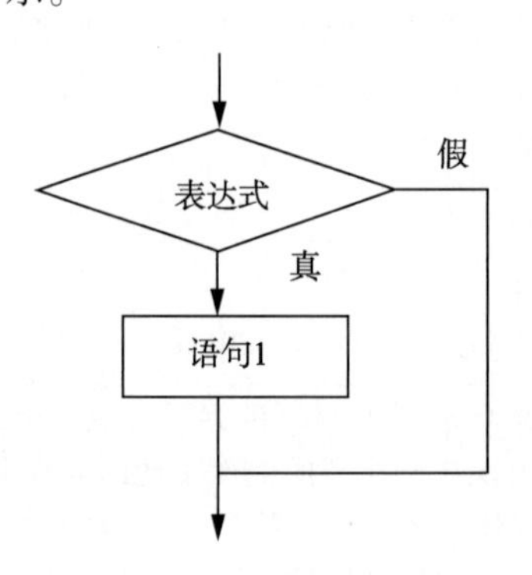

图 2-2 if 语句的流程图

if 语句的表达式用于判断条件，可以用>（大于）、<(小于)、==（等于）、>=（大于或等于）、<=（小于或等于）来表示其关系。

下面用一个示例程序来演示 if 语句的用法。

```
//比较 a 是否大于 0
if (a >0)
    console.log("大于 0");
```

如果 a>0 则显示出“大于 0”的文字提示，否则不显示。

2. if…else…语句

上面的 if 语句是一种单选结构，也就是说，如果条件为真（即表达式的值为真），那么执行指定的操作；否则就会跳过该操作。而 if…else…语句是一种双选结构，解决在两种备选行动中选择哪一个的问题。if…else…语句由五部分组成：关键字 if、测试条件真假的表达式、表达式结果为真（即表达式的值为非零）时要执行的代码，以及关键字 else 和表达式结果为假（即表达式的值为假）时要执行的代码。if…else…语句的语法形式如下。

```
if (表达式)
    语句 1
else
    语句 2
```

if…else…语句的示意图如图 2-3 所示。

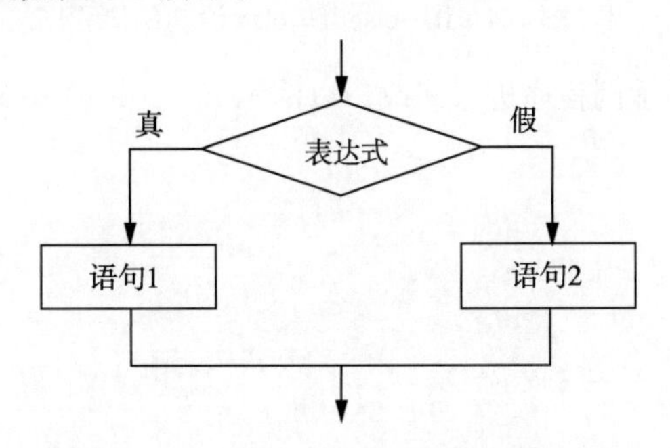

图 2-3　if…else…语句的流程图

下面对上面的示例程序进行修改，以演示 if…else…语句的使用方法。程序很简单，如果 a>0，那么就输出“大于 0”一行信息；否则，输出另一行“小于或等于 0”字符串，指出 a≤0。代码如下。

```
if (a >0)
   console.log("大于 0");
else
   console.log("小于或等于 0");
```

3. if…else if…else 语句

有时候，需要在多组动作中选择一组执行，这时就会用到多选结构，对于 JavaScript 语言来说就是 if…else if…else 语句。该语句可以利用一系列条件表达式进行检查，并在某个表达式为真的情况下执行相应的代码。需要注意的是，虽然 if…else if…else 语句的备选动作较多，但是有且只有一组操作被执行，该语句的语法形式如下。

注意： 最后一个 else 子句没有进行条件判断，它实际上处理跟前面所有条件都不匹配的情况，所以 else 子句必须放在最后。if...else if...else 语句的示意图如图 2-4 所示。

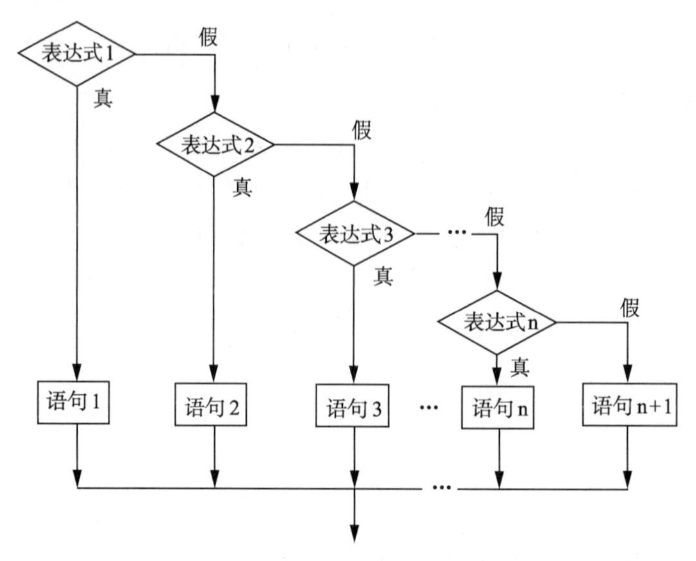

图 2-4 if…else if…else 语句的流程图

下面继续对上面的示例程序进行修改，以演示 if…else if…else 语句的使用方法。具体的代码如下。

```
if (a>0)
      console.log("大于 0");
else if (a==0)
      console.log("等于 0");
else
    console.log("小于 0");
```

以上程序区分 a>0、a=0 和 a<0 三种情况分别输出不同信息。

【例 2-3】 下面是一个显示当前系统日期的 JavaScript 代码，其中使用到 if…else if…else 语句。

```
//显示当前系统日期
d=new Date();
    console.log("今天是");
if(d.getDay()==1) {
    console.log("星期一");
}
else if(d.getDay()==2) {
    console.log("星期二");
}
else if(d.getDay()==3) {
    console.log("星期三");
}
else if(d.getDay()==4) {
    console.log("星期四");
}
else if(d.getDay()==5) {
```

```
        console.log("星期五");
    }
    else if(d.getDay()==6) {
        console.log("星期六");
    }
    else {
        console.log("星期日");
    }
```

Date 对象用于处理时间和日期，getDay()是 Date 对象的方法，它返回表示星期几的数字。星期一则返回 1，星期二则返回 2，……

【例 2-4】 输入学生的成绩 score，按分数输出其等级：score≥90 为优，90>score≥80 为良，80>score≥70 为中等，70>score≥60 为及格，score<60 为不及格。

```
var MyScore = 89;                               //请输入成绩
if (score >= 90)
     console.log("优");
else if (score >= 80)
     console.log("良");
else if (score >= 70)
     console.log("中");
else if (score >= 60)
     console.log("及格");
else
     console.log ("不及格");
```

说明： 三种选择语句中，条件表达式都是必不可少的组成部分。那么哪些表达式可以作为条件表达式呢？基本上，最常用的是关系表达式和逻辑表达式。

4. switch 语句

如果有多个条件，可以使用嵌套的 if 语句来解决，但此种方法会增加程序的复杂度，并降低程序的可读性。若使用 switch 语句可实现多选一程序结构，其基本结构如下。

```
switch(表达式) {
        case 值 1:
              语句块 1
              break;
        case 值 2:
              语句块 2
              break;
…
        case 值 n:
              语句块 n
              break;
        default:
```

```
                语句块 n+1
    }
```

说明：

（1）当 switch 后面括号中表达式的值与某一个 case 分支中常量表达式匹配时，就执行该分支。如果所有的 case 分支中常量表达式都不能与 switch 后面括号中表达式的值匹配，则执行 default 分支。

（2）每个 case 分支最后都有一个 break 语句，执行此语句会退出 switch 语句，不再执行后面的语句。

（3）每个常量表达式的取值必须各不相同，否则将引起歧义。各 case 后面必须是常量，而不能是变量或表达式。

switch 语句的示意图如图 2-5 所示。

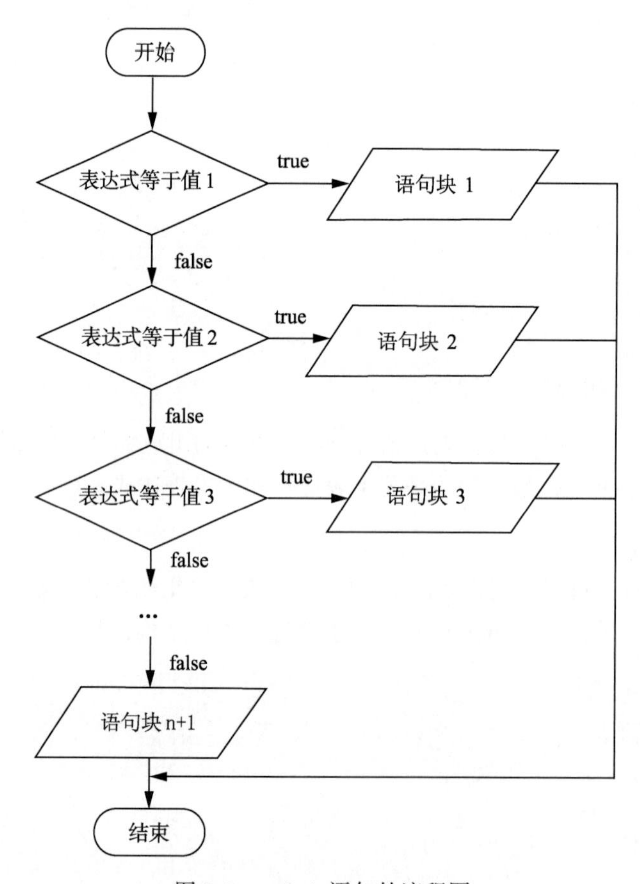

图 2-5　switch 语句的流程图

【例 2-5】 将例 2-4 的按分数输出其等级使用 switch 语句实现。

```
//使用 switch 语句实现按分数输出其等级
var score = 89;                         //请输入成绩
    switch(score) {
      case  10:
```

```
        case  9:
              console.log("优");  break;
        case  8:
              console.log("良");break;
        case  7:
              console.log("中");  break;
        case  6:
              console.log("及格"); break;
        default:
              console.log ("不及格");
    }
```

2.3.2　循环结构语句

程序在一般情况下是按顺序执行的。编程语言提供了各种控制结构，允许更复杂的执行路径。循环语句允许我们执行一个语句或语句组多次。

1. while 语句

while 语句的语法格式为：

```
while (表达式)
{
  循环体语句
}
```

其作用是：当指定的条件表达式为真时，执行 while 语句中的循环体语句。其流程图如图 2-6 所示。其特点是先判断表达式，后执行语句。while 循环又称为当型循环。

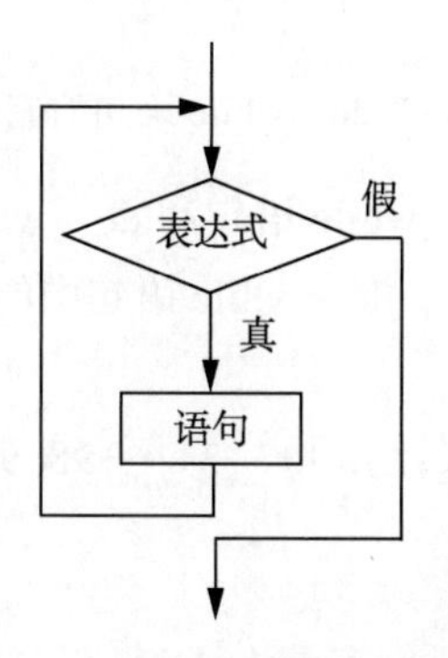

图 2-6　while 语句的流程图

【例 2-6】 用 while 循环来计算 1+2+3+…+98+99+100 的值。

```
//计算 1+2+3+…+98+99+100 的值
var total=0;
var i=1;
while(i<=100){
    total+=i;
```

```
    i++;
}
console.log(total);
```

程序运行结果：

```
5050
```

2. do…while 语句

do…while 语句的语法格式如下。

```
do
{
    循环体语句
} while (表达式);
```

do…while 语句的执行过程为：先执行一次循环体语句，然后判别表达式，当表达式的值为真，继续执行循环体语句，如此反复，直到表达式的值为假为止，此时循环结束。可以用图 2-7 表示其流程。

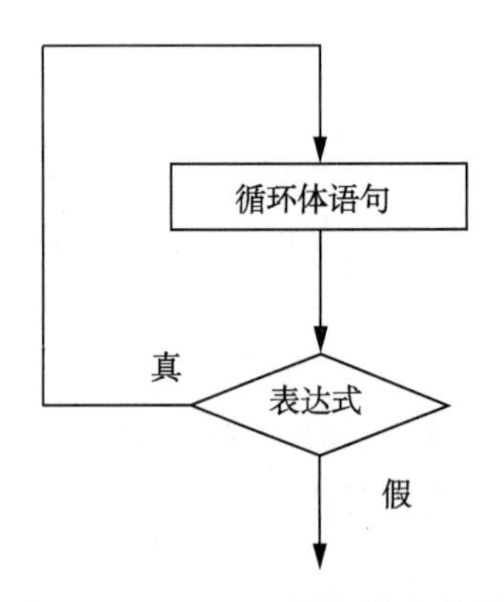

图 2-7　do…while 语句的流程图

说明：在循环体相同的情况下，while 语句和 do…while 语句的功能基本相同。二者的区别在于，当循环条件一开始就为假时，do…while 语句中的循环体至少会被执行一次，而 while 语句则一次都不执行。

【例 2-7】 用 do…while 循环来计算 1+2+3+…+98+99+100 的值。

```
//计算 1+2+3+…+98+99+100 的值
    var total=0;
    var i=1;
    do{
        total+=i;
        i++;
    }while(i<=100);
    console.log(total);
```

3. for 语句

for 循环语句是循环结构语句，按照指定的循环次数，循环执行循环体内语句（或语句块），其基本结构如下。

```
for(表达式 1;表达式 2;表达式 3)
{
        循环体语句
}
```

该语句的执行过程如下。

（1）执行 for 后面的表达式 1。

（2）判断表达式 2，若表达式 2 的值为真，则执行 for 语句的内嵌语句（即循环体语句），然后执行第（3）步；若表达式 2 的值为假，则循环结束，执行第（5）步。

（3）执行表达式 3。

（4）返回继续执行第（2）步。

（5）循环结束，执行 for 语句的循环体下面的语句。

可以用图 2-8 表示其流程。

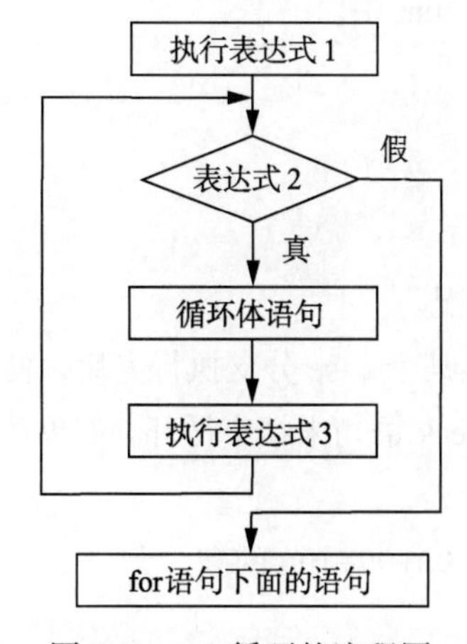

图 2-8　for 循环的流程图

3 个表达式都可以省略，如果表达式 2 省略则无限循环。注意分号仍要保留。

【例 2-8】 用 for 循环来计算 1+2+3+…+98+99+100 的值。

```
var total=0;
for(var i=1; i<=100; i++){
   total+=i;
}
console.log(total);
```

4. continue 语句

continue 语句的一般格式为：

```
continue;
```

该语句只能用在循环结构中。当在循环结构中遇到 continue 语句时，则跳过 continue 语句后的其他语句，结束本次循环，并转去判断循环控制条件，以决定是否进行下一次循环。

【例 2-9】 计算 1+2+3+⋯+98+99+100 的偶数和。

```
//计算偶数和
var total=0;
var i=1;
while(i<=100){
if(i%2==1)//奇数
{
    i++;
    continue;
}
  total+=i;
    i++;
}
console.log(total);
```

如果(i%2==1)，表示变量 i 是奇数。此时只对变量 i 加 1，然后执行 continue;语句开始下一个循环，并不将其累加到变量 sum 中。

5. break 语句

break 语句的一般格式为：

```
break;
```

该语句只能用于以下两种情况。

（1）用在 switch 结构中，当某个 case 分支执行完后，使用 break 语句跳出 switch 结构。

（2）用在循环结构中，用 break 语句来结束循环。如果放在嵌套循环中，则 break 语句只能结束其所在的那层循环。

【例 2-10】 计算 1+2+3+⋯+98+99+100 的和。

```
var total=0;
for(var i=1; ;i++){  //无限循环
    if(i>100){
        break;
    }
    total+=i;
}
console.log(total);
```

进入循环后，用 if 语句来判断 i 的值，如果 i>100，执行 break 语句，结束循环，否则继续执行循环。

2.4 函　　数

函数（function）由若干条语句组成，用于实现特定的功能。函数包含函数名、若干参数和返回值。一旦定义了函数，就可以在程序中需要实现该功能的位置调用该函数，给程序员共享代码带来了很大方便。在 JavaScript 中，除了提供丰富的内置函数外，还允许用户创建和使用自定义函数。

2.4.1　创建自定义函数

函数定义有以下两种方法。

1. function 函数声明

可以使用 function 关键字来创建自定义函数，其基本语法结构如下。

```
function 函数名(参数列表)
{
    函数体
}
```

创建一个非常简单的函数 PrintWelcome，它的功能是打印字符串“欢迎使用 JavaScript”，代码如下。

```
function PrintWelcome()
{
   console.log("欢迎使用 JavaScript");
}
```

创建函数 PrintString()，通过参数决定要打印的内容。

```
function PrintString(str)
{
   console.log (str);
}
```

在微信小程序中函数的定义如下：

```
functionName: function(e) {
   //执行代码
}
```

2. 函数表达式

使用 function 关键字来创建自定义函数，但没给函数名。采用变量赋值的写法将匿名函数赋予一个变量。例如：

```
var print=function(s){
   console.log(s);
};
print("欢迎使用 JavaScript");     //调用函数
```

2.4.2　调用函数

1. 使用函数名来调用函数

在 JavaScript 中，可以直接使用函数名来调用函数。无论是内置函数还是自定义函数，调用函数的方法都是一致的。

【例 2-11】 调用 PrintWelcome()函数，显示“欢迎使用 JavaScript”字符串，代码如下。

```
function PrintWelcome()
{
   console.log("欢迎使用 JavaScript");
}
PrintWelcome();//调用 PrintWelcome()函数
```

【例 2-12】 调用 sum()函数，计算并打印 num 1 和 num 2 之和，代码如下。

```
//计算并打印 num1 和 num 2 之和
function sum(num1, num2)
{
   console.log(num1 + num2);
}
sum(1, 2);     //结果是 3
```

2. 与事件结合调用 JavaScript 函数

微信小程序中可以将 JavaScript 函数指定为事件的处理函数。当触发事件时会自动调用指定的 JavaScript 函数。例如：

```
<button bindtap="setLoading">设置</button>
```

2.4.3 变量的作用域

在函数中也可以定义变量，在函数中定义的变量被称为局部变量。局部变量只在定义它的函数内部有效，在函数体之外，即使使用同名的变量，也会被看作另一个变量。

相应地，在函数体之外定义的变量是全局变量。全局变量在定义后的代码中都有效，包括它后面定义的函数体内。如果局部变量和全局变量同名，则在定义局部变量的函数中，只有局部变量是有效的。

【例 2-13】 变量的作用域实例。

```
var a = 100;           //全局变量
function setNumber() {
   var a = 10;         //局部变量
   console.log(a);     //打印局部变量 a
}
setNumber();
console.log("<BR>");
console.log(a);        //打印全局变量 a
```

程序运行结果：

```
10
<BR>
```

```
100
```

2.4.4　函数的返回值

可以为函数指定一个返回值，返回值可以是任何数据类型，使用 return 语句可以返回函数值并退出函数，语法如下。

```
function 函数名(){
    return 返回值;
}
```

【例 2-14】 return 返回值实例。

```
function sum(num1, num2)
{
        return num1 + num2;
}
console.log(sum(1, 10));
```

如果改成求 m ~ n 的和，代码如下。

```
function getTotal(m,n){
    var total=0;
    if(m>=n){
        return false;  // n 必须大于 m，否则无意义
    }
    for(var i=m;i<=n;i++){
        total+=i;
    }
    return total;
}
console.log(getTotal(1, 10));
```

2.4.5　JavaScript 内置函数

1. parseFloat()函数

parseFloat()函数用于将字符串转换成浮点数字形式，语法如下。

```
parseFloat(str)
```

参数 str 是待解析的字符串。函数返回解析后的数字。

```
console.log(parseFloat("12.3")+1);      //结果 13.3
```

2. parseInt ()函数

parseInt ()函数用于将字符串转换成整型数字形式，语法如下。

```
parseInt(str, radix)
```

参数 str 是待解析的字符串；参数 radix 可选。表示要解析的数字的进制。该值范围为 2 ~ 36。

如果省略该参数或其值为 0，则数字将以十进制来解析。函数返回解析后的数字。例如：

```
parseInt("10");      //十进制，结果是 10
parseInt("f",16);    //十六进制，结果是 15
parseInt("010",2);   //二进制，结果是 2
```

3. isNaN()函数

isNaN()用于检验某个值是否为 NaN（Not a Number，不是数字），返回 false 为数字，返回 true 为非数字。

```
var num = "123.456789abc";
isNaN(num)            //结果是 true
isNaN("123")          //结果是 false
```

4. 强制类型转换函数

用户可以使用强制类型转换函数来处理转换值的类型，在 ECMAScript 中可以使用以下 3 种强制类型转换函数。

- String(value)：把给定的值转换成字符串。类似于 toString()方法，但是和它又不同，对 null 或 undefined 值用 toString()转换会报错。
- Boolean(value)：把给定的值转换成 Boolean 型。给定的值为空字符串、数字 0、undefined 或 null 返回 false，其余返回 true。
- Number(value)：把给定的值转换成数字（可以是整数或浮点数）。

例如：

```
var a=String(123);          //返回"123"
var a=Boolean(0);           //返回 false
var a=Boolean(undefined);   //返回 false
var a=Boolean(null);        //返回 false
var a=Boolean(50);          //返回 true
var a=Number("11.11");      //返回 11.11
```

5. 保留几位小数

```
NumberObject.toFixed(位数);
```

toFixed(位数)的功能是保留几位小数（四舍五入），参数为保留的小数点后位数，返回的值为 String 类型。

例如：

```
var a=13.37.toFixed(4);        //返回"13.3700"
var a=13.378888.toFixed(2);    //返回"13.38"
```

第 3 章

JavaScript面向对象程序设计

JavaScript 脚本是面向对象的编程语言，它可以将属性和代码集成在一起，定义为类，从而使程序设计更加简单、规范、有条理。通过对象的访问可大大简化 JavaScript 程序的设计，并提供直观、模块化的方式进行脚本程序开发。本章主要介绍 JavaScript 的面向对象编程思想以及有关对象的基本概念，并引导读者创建和使用自定义的类和对象。

3.1 面向对象程序设计思想简介

3.1.1 什么是对象

对象是客观世界存在的人、事和物体等实体。现实生活中存在很多的对象，如猫、汽车等。不难发现它们有两个共同特征：状态和行为。例如，猫有自己的状态（名字、颜色、饥饿与否等）和行为（爬树、抓老鼠等）；汽车也有自己的状态（挡位、速度等）和行为（刹车、加速、减速、改变挡位等）。若以自然人为例，构造一个对象，可以用图 3-1 表示，其中，属性表示对象状态，动作（方法）表示对象行为。

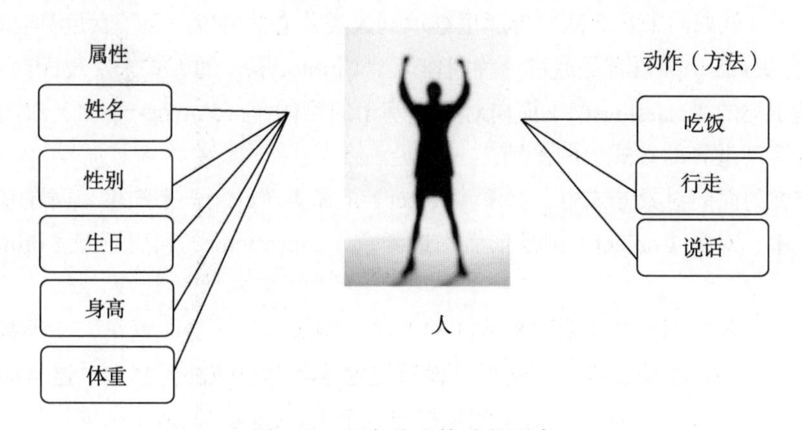

图 3-1　以自然人构造的对象

综上所述，凡是能够提取一定度量数据并能通过某种途径对度量数据实施操作的客观存在都可以构成一个对象，且用属性来描述对象的状态，使用方法和事件来处理对象的各种行为。下面介绍一些概念。

（1）对象（Object）：面向对象程序设计思想可以将一组数据和与这组数据有关的操作组装在一起，形成一个实体，这个实体就是对象。

（2）属性：用来描述对象的状态。通过定义属性值，可以改变对象的状态。如图 3-1 中，可以定义 height 表示该自然人身高，字符串 HungryOrNot 来表示该自然人饥饿的状态，HungryOrNot 成为自然人的某个属性。

（3）方法：也称为成员函数，是指对象上的操作。如图 3-1 中，可以定义方法 Eat( )处理自然人很饿的情况，Eat( )成为自然人的某个方法。

（4）事件：由于对象行为的复杂性，对象的某些行为需要用户根据实际情况来编写处理该行为的代码，该代码称为事件。在图 3-1 中，可以定义事件 DrinkBeforeEat( )处理自然人又饿又很渴需要先喝水后进食的情况。

3.1.2 面向对象编程

面向对象编程是一种计算机编程架构，具有三个最基本的特点：封装、重用性（继承）、多态。面向对象编程主要包含以下重要的概念。

（1）类（class）：具有相同或相似性质的对象的抽象就是类。因此，对象的抽象是类，类的实例化就是对象。例如，如果人类是一个类，则一个具体的人就是一个对象。

（2）封装：将数据和操作捆绑在一起，定义一个新类的过程就是封装。

（3）继承：继承描述了类之间的关系。在这种关系中，一个类共享了一个或多个其他类定义的属性和行为。子类可以对基类的行为进行扩展、覆盖、重定义。如果人类是一个类，则可以定义一个子类“男人”。“男人”可以继承人类的属性（例如姓名、身高、年龄等）和方法（即动作。例如，吃饭和走路），在子类中就无须重复定义了。

（4）多态：从同一个类中继承得到的子类也具有多态性，即相同的函数名在不同子类中有不同的实现。就如同子女会从父母那里继承到人类共有的特性，而子女也具有自己的特性。

实际上，JavaScript 语言是通过一种叫作原型（prototype）的方式来实现面向对象编程的。下面讨论基于类的（class-based）面向对象和基于原型的（prototype-based）面向对象这两种方式在构造客观世界的方式上的差别。

在基于类的面向对象方式中，对象（object）依靠类（class）来产生。而在基于原型的面向对象方式中，对象（object）则是依靠构造函数（constructor）利用原型（prototype）构造出来的。

举个客观世界的例子来说明两种方式的差异。例如，工厂造一辆车，一种基于类的面向对象方式，工人必须参照一张工程图纸，设计规定这辆车应该如何制造。这里的工程图纸就好比是编程语言中的类（class），而车就是按照这个类（class）制造出来的；另一种基于原型的面向对象方式，工人和机器（相当于 constructor）利用各种零部件如发动机、轮胎、方向盘

（相当于 prototype 的各个属性）将汽车构造出来。

3.2　JavaScript 类的定义和实例化

严格地说，JavaScript 是基于对象的编程语言，而不是面向对象的编程语言。在面向对象的编程语言中（如 Java、C++、C#、PHP 等），声明一个类使用 class 关键字。

例如：

```
public class Person
{
}
```

但是在 JavaScript 中，没有声明类的关键字，也没有办法对类的访问权限进行控制。JavaScript 使用函数来定义类。注意 ES6 版本开始提供 class 关键字，详见 3.6.4 节。

3.2.1　类的定义

类定义的语法：

```
function className(){
    //具体操作
}
```

例如，定义一个 Person 类：

```
function Person() {
    this.name="张三";              //定义一个属性 name
    this.sex="男";                 //定义一个属性 sex
    this.say=function(){          //定义一个方法 say()
        console.log("我的名字是 " + this.name + " ，性别是 " + this.sex + "。");
    }
}
```

说明：this 关键字是指当前的对象。

3.2.2　创建对象（类的实例化）

创建对象的过程也是类实例化的过程。

在 JavaScript 中，创建对象（即类的实例化）使用 new 关键字。

创建对象语法：

```
new className();
```

将上面的 Person 类实例化：

```
var zhangsan=new Person();
zhangsan.say();
```

运行代码，输出如下内容。

```
大家好，我的名字是张三，性别是男。
```

定义类时可以设置参数，创建对象时也可以传递相应的参数。

下面将 Person 类重新定义。

```
function Person(name,sex) {
    this.name=name;        //定义一个属性 name
    this.sex=sex;          //定义一个属性 sex
    this.say=function(){  //定义一个方法 say()
        console.log("大家好，我的名字是 "+this.name+" ，性别是 "+this.sex);
    }
}
var zhangsan=new Person("小丽","女");
zhangsan.say();
```

运行代码，输出如下内容。

```
大家好，我的名字是小丽，性别是女。
```

当调用该构造函数时，浏览器给新的对象 zhangsan 分配内存，并隐性地将对象传递给函数。this 操作符是指向新对象引用，用于操作这个新对象。下面的句子：

```
this.name=name;    //赋值右侧是函数参数传递过来的name
```

使用作为函数参数传递过来的 name 值在构造函数中给该对象 zhangsan 的 name 属性赋值。对象实例的 name 属性被定义和赋值后，就可以访问该对象实例的 name 属性。

3.2.3 通过对象直接初始化创建对象

通过对象直接初始化来创建对象，与定义对象的构造函数方法不同的是，该方法不需要 new 生成此对象的实例，改写 zhangsan 对象：

```
//直接初始化对象
var zhangsan={
    name:"张三",
    sex:"男",
    say:function (){//定义对象的方法
        console.log("大家好，我的名字是 "+this.name+" ，性别是 "+this.sex);}
}
zhangsan.say();
```

可以通过对象直接初始化创建对象是一个“名字/值”对列表，每个“名字/值”对之间用逗号分隔，最后用一个大括号括起来。“名字/值”对表示对象的一个属性或方法，名字和值之间用冒号分隔。

上面的 zhangsan 对象，也可以这样来创建：

```
var zhangsan={}
zhangsan.name = "张三";
zhangsan.sex = "男";
zhangsan.say = function(){ return "嗨！大家好，我来了。"; }
```

该方法在只需生成一个对象实例并进行相关操作的情况下使用时，代码紧凑，编程效率高，但致命的是，若要生成若干个对象实例，就必须为生成每个对象实例重复相同的代码结构，代码的重用性比较差，不符合面向对象的编程思路，应尽量避免使用该方法创建自定义对象。

3.3 JavaScript 访问和添加对象的属性和方法

属性是一个变量，用来表示一个对象的特征，如颜色、大小、重量等；方法是一个函数，用来表示对象的操作，如奔跑、呼吸、跳跃等。

对象的属性和方法统称为对象的成员。

3.3.1 访问对象的属性和方法

在 JavaScript 中，可以使用“.”和“[ ]”来访问对象的属性。

1. 使用“.”来访问对象属性

语法：

```
objectName.propertyName
```

其中，objectName 为对象名称，propertyName 为属性名称。

2. 使用“[ ]”来访问对象属性

语法：

```
objectName[propertyName]
```

其中，objectName 为对象名称，propertyName 为属性名称。

3. 访问对象的方法

在 JavaScript 中，只能使用“.”来访问对象的方法。

语法：

```
objectName.methodName()
```

其中，objectName 为对象名称，methodName() 为函数名称。

【**例 3-1**】 创建一个 Person 对象并访问其成员。

```
function Person() {
    this.name="张三";                    //定义一个属性name
    this.sex="男";                       //定义一个属性sex
    this.age=22;                         //定义一个属性age
    this.say=function(){                 //定义一个方法 say()
        return "我的名字是 " + this.name + " ，性别是" + this.sex + "，今年"
          + this.age +"岁!";
    }
}
var zhangsan=new Person();
console.log("姓名: "+zhangsan.name);      //使用"."来访问对象属性
console.log("性别: "+zhangsan.sex);
console.log("年龄: "+zhangsan["age"]);    //使用"[ ]"来访问对象属性
console.log(zhangsan.say());              //使用"."来访问对象方法
```

实际项目开发中，一般使用“.”来访问对象属性；但是在某些情况下，使用“[ ]”会方便很多，例如，JavaScript 遍历对象属性和方法。

JavaScript 可使用 for in 语句来遍历对象的属性和方法。for in 语句循环遍历 JavaScript 对象，每循环一次，都会取得对象的一个属性或方法。

语法：

```
for(valueName  in  ObjectName){
    //代码
}
```

其中，valueName 是变量名，保存着属性或方法的名称，每次循环，valueName 的值都会改变。

【**例 3-2**】 遍历 zhangsan 对象的属性或方法。

```
//直接初始化对象
var zhangsan={}
zhangsan.name = "张三";
zhangsan.sex = "男";
zhangsan.say = function(){
    return "嗨! 大家好，我来了。";
}
var strTem="";  //临时变量
for(value in zhangsan){
    strTem+=value+': '+zhangsan[value]+"\n";
}
console.log(strTem);
```

程序运行结果如图 3-2 所示。

```
name: 张三
sex: 男
say: function(){
    return "嗨！大家好，我来了。";
}
```

图 3-2　遍历 zhangsan 对象的属性或方法

3.3.2　向对象添加属性和方法

JavaScript 可以在定义类时定义属性和方法，也可以在创建对象以后动态添加属性和方法。动态添加属性和方法在其他面向对象的编程语言（C++、Java 等）中是难以实现的，这是 JavaScript 灵活性的体现。

【例 **3-3**】用 Person 类创建一个对象，向其添加属性和方法。

```
//定义类
function Person(name,sex){
    this.name=name;                          //定义一个属性 name
    this.sex=sex;                            //定义一个属性 sex
    this.say=function(){                     //定义一个方法 say()
        return "大家好，我的名字是 " + this.name + " ，性别是 " + this.sex + " 。";
    }
}
//创建对象
var zhangsan=new Person("张三","男");
zhangsan.say();
//动态添加属性和方法
zhangsan.tel="029-81892332";                 //动态添加属性tel
zhangsan.run=function(){                     //动态添加方法run
   return  " 我跑得很快！ ";
}
//输出
console.log("姓名："+zhangsan.name);
console.log("性别："+zhangsan.sex);
console.log(zhangsan.say());
console.log("电话："+zhangsan.tel);
console.log(zhangsan.run());
```

可见，JavaScript 动态添加对象实例的属性 tel 和方法 run 的过程十分简单。注意动态添加该属性仅在此对象实例 zhangsan 中才存在，而其他对象实例不存在属性 tel 和方法 run。

例如：

```
var lisi=new Person("李四","男");
console.log(lisi.run());//出现错误 Uncaught TypeError: lisi.run is not a
   function
```

也可以通过原型方法将某个方法动态添加给所有对象实例。

【例 3-4】 通过原型方法将 run()方法动态添加给所有对象实例。

```
//定义类
function Person(name,sex) {
    this.name=name;          //定义一个属性 name
    this.sex=sex;            //定义一个属性 sex
    this.say=function(){     //定义一个方法 say()
       return "大家好，我的名字是 " + this.name + " ，性别是 " + this.sex + " 。";
    }
}
//添加原型属性和原型方法
Person.prototype.grade="2016";
Person.prototype.run=function(name){
   return  name+"我跑得很快！ ";
}
//创建对象
var zhangsan=new Person("张三","男");
zhangsan.tel="029-81892332";
//弹出警告框
console.log("姓名："+zhangsan.name);
console.log("性别："+zhangsan.sex);
console.log(zhangsan.say());
console.log("年级："+zhangsan.grade);
console.log(zhangsan.run(zhangsan.name));   //正确
var lisi=new Person("李四","男");
console.log(lisi.run(lisi.name));           //正确
```

程序调用对象的 prototype 属性给对象添加新属性 grade 和新方法 run()。

```
Person.prototype.grade="2016";
Person.prototype.run=function(name){
   return  name+"我跑得很快！ ";
}
```

原型属性 grade 和原型方法 run()为对象的所有实例 zhangsan、lisi 所共享，用户利用原型添加对象的新属性和新方法后，可通过对象实例来使用原型属性 grade 和原型方法 run()。

3.4 继　　承

继承是指一个对象（如对象 A）的属性和方法来自另一个对象（如对象 B）。此时称对象 A 的类为子类，定义对象 B 的类为父类。JavaScript 中常用的有两种继承方式，原型（prototype）实现继承和构造函数实现继承。

3.4.1 原型实现继承

原型实现继承中为子类指定父类的方法是将父类的实例对象赋值给子类的 prototype 属性，语法如下。

```
A. prototype = new B(…) ;
```

【例 3-5】下面的例子将创建一个 Student 类，它从 Person 继承了原型 prototype 中的所有属性和方法，子类 Student 类比父类多了一个 grade（年级）。

```
function Person(name,age){
    this.name=name;
    this.age=age;
}
Person.prototype.sayHello=function(){
    console.log("使用原型得到Name: "+this.name);
}
var per=new Person("马小倩",21);
per.sayHello();                          //输出：使用原型得到Name:马小倩
function Student(grade){                 //子类Student
    this.grade=grade;
}
Student.prototype=new Person("张海",21);
//将Person定义为Student的父类
Student.prototype.intr=function(){
    console.log("姓名"+this.name+",年级"+this.grade);
//可以访问父类中的name属性
}
var stu=new Student(5);                  //创建Student对象
stu.sayHello();//调用继承的sayHello()方法输出：使用原型得到Name:张海
stu.intr();                              //输出：姓名张海，年级 5
```

通过 Student 的 prototype 属性指向父类 Parent 的实例，使 Student 对象实例能通过原型链访问到父类所定义的属性、方法等，所以 Student 对象 intr()可以访问父类中的 name 属性。

操作符 instanceof 可用于识别正在处理的对象的类型。例如：

```
console.log(stu  instanceof  Person)//true
console.log(stu  instanceof  Student);//true
console.log(per  instanceof  Student);//false
console.log(per  instanceof  Person);//true
```

注意一个子类的实例 stu 既是子类的对象实例，也是父类的对象实例。显然，一个学生既是 Student，也是 Person。

原型实现继承时缺点是创建子类实例时，无法向父类构造函数传递参数。

3.4.2 构造函数实现继承

借用构造函数的方式继承是在子类构造函数中使用 call 调用父类构造函数，从而解决向父类构造函数传递参数问题，并实现继承父类。

【例 3-6】 改写例 3-5，使用构造函数实现继承的实例。

```
function Person(name,age){
    this.name=name;
    this.age=age;
}
Person.prototype.sayHello=function(){
        console.log("使用原型得到Name: "+this.name);
}
var per=new Person("马小倩",21);
per.sayHello(); //输出：使用原型得到Name:马小倩

function Student(name,age,grade){     //子类Student
    Person.call(this,name,age)        //核心处，使用call，在子类中给父类传参数
    this.grade=grade;
}
Student.prototype=new Person();       //将Person定义为Student的父类
Student.prototype.intr=function(){
    console.log("姓名 "+this.name+",年级 "+this.grade);
}
var stu=new Student("张海",21,5);     //创建Student对象
stu.sayHello();    //调用继承的sayHello()方法输出：使用原型得到Name:张海
stu.intr();        //输出：姓名张海，年级 5
```

通过 Person.call(this,name,age)可以实现 Student 继承 Person 的属性 name 和 age 并将其初始化。call 方法的第一个参数为继承类的 this 指针，第二和第三个参数为传给父类 Person 构造函数的参数。

3.4.3 重新定义继承的方法

如果子类重新定义继承的方法，则为原型对象定义与父类同名方法就可以了。例如，在上例中为 Student 重新定义 sayHello()方法：

```
Student.prototype.sayHello=function(){
    console.log("使用子类得到Name: "+this.name);
}
```

从而在 Student 类中重新定义来自父类 Person 的 sayHello()方法。Student 对象 stu 调用时会是子类自己的 sayHello()方法。

```
stu.sayHello();//调用自己的sayHello()方法输出：使用子类得到Name:张海
```

3.5　JavaScript 内置对象

JavaScript 脚本提供丰富的内置对象（内置类），包括同基本数据类型相关的对象（如 String、Boolean、Number）、允许创建用户自定义和组合类型的对象（如 Object、Array）和其他能简化 JavaScript 操作的对象（如 Math、Date、RegExp、Function）。了解这些内置对象是 JavaScript 编程和微信小游戏开发的基础和前提。

3.5.1　JavaScript 的内置对象框架

JavaScript 的内置对象（内置类）框架如图 3-3 所示。

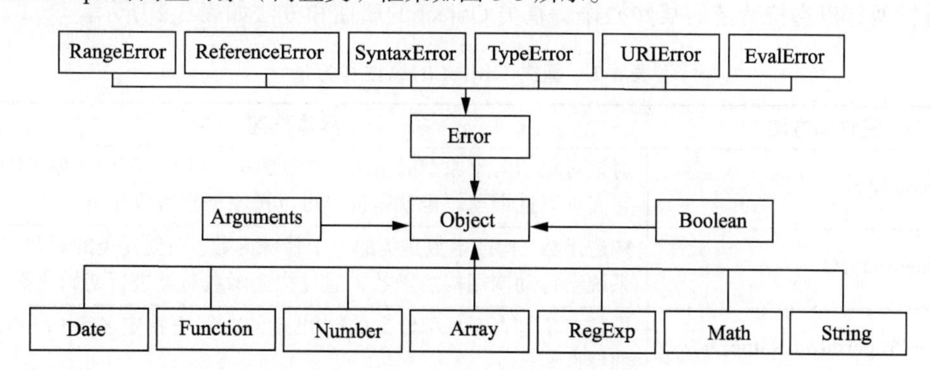

图 3-3　JavaScript 的内置对象框架

JavaScript 内置对象的基本功能如表 3-1 所示。

表 3-1　JavaScript 内置对象的基本功能

内置对象	基本功能
Arguments	用于存储传递给函数的参数
Array	用于定义数组对象
Boolean	布尔值的包装对象，用于将非布尔型的值转换成一个布尔值（True 或 False）
Date	用于定义日期对象
Error	错误对象，用于错误处理。它还派生出下面几个处理错误的子类。 EvalError，处理发生在 eval()中的错误。 SyntaxError，处理语法错误。 RangeError，处理数值超出范围的错误。 ReferenceError，处理引用不当错误。 TypeError，处理不是预期变量类型的错误。 URIError，处理发生在 encodeURI()或 decodeURI()中的错误

续表

内置对象	基本功能
Function	用于表示开发者定义的任何函数
Math	数学对象，用于数学计算
Number	原始数值的包装对象，可以自动地在原始数值和对象之间进行转换
RegExp	用于完成有关正则表达式的操作和功能
String	字符串对象，用于处理字符串

3.5.2 基类 Object

从图 3-3 中可以看到，所有的 JavaScript 对象都继承自 Object 类，后者为前者提供基本的属性（如 prototype 属性等）和方法（如 toString()方法等）。而前者也在这些属性和方法基础上进行扩展，以支持特定的某些操作。基类 Object 的属性和方法如表 3-2 所示。

表 3-2 基类 Object 的属性和方法

属性和方法	具体描述
prototype 属性	对该对象的对象原型的引用。原型是一个对象，其他对象可以通过它实现属性继承。也就是说，可以把原型理解成父类
constructor()方法	构造函数。构造函数是类的一个特殊函数。当创建类的对象实例时系统会自动调用构造函数，通过构造函数对类进行初始化操作
hasOwnProperty(proName)方法	检查对象是否有局部定义的(非继承的)、具有特定名字（proName）的属性
IsPrototypeOf(object)方法	检查对象是否是指定对象的原型
propertyIsEnumerable (proName)方法	返回 Boolean 值，指出所指定的属性（proName）是否为一个对象的一部分以及该属性是否是可列举的。如果 proName 存在于 Object 中且可以使用一个 for…in 循环穷举出来，则返回 true；否则返回 false
toLocaleString()方法	返回对象本地化字符串表示。例如，在应用于 Date 对象时，toLocaleString()方法可以根据本地时间把 Date 对象转换为字符串，并返回结果
toString()方法	返回对象的字符串表示
valueOf()方法	返回对象的原始值（如果存在）

3.5.3 Date 类

Date 类主要提供获取和设置日期和时间的方法，如 getYear()、getMonth()、getDate()等。Date 类的常用方法如表 3-3 所示。

可以使用下面 3 种方法创建 Date 对象。

表 3-3　Date 类的常用方法

方　法	具体描述
getDate	获得当前的日期
getDay	获得当前的天
getHours	获得当前的小时
getMinutes	获得当前的分钟
getMonth	获得当前的月份
getSeconds	获得当前的秒
getTime	获得当前的时间（以 ms 为单位）
getTimeZoneOffset	获得当前的时区偏移信息
getYear	获得当前的年份。请使用 getFullYear() 方法代替
getFullYear()	从 Date 对象以四位数字返回年份
setDate()	设置对象月中的某一天
setFullYear()	设置对象中的年份字段
setHours()	设置对象的小时字段
setMilliseconds()	设置对象的毫秒字段
setMinutes()	设置对象的分钟字段
setMonth()	设置对象的月份字段
setSeconds()	设置对象的秒字段
setTime()	使用毫秒的形式设置对象的各个字段
setYear()	推荐使用 setFullYear()
toDateString()	返回对象的日期部分的字符串表示
toGMTString()	推荐使用 toUTCString()
toLocaleDataString()	根据本地时间格式返回对象的日期部分的字符串表示
toLocaleString()	根据本地时间格式，将对象转换成一个字符串
toLocaleTimeString()	根据本地时间格式，返回对象的时间部分的字符串表示

1. 不带参数

```
var  today = new Date();
```

我们将取得当前的年份，并输出它：

```
var d = new Date()
console.log(d.getFullYear())
```

2. 创建一个指定日期的 Date 对象

```
var theDate = new Date(2017, 9, 1);
```

3. 创建一个指定时间的 Date 对象

```
var  theTime = new Date(2017, 9, 1, 10, 20,30,50);
```

【例 3-7】 计算求 1+2+3+…+100 000 之和所需要的运行时间（ms）。

```
//使用Date对象示例
var t1,t2,htime,i,sum=0;
t1 = new Date();                                         //记录循环前的时间
console.log("循环前的时间是:"+t1.toLocaleString()+":"+t1.
      getMilliseconds());
for(i=1;i<=100000;i++) sum+=i;                           //耗时的循环
t2 = new Date();                                         //记录循环后的时间
console.log("循环后的时间是:"+t2.toLocaleString()+":"+t2.
      getMilliseconds());
htime = t2.getTime() - t1.getTime();
console.log("执行100000次循环用时:"+ htime+"毫秒")
```

运行结果如下。

```
循环前的时间是:2020/2/1 下午12:18:11:408
循环后的时间是:2020/2/1 下午12:18:11:412
执行100000次循环用时:4毫秒
```

3.5.4 String 类

String 是 JavaScript 的字符串类，用于管理和操作字符串数据。可以使用下面两种方法创建 String 对象。

```
MyStr = new String("这是一个测试字符串");  //把参数作为MyStr对象的初始值
MyStr = "这是一个测试字符串";               //直接对String对象赋值字符串
```

String 类只有一个属性 length，用来返回字符串的长度。

【例 3-8】 计算 String 对象的长度。

```
//演示使用String对象的length属性
var MyStr;
MyStr = new String("这是一个测试字符串");
console.log(" “" +MyStr+"” 的长度为:" + MyStr. length);
```

运行结果如下。

```
“这是一个测试字符串” 的长度为:9
```

String 类的常用方法如表 3-4 所示。

表 3-4　String 类的常用方法

方　法	具体描述
charAt (index)	用来返回字符串中指定位置的字符，参数 index 用于指定字符串中某个位置的数字，从 0 开始计数
slice(start,end)	用于返回字符串的片段。start：指定要返回的片断的起始索引，如果是负数，则从字符串的尾部开始算起的位置，–1 指字符串的最后一个字符，–2 指倒数第二个字符，以此类推。end：指定要返回的片断的结尾索引，如果是负数，则从字符串的尾部开始算起的位置
replace(substr,replace)	用于在字符串中用一些字符替换另一些字符，例如 str.replace("China", "Chinese")
concat (str)	用于返回一个 String 对象，该对象包含两个提供的字符串的连接，例如 console.log(str1.concat(str2))
substring (start,stop)	用于返回位于 String 对象中指定位置的子字符串。start：指定要提取子串的第一个字符的位置。stop：指定要提取子串的最后一个字符的位置
blink()	把 HTML<BLINK>标记放置在 String 对象中的文本两端，显示为闪动的文本
bold()	把 HTML <B>标记放置在 String 对象中的文本两端，显示为加粗的文本
italics()	把 HTML <I>标记放置在 String 对象中的文本两端，显示为斜体的文本
lastIndexOf (str)	返回 String 对象中子字符串最后出现的位置
match()	使用正则表达式对象对字符串进行查找，并将结果作为数组返回
search()	返回与正则表达式查找内容匹配的第一个子字符串的位置
small()	将 HTML 的<SMALL>标识添加到 String 对象中的文本两端
substr(start,length)	返回一个从指定位置开始的指定长度的子字符串
toUpperCase()	返回一个字符串，该字符串中的所有字母都被转换为大写字母
toLowerCase()	返回一个字符串，该字符串中的所有字母都被转换为小写字母
split(separator,howmany)	split()方法用于将一个字符串分隔为子字符串，然后将结果作为字符串数组返回。separator：指定分隔符。howmany：指定返回的数组的最大长度

【例 3-9】 演示 slice()方法的例子。

```
var str="Hello world!"
console.log(strslice(6, 11))
```

运行结果如下。

```
world
```

3.5.5　Array 类

Array 数组是在内存中保存一组数据。Array 类的常用方法如表 3-5 所示。

表 3-5 Array 数组的常用方法

方 法	具体描述
length 属性	数组包含的元素的个数
concat()	给数组添加元素(此操作原数组的值不变)
join()	把数组中所有元素转换成字符串连接起来，元素是通过指定的分隔符进行分隔的
pop()	删除并返回数组最后一个元素
push()	把一个元素添加到数组的尾部,返回值为数组的新长度
reverse()	在原数组上颠倒数组中元素的顺序
shift()	删除并返回数组的头部元素
slice()	返回数组的一个子数组，该方法不修改原数组
sort()	从原数组上对数组进行排序
splice()	插入和删除数组元素，该方法会改变原数组
toString()	把数组转换成一个字符串
unshift()	在数组头部插入一个元素，返回值为数组的新长度
length	数组包含的元素的个数
concat()	给数组添加元素(此操作原数组的值不变)

1. Array 数组的创建与使用

方法一：可以使用 new 关键字创建 Array 对象，方法如下。

```
Array对象 = new Array(数组大小)
```

例如，下面的语句可以创建一个由 3 个元素组成的数组 cars。

```
var cars=new Array(3);
```

通过下面的方法访问数组元素。

```
数组元素值 = 数组名[索引]
```

例如：

```
var cars=new Array(3);
cars[0]="Audi";
cars[1]="BMW";
cars[2]="Volvo";
```

方法二：在创建数组对象的时候给元素赋值。

```
var cars=new Array("Audi","BMW","Volvo");
```

方法三：直接赋值。

```
var cars=["Audi","BMW","Volvo"];
```

不过注意创建对象时用的是小括号“( )”，而直接赋值时用的是方括号“[ ]”。

2. 数组遍历

可以使用 for 语句遍历数组的所有索引，然后使用数组名[索引]方法访问每个数组元素。

【例 3-10】 使用 for 语句遍历数组。

```
var MyStr;
MyArr = new Array(3);
MyArr[0] = "中国";
MyArr[1] = "美国";
MyArr[2] = "日本";
for(var i=0;i< MyArr.length; i++)
   console.log(MyArr[i]);
```

运行结果如下。

```
中国
美国
日本
```

另外，for…in 循环也可用来遍历数组的每个元素，改写上例如下。

```
var MyStr;
MyArr = new Array(3);
MyArr[0] = "中国";
MyArr[1] = "美国";
MyArr[2] = "日本";
for(m in MyArr){          //m为数组的key
   console.log(MyArr[m]);}
```

运行结果同上。

【例 3-11】 给定任意一个字符串，使用 for…in 语句来统计字符出现的个数。

```
function charNum(str){
 var charObj=[];                              //空的Array数组
 for(i=0,len=str.length;i<len;i++){
      if(charObj[str[i]]){
         charObj[str[i]]++;
 }else{
         charObj[str[i]]=1;
     }
 }
 var strTem="";                           //临时变量
 for(value in charObj){
         strTem+='"'+value+'"的个数：'+charObj[value]+'\n';
 }
 return strTem;
}
console.log(charNum("Hello"));
```

运行结果如下。

```
"H"的个数: 1 "e"的个数: 1 "l"的个数: 2 "o"的个数: 1
```

3. 数组排序

使用 Array 类的 sort ()方法可以对数组元素进行排序，sort ()方法返回排序后的数组。

语法如下。

```
arrayObject. sort(sortby)
```

其中，参数 sortby 可选，用于规定排序顺序，sortby 必须是函数。

如果调用该方法时没有使用参数，将按字母顺序对数组中的元素进行排序，说得更精确点儿，是按照字符编码的顺序进行排序。

【例 3-12】 对数组排序的例子。

```
var arr = new Array(6);
arr[0] = "George";
arr[1] = "Johney";
arr[2] = "Thomas";
arr[3] = "James";
arr[4] = "Adrew";
arr[5] = "Martin";
console.log("排序前"+ arr + "n");
console.log("排序后"+ arr.sort());
```

运行结果如下。

```
排序前George,Johney,Thomas,James,Adrew,Martin
排序后Adrew,George,James,Johney,Martin,Thomas
```

数组元素为整数时，sort()方法并没有按数值大小真正排序，而是按字符编码顺序排序。下面举例说明。

```
var arr = new Array(6);
arr[0] = 10; arr[1] = 5; arr[2] = 40;
arr[3] = 25; arr[4] = 111; arr[5] = 1;
console.log(arr + "n")
console.log(arr.sort())
```

运行结果如下。

```
10,5,40,25,111,1
1,10,111,25,40,5
```

注意： 上面的代码没有按照数值的大小对数字进行排序，而是按字符编码顺序排序。如果想按照其他标准进行排序，就需要提供排序比较函数（参数 sortby），该函数要比较两个值，然后返回一个用于说明这两个值的相对顺序的数字。比较函数应该具有两个参数 a 和 b，其返回值如下。

（1）若 a<b，在排序后的数组中 a 应该出现在 b 之前，则返回一个小于 0 的值。

（2）若 a=b，则返回 0。

（3）若 a>b，则返回一个大于 0 的值。

对例 3-12 增加一个排序比较函数 sortNumber(a, b)，代码如下。

```
function sortNumber(a, b)    //排序比较函数
{
   return a - b;
}
var arr = new Array(6) ;
arr[0] = 10; arr[1] = 5; arr[2] = 40;
arr[3] = 25; arr[4] = 111; arr[5] = 1;
console.log(arr + "n")
console.log(arr.sort(sortNumber))
```

运行结果如下。

```
10,5,40,25,111,1
1,5,10,25,40,111
```

4. 数组的操作

1）push()方法

往数组后面添加数组，并返回数组新长度。

```
var a = ["aa","bb","cc"];
console.log(a.push("dd"));    //输出4
console.log(a);               //输出aa,bb,cc,dd
```

而 unshift()方法可向数组的开头添加一个或更多元素，并返回新的长度。

2）pop()方法和 shift()方法

pop()方法删除数组最后一个元素，并返回该元素。而 shift()方法用于把数组的第一个元素从其中删除，并返回第一个元素的值。

```
var a = ["aa","bb","cc"];
console.log(a.pop()); //输出cc
console.log(a.shift ());//输出aa
```

3）slice()方法

可从已有的数组中返回选定的元素的一个新数组。语法如下。

```
arrayObject.slice(start,end)
```

返回一个新数组包含从 start 到 end（不包括 end 元素）的 arrayObject 中的元素。参数 start 是必需的。规定从何处开始选取。如果是负数，那么它规定从数组尾部开始算起的位置。也就是说，−1 指最后一个元素，−2 指倒数第二个元素，以此类推。

end 可选。规定从何处结束选取。该参数是数组片断结束处的数组下标。如果没有指定该参数，那么切分的数组包含从 start 到数组结束的所有元素。如果这个参数是负数，那么它规定的是从数组尾部开始算起的元素。

例如：

```
var a = ['a','b','c','d','e','f','g'];
console.log(a.slice(1,2));        //输出b
console.log(a.slice(2));          //输出 c,d,e,f,g
console.log(a.slice(-4));         //输出 d,e,f,g
console.log(a.slice(-6,-2));     //输出b,c,d,e
```

a.slice(1,2)返回从下标为 1 开始，到下标为 2 之间的元素，注意并不包括下标为 2 的元素，所以仅输出'b'。a.slice(2)只有一个参数，则默认到数组最后元素，所以输出 c, d, e, f', g。

a.slice(−4)中−4 是表示倒数第 4 个元素，所以返回倒数的 4 个元素。

console.log(a.slice(−6,−2))从倒数第 6 个开始，截取到倒数第 2 个前，则返回 b,c,d,e。

4）join()方法

用于把数组中的所有元素连接起来放入一个字符串，语法如下。

```
arrayObject.join(separator)
```

separator 指定要使用的分隔符。如果省略该参数，则使用逗号作为分隔符。

```
var arr = new Array(3);
arr[0] = "George";    arr[1] = "John";    arr[2] = "Thomas";
console.log(arr.join("."));//输出George.John.Thomas
```

5. 二维数组

若数组中的元素又是数组就称其为二维数组。创建二维数组的方法如下。

方法一：先创建一个一维数组，然后该一维数组的所有元素再创建一维数组。

```
var persons = new Array(3);//创建一个一维数组
persons[0] = new Array(2); //每个元素persons[0]又是一维数组
persons[1] = new Array(2); //每个元素persons[1]又是一维数组
persons[2] = new Array(2); //每个元素persons[2]又是一维数组
persons[0][0] = "zhangsan";
persons[0][1] = 25;
persons[1][0] = "lisi";
persons[1][1] = 22;
persons[2][0] = "wangwu";
persons[2][1] = 32;
```

方法二：先创建一个一维数组，然后该一维数组的所有元素直接赋值。

```
var persons = new Array(3);
persons[0] = ["zhangsan", 25];
persons[1] = ["lisi", 21];
persons[2] = ["wangwu", 32];
```

方法三：直接赋值。

```
var persons = [["zhangsan", 25], ["lisi", 21], ["wangwu", 32]];
```

二维数组或多维数组的长度是多少？测试下面的代码。

```
console.log("persons.length = " + persons.length);
```

输出的结果是：persons.length = 3。

也就是说，二维数组的 length 属性返回的是二维数组第一维的长度，而不是二维数组中元素的个数。

计算二维数组的元素个数，可以创建嵌套 for 循环来遍历二维数组，例如：

```
var persons = [["zhangsan", 25], ["lisi", 21], ["wangwu", 32]];
function getArr2ElementNum(arr) {
    var eleNum = 0;
    for (var i = 0; i < arr.length; i++) {        //二维数组遍历
         for (var j = 0; j < arr[i].length; j++) {
                eleNum++;
            }
        }
    return eleNum;
}
console.log(getArr2ElementNum(persons));
//返回persons二维数组的元素个数6
```

二维数组的元素使用如下。

```
数组名[第一维索引][第二维索引]
```

【例 3-13】 输出并计算二维数组元素的和。

```
var sum=0;
var arr = new Array();              //先声明一维
for(var i=0;i<3;i++){               //一维长度为3
   arr[i]=new Array();              //再声明第二维
   for(var j=0;j<5;j++){            //第二维长度为5
       arr[i][j]=i*5+j+1;
       }
   }
//遍历二维数组arr
for(var i=0;i<arr.length;i++){
    for(var j=0;j<arr[i].length;j++){
        console.log(arr[i][j]);   //输出元素值
        sum=sum+arr[i][j];
        }
     console.log("<br/>");          //换行
   }
     console.log("二维数组元素的和："+sum);
```

运行结果如下。

```
1, 2, 3, 4, 5,
6, 7, 8, 9, 10,
11, 12, 13, 14, 15,
```

```
二维数组元素的和：120
```

若数组中的元素又是二维数组就称其为三维数组，以此类推多维数组。多维数组的 length 属性永远返回第一维数组的元素个数。多维数组的遍历类似二维数组，采用多个嵌套 for 循环来遍历。

3.5.6 Math 对象

Math 对象是一个已创建好的 Math 类的实例，因此不能使用 new 运算符。其提供一些属性是数学中常用的常量，包括 E（自然对数的底，约为 2.718）、LN2（2 的自然对数）、LN10（10 的自然对数）、LOG2E（以 2 为底的 e 的对数）、LOG10E（以 10 为底的 e 的对数）、PI（圆周率）、SQRT1_2（1/2 的平方根）、SQRT2（2 的平方根）等。Math 对象提供的一些方法是数学中常用的函数，如 sin()、random()、log()等。Math 对象的常用方法如表 3-6 所示。

表 3-6　Math 对象的常用方法

方　法	具体描述
abs	返回数值的绝对值
acos	返回数值的反余弦值
asin	返回数值的反正弦值
atan	返回数值的反正切值
atan2	返回由 x 轴到(y,x)点的角度（以弧度为单位）
ceil	返回大于或等于其数字参数的最小整数
cos	返回数值的余弦值
exp	返回 e（自然对数的底）的幂
floor	返回小于或等于其数字参数的最大整数
log	返回数字的自然对数
max	返回给出的两个数值表达式中较大者
min	返回给出的两个数值表达式中较小者
pow	返回底表达式的指定次幂
random	返回 0 ~ 1 的伪随机数
round	返回与给出的数值表达式最接近的整数
sin	返回数字的正弦值
sqrt	返回数字的平方根
tan	返回数字的正切值

【例 3-14】 演示使用 Math 对象。

```
console.log ("Math.abs(-1)= " + Math.abs(-1));
console.log ("Math.ceil(0.60)= " +Math.ceil(0.60));
console.log ("Math.floor(0.60)= " +Math.floor(0.60));
console.log ("Math.max(5,7)= " +Math.max(5,7));
console.log ("Math.min(5,7)= " +Math.min(5,7));
```

```
console.log ("Math.random()= " +Math.random());
console.log ("Math.round(0.60)= " +Math.round(0.60));
console.log ("Math.sqrt(4)= " +Math.sqrt(4));
```

运行结果如下。

```
Math.abs(-1)= 1
Math.ceil(0.60)= 1
Math.floor(0.60)= 0
Math.max(5,7)= 7
Math.min(5,7)= 5
Math.random()= 0.9517934215255082
Math.round(0.60)= 1
Math.sqrt(4)= 2
```

3.5.7 Object对象

Object 是在 JavaScript 中一个经常使用的类型，而且 JavaScript 中的所有类都是继承自 Object 的。虽说我们平时只是简单地使用了 Object 对象来存储数据（例如用户单击的坐标位置 x，y），其实 Object 对象包含很多有用的属性和方法，这里介绍 Object 对象的基本用法。

1. 创建 Object 对象实例

创建 Object 对象通常有两种方式：构造函数和对象字面量。

方式一：构造函数。

```
var person = new Object();
person.name = "zhangsan";
person.age = 25;
```

这种方式使用 new 关键字，接着跟上 Object 构造函数，再来给对象实例动态添加上不同的属性。这种方式相对来说比较烦琐，一般推荐使用对象字面量来创建对象。

方式二：对象字面量。

对象字面量很好理解，使用 key/value 的形式直接创建对象，简洁方便。

```
var person = {
   name: "zhangsan",
   age: 25
};
```

这种方式直接通过花括号将对象的属性括起来，使用 key/value 的方式创建对象属性，每个属性之间用逗号隔开。

2. Object 对象实例的属性和方法

不管通过哪种方式创建了对象实例后，该实例都会拥有下面的属性和方法，下面将会一一说明。

1）constructor 属性

constructor 属性是保存当前对象的构造函数，前面的例子中，constructor 保存的就是 Object

方法。

```
var person = new Object();
person.name = "zhangsan";
person.age = 25;
console.log(person.constructor);//输出function Object(){}
```

2）hasOwnProperty(propertyName)方法

hasOwnProperty()方法接收一个字符串参数，该参数表示属性名称，用来判断该属性是否在当前对象实例中。我们来看看下面这个例子。

```
var arr = [];
console.log(arr.hasOwnProperty("length"));    //true
console.log(person.hasOwnProperty("age"));    //true
console.log(person.hasOwnProperty("length"));//false
```

在这个例子中，首先定义了一个数组 arr，通过 hasOwnProperty()方法判断 length 是 arr 自己的属性。而通过 hasOwnProperty()方法判断 person 没有 length 的属性。

3）isPrototypeOf(Object)方法

isPrototypeOf 是用来判断指定对象 object1 是否存在于另一个对象 object2 的原型链中，是则返回 true，否则返回 false。格式如下。

```
object1.isPrototypeOf(object2);
```

4）propertyIsEnumerable(propertyName)

通过这个方法可以检测出这个对象成员是否是可遍历的，如果是可遍历出来的，证明这个对象是可以利用 for in 循环进行遍历的。格式如下。

```
obj.propertyIsEnumerable(propertyName)
```

如果 propertyName 存在于 obj 中且可以使用一个 for…in 循环穷举出来，那么 propertyIsEnumerable 属性返回 true。如果 object 不具有所指定的属性或者所指定的属性不是可列举的，那么 propertyIsEnumerable 属性返回 false。典型地，预定义的属性不是可列举的，而用户定义的属性总是可列举的。

5）toString()

返回对象对应的字符串。

```
var obj = new Object();
console.log(obj.toLocaleString()); //[object Object]
var date = new Date();
console.log(date.toLocaleString());// 2017/2/15 下午5:13:12
```

6）valueOf()

方法返回对象的原始值，可能是字符串、数值或 bool 值等，看具体的对象。

```
var person = {
    name: "zhangsan",
    age: 25
};
console.log(person.valueOf());  //Object {name: "zhangsan", age: 25}
```

```
var arr = [1,2,3,4,5];
console.log(arr.valueOf());     //[1, 2, 3, 4, 5]
var date = new Date();
console.log(date.valueOf());    //1487149947479
```

如代码所示，三个不同的对象实例调用 valueOf 返回不同的数据。

3.6　ES6 简介

因为 JavaScript 规范已经有很多年没有进行大规模的改动，ES6 一经推出就引起了人们广泛的关注。微信小程序已经支持绝大部分的 ES6 API，用户可以放心使用。本节对最常用的语法进行简单介绍。

3.6.1　变量相关

ES2015(ES6) 新增加了两个重要的 JavaScript 关键字：let 和 const。

1. let

let 声明的变量只在 let 所在的代码块（一对花括号内部的代码）内有效，也称为块作用域。let 只能声明同一个变量一次而 var 可以声明多次。

```
{
  let a = 0;
  var b = 1;
}
console.log(a) ;   // ReferenceError: a is not defined
console.log(b) ;   // 1
```

for 循环计数器很适合用 let 声明。

```
var j=5;
for (let j = 0; j < 10; j++) {
    console.log(j);
}
console.log(j);    //5,不受影响
```

2. const

const 声明一个只读的常量，一旦声明，常量的值就不能改变。

```
const PI = 3.1415926;
```

3.6.2　数据类型

除了 Number、String、Boolean、Object、null 和 undefined，ES6 又引入了一种新的数据类型 Symbol，表示独一无二的值，常用来定义对象的唯一属性名。

由于每个 Symbol 的值都是不相等的，所以 Symbol 作为对象的属性名，可以保证属性不重名。

```
let sy = Symbol("key1");
console.log(sy);                    // Symbol(Key1)
console.log(typeof(sy));           // 输出类型"symbol"
//作为对象的属性名写法1
let syObject = {};
syObject[sy] = "kk";
console.log(syObject);             // {Symbol(key1): "kk"}
//作为对象的属性名写法2
let syObject = {
  [sy]: "kk"
};
console.log(syObject);            // {Symbol(key1): "kk"}
```

注意：Symbol 值作为属性名时，该属性是公有属性不是私有属性，可以在类的外部访问。但是不会出现在 for…in、for…of 的循环中，也不会被 Object.keys()、Object.getOwnPropertyNames() 返回。如果要读取到一个对象的 Symbol 属性，可以通过 Object.getOwnPropertySymbols()和 Reflect.ownKeys()取到。

3.6.3 对象

ES6 允许对象的属性直接写变量，这时候属性名是变量名，属性值是变量值。

```
var  age = 12;
varname="Amy";
var person = {age, name};//{age: 12, name: "Amy"}
```

以上写法等同于：

```
var person = {age: age, name: name};
```

方法名也可以简写。

```
var  person = {
  sayHi(){
    console.log("Hi");
  }
}
person.sayHi();  //"Hi"
```

以上写法等同于：

```
varperson = {
  sayHi:function(){
    console.log("Hi");
  }
}
person.sayHi();//"Hi"
```

3.6.4 class 类

ES6 引入了 class（类）这个概念，通过 class 关键字可以定义类。该关键字的出现使得其在对象写法上更加清晰，更像是一种面向对象的语言。实际上，class 的本质仍是 function，它让对象原型的写法更加清晰，更像面向对象编程的语法。

例如，ES5 中定义一个 Person 类：

```
function Person(name,age) {     //构造函数
    this.name=name;               //定义一个属性 name
    this.age= age;                //定义一个属性age
    this.say=function(){          //定义一个方法 say()
        console.log("我的名字是 " + this.name + " , +"今年"+this.age+"岁了");
    }
}
```

ES6 中改用 class 定义 Person 类如下。

```
class Person{                    //定义了一个名字为Person的类
    constructor(name,age){     //constructor是一个构造方法，用来接收参数
        this.name = name;      //this代表的是实例对象
        this.age=age;
    }
    say(){                       //这是一个类的方法，注意千万不要加上function
        return "我的名字叫" + this.name+"今年"+this.age+"岁了";
    }
}
var obj=new Person("xmj",48);
console.log(obj.say());      //我的名字叫xmj今年48岁了
```

由下面代码可以看出，类实质上就是一个函数，类自身指向的就是构造函数。所以可以认为 ES6 中的类其实就是构造函数的另外一种写法。

```
console.log(typeof Person);//function
console.log(Person===Person.prototype.constructor);//true
```

以下代码说明构造函数的 prototype 属性，在 ES6 的类中依然存在。

```
console.log(Person.prototype);                         //输出的结果是一个对象
```

实际上类的所有方法都定义在类的 prototype 属性上。当然也可以通过 prototype 属性对类添加方法。

```
Person.prototype.addFn=function(){
    return "我是通过prototype新增加的方法,名字叫addFn";
}
var obj=new Person("xmj",48);
console.log(obj.addFn());//我是通过prototype新增加的方法,名字叫addFn
```

还可以通过 Object.assign 方法来为对象动态增加方法。

```
Object.assign(Person.prototype,{
    getName:function(){
        return this.name;
    },
    getAge:function(){
        return this.age;
    }
})
var obj=new Person("xmj",48);
console.log(obj.getName());//xmj
console.log(obj.getAge());//48
```

constructor 方法是类的构造函数，通过 new 命令生成对象实例时，自动调用该方法。

```
class Box{
    constructor(){
        console.log("今天天气好晴朗");//当实例化对象时该行代码会执行
    }
}
var obj=new Box();     //输出"今天天气好晴朗"
```

constructor 方法如果没有显式定义，会隐式生成一个 constructor 方法。所以即使没有添加构造函数，构造函数也是存在的。constructor 方法默认返回实例对象 this。

constructor 中定义的属性可以称为实例属性（即定义在 this 对象上），constructor 外声明的属性都是定义在原型上的，可以称为原型属性（即定义在 class 上）。hasOwnProperty()函数用于判断属性是否是实例属性。其结果是一个布尔值，true 说明是实例属性，false 说明不是实例属性。in 操作符会在通过对象能够访问给定属性时返回 true，无论该属性存在于实例中还是原型中。

```
class Box{
    constructor(num1,num2){
        this.num1 = num1;                       //实例属性
        this.num2=num2;                         //实例属性
    }
    sum(){
        return num1+num2;
    }
}
var box=new Box(12,88);
console.log(box.hasOwnProperty("num1"));   //true
console.log(box.hasOwnProperty("num2"));   //true
console.log(box.hasOwnProperty("sum"));    //false
console.log("num1" in box);                //true
console.log("num2" in box);                //true
console.log("sum" in box);                 //true
console.log("say" in box);                 //false
```

类的所有实例共享一个原型对象，它们的原型都是 Person.prototype，所以 proto 属性是相等的。

3.6.5 模块功能

模块功能主要由两个命令构成：export 和 import。export 命令用于规定模块的对外接口，import 命令用于获取其他模块提供的功能。

一个模块就是一个独立的文件。该文件内部的所有变量和函数，外部无法获取。如果希望外部能够读取模块内部的某个变量，就必须使用 export 关键字暴露出该变量。

1. export 命令

下面是一个 JS 文件，里面使用 export 命令来暴露出变量、函数或类（class）这些接口。

```
//a.js
export var str = "export的内容";
export var year =2019;
export function message(sth) {
   return sth;
}
```

推荐使用下面的方法在脚本尾部暴露出变量、函数或类（class）这些接口。

```
//a.js
 var str = "export的内容";
 var year =2019;
 function message(sth) {
  return sth;
}
export {str,year,message};
```

2. import 命令

使用 export 命令定义了模块对外暴露出的变量、函数或类（class）以后，其他 JS 文件就可以通过 import 命令加载这个模块，从而使用这些变量、函数或类（class）。

```
//b.js
import { str,year, message } from './a.js';
```

上面代码中的 import 命令，用于加载 a.js 文件，引入后便可以在 b.js 文件中使用 a.js 文件中的变量、函数或类等。import 命令接受一对大括号，里面指定要从其他模块导入的变量、函数或类名。大括号里面的名称，必须与被导入模块（a.js）对外接口的名称相同。

3. export default 命令

export default 命令用于指定模块的默认输出。显然，一个模块只能有一个默认输出，因此 export default 命令只能使用一次。所以，import 命令后面才不用加大括号，因为只可能唯一对应 export default 命令。一个文件内不能有多个 export default。

```
//a2.js
const str = "export default的内容";
export default str
```

在另一个文件中的导入方式：

```
//b2.js
import str from './a2.js ';    //导入的时候没有花括号
```

注意：通过 export 方式导出，在导入时要加{ }，export default 则不需要。

3.6.6 箭头函数

ES6 标准新增了一种新的函数 Arrow Function（箭头函数）。箭头函数的定义用的就是一个箭头。

1. 书写语法

箭头=>左边为函数输入参数，而右边是进行的操作以及返回的值。例如：

```
x => x * x
```

上面的箭头函数相当于：

```
function (x) {
    return x * x;
}
```

箭头函数相当于匿名函数，并且简化了函数定义。箭头函数有两种格式，一种像上面的，只包含一个表达式，连{…}和 return 都省略掉了；还有一种可以包含多条语句，这时候就不能省略{…}和 return。

```
x => {
    if (x > 0) {
        return x * x;
    }
    else {
        return - x * x;
    }
}
```

如果参数不是一个，就需要用括号()括起来。

```
//两个参数:
(x, y) => x * x + y * y
```

如果要返回一个对象，就要注意，如果是单表达式，这么写的话会报错。

```
x => { foo: x } //SyntaxError:
```

因为和函数体的{…}有语法冲突，所以要改为：

```
x => ({ foo: x })//ok
```

2. this 相关

箭头函数看上去是匿名函数的一种简写，但实际上，箭头函数和匿名函数有明显的区别：

箭头函数没有自己的this，箭头函数会捕获其所在上下文的this值，作为自己的this。可以解决由于JavaScript嵌套函数中this指向的问题。

嵌套函数中的this并不指向外层函数的this，如果想访问外层函数的上下文环境，this需要保存到一个变量中，一般常用的是that或者self，箭头函数可以解决这个问题，this总是指向外层函数的this。下面举例说明。

```
var obj = {
    name: 'latency',
    show_name: function(){
        console.log('name:',this.name);
    }
}
obj.show_name ()          //name: latency
```

这个例子很好理解，show_name ()函数是obj调用的，所以其中的this指向obj。

```
window.name = 'window';
var obj = {
    name:'latency',
    show_name:function (){
        var that = this;              //留住this，其this指向obj
        function fn (){               //嵌套内部函数
            console.log(that.name);    //输出latency
            //普通函数的this指向它的调用者,如果没有调用者（上下文对象）则默认指向
            //window.打印出来的this.name不是obj的name，而是window对象的name属性
            console.log(this.name);    //输出window，而不是latency
        }
        fn();
    },
}
obj.show_name();
```

通常来说，箭头函数内部的this就是外层代码块的this。

```
window.name = 'window';
var obj = {
    name:'latency',
    show_name:function (){
        //箭头函数的this，指向箭头函数定义时所处的对象，默认使用外层函数的this
        var fn = () => { console.log(this.name); }   //其this指向obj，输出
                                                     //latency
        fn();
    },
}
obj.show_name(); //输出obj的name: latency
```

以上例子就可以很清楚地看出箭头函数和普通函数中this的区别。

第 2 篇

开发篇

第 4 章

石头剪刀布游戏

4.1 石头剪刀布游戏功能介绍

石头剪刀布游戏中一方是计算机，另一方是玩家。游戏时计算机一直快速切换出拳显示，当玩家选择底部的剪刀、石头、布后，则计算机出拳停止，并在紫色方块中显示用户的出拳图片。游戏判断出输赢结果，记录玩家赢的次数。对战一局后可以单击“再来!”按钮重新玩一局，运行效果如图 4-1 所示。

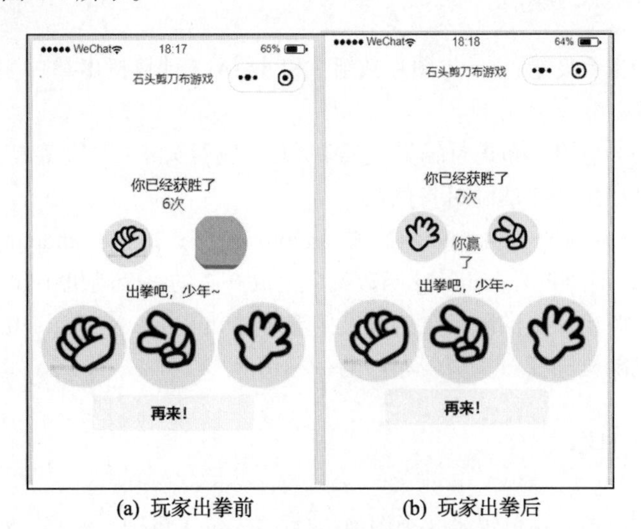

(a) 玩家出拳前　　(b) 玩家出拳后

图 4-1　石头剪刀布游戏运行效果

4.2 程序设计的思路

4.2.1 控制剪刀、石头、布的快速切换

猜拳游戏的核心就是快速切换剪刀、石头、布三个图像，计算机的出拳一直是动态切换，

直到用户选择剪刀、石头、布的图片后才停止。这里将这三个图像文件名存储在一个 srcs 数组中，并使用定时器快速从这个数组中依次循环获取图像文件名，并将该文件名指定的图像显示到 image 组件中即可。

```
  data: {
    srcs: [
      '/images/shitou.png',
      '/images/jiandao.png',
      '/images/bu.png',
    ] ,
    imgAi: '',                                        //计算机随机显示的图片
    imgUser: '/images/wenhao.png',                    //用户选中的图片
},
  //设置计算机每间隔0.2s随机显示石头剪刀布
  timerGo() {
    timer = setInterval(this.change, 200);  //200ms
  },
  //设置计算机随机显示石头剪刀布，0对应石头，1对应剪刀，2对应布
  change() {
    this.setData({
      imgAi: this.data.srcs[parseInt(Math.random() * 3)],
    })
  },
```

这里涉及两个主要变量：srcs（图片数组）和 imgAi（计算机出拳），这两个都定义在 data 对象中。

本游戏对石头、剪刀、布进行编号，其中，0 对应石头，1 对应剪刀，2 对应布。所以计算机随机出拳就是产生 0~2 的随机自然数。

这里使用了 Math 中的 parseInt()函数和 random()函数，其中，random()函数会产生 0~1 的小数，当 Math.random() * 3 时，random 函数就会生成 0~3 的一个随机小数，然后通过 parseInt()函数进行取整处理得到 0~2 的随机自然数。接着通过 this.data.srcs[parseInt(Math.random()*3)]就完成了使计算机随机选择石头剪刀布中的一种情况。

4.2.2 用户出拳

用户出拳比较简单，这里提供 3 个图像组件（image）供用户选择。对此 3 个图像组件分别绑定单击事件，单击事件获取并识别那个 image 图像组件，从而得知玩家用户的出拳。

4.3 关 键 技 术

4.3.1 事件的绑定

事件是视图层到逻辑层的通信方式。事件可以将用户的行为反馈到逻辑层进行处理，事

件可以绑定在组件上，当组件上触发事件时，就会执行逻辑层中对应的事件处理函数。

事件对象可以携带额外信息，如 id, dataset, touches。

事件的使用方式是在组件中绑定一个事件处理函数。

例如：

```
<view id="tapTest" data-hi="WeChat" bindtap="tapName"> Click me! </view>
```

就是在视图层<view>组件上绑定 tap 事件，当用户单击该组件的时候会在该页面对应的 Page 中找到相应的事件处理函数。

在相应的 Page 定义中写上相应的事件处理函数，参数是 event。

```
Page({
 tapName: function(event) {
  console.log(event)      //事件的相关处理，这里是打印出事件相关信息
 }
})
```

微信小程序事件分为冒泡事件和非冒泡事件。

（1）冒泡事件：当一个组件上的事件被触发后，该事件会向父节点传递。

（2）非冒泡事件：当一个组件上的事件被触发后，该事件不会向父节点传递。

表 4-1 是微信小程序提供的冒泡事件。什么是冒泡事件？就是当事件触发时，会从触发的控件一层层往父控件进行传递。而非冒泡事件则不会向父控件进行传递事件。

表 4-1　微信小程序的事件

事 件 名	说 明
touchstart	手指触摸
touchmove	手指触摸后移动
touchcancel	手指触摸动作被打断，如来电提醒、弹窗
touchend	手指触摸动作结束
tap	手指触摸后离开
longtap	手指触摸后，超过 350ms 再离开
transitionend	会在 WXSS transition 或 wx.createAnimation 动画结束后触发
animationstart	会在一个 WXSS animation 动画开始时触发
animationiteration	会在一个 WXSS animation 一次迭代结束时触发
animationend	会在一个 WXSS animation 动画完成时触发

注意：除表 4-1 之外的其他组件自定义事件如无特殊声明都是非冒泡事件，如 form 表单的 submit 事件、input 输入组件的 input 事件、scroll-view 的 scroll 事件等。

其中，bind 事件绑定不会阻止冒泡事件向上冒泡，catch 事件绑定可以阻止冒泡事件向上冒泡。例如：

```
<view id="tapTest" data-hi="WeChat" catchtap="tapName"> Click me!
 </view>
```

就是在视图层<view>组件上采用 catch 绑定 tap 事件，从而阻止 tap 事件向父控件传递。

在本猜拳游戏里因为无所谓要不要阻止事件向父控件传递，所以用 bindtap 进行事件绑定就可以。这里通过 bindtap="btnclick"绑定图像组件（image）单击事件处理函数 btnclick()。

4.3.2 事件对象

当组件触发事件时，逻辑层绑定该事件的处理函数会收到一个事件对象，根据事件类型的不同，事件对象携带的信息也不同。BaseEvent（基础事件对象）属性列表如表 4-2 所示。

表 4-2 BaseEvent 属性

属 性	类 型	说 明
type	String	事件类型
timeStamp	Integer	事件生成时的时间戳
target	Object	触发事件的组件的一些属性值集合。其中，id 是事件源组件的 id，tagName 是当前组件的类型，dataset 是事件源组件上由 data-开头的自定义属性组成的集合
currentTarget	Object	当前组件的一些属性值集合。其中，id 是当前组件的 id，tagName 是当前组件的类型，dataset 是当前组件上由 data-开头的自定义属性组成的集合

CustomEvent 自定义事件对象属性列表（继承 BaseEvent）如表 4-3 所示。

表 4-3 CustomEvent 属性

属 性	类 型	说 明
detail	Object	额外的信息

TouchEvent 触摸事件对象属性列表（继承 BaseEvent）如表 4-4 所示。

表 4-4 TouchEvent 属性

属 性	类 型	说 明
touches	Array	触摸事件，当前停留在屏幕中的触摸点信息的数组。每个元素是一个 Touch 对象。Touch 对象属性列表如表 4-5 所示
changedTouches	Array	触摸事件，当前变化的触摸点信息的数组

Touch 对象属性列表如表 4-5 所示。

表 4-5　Touch 属性

属　性	类　型	说　明
identifier	Number	触摸点的标识符
pageX, pageY	Number	距离文档左上角的距离，文档的左上角为原点，横向为 x 轴，纵向为 y 轴
clientX, clientY	Number	距离页面可显示区域（屏幕除去导航条）左上角距离，横向为 x 轴，纵向为 y 轴

4.3.3　事件对象数据参数的传递

当视图层发生事件时，某些情况需要事件携带一些参数到执行的函数中，这个时候就可以通过 data-属性来完成。

格式：data-属性的名称。

在逻辑层中通过“e.currentTarget.dataset.属性的名称”形式来获取数据。例如：

WXML 文件中：

```
<!--不需要传参的事件写法  bind事件名='函数名' -->
<button bindtap="fuck">点我</button>
<!--传参   data-传过去的key='变量值' -->
<button bindtap="fuck_1" data-name="xmj">传参</button>
<!--传参  data-传过去的key='{{变量名}}' -->
<button bindtap="fuck_2" data-number='{{a}}'>传参2</button>
```

JS 文件中：

```
/**
 * 页面的初始数据
 */
data: {
   a:200
},
fuck:function(){
  console.log('单击我了')
},
fuck_1: function (data) {
 console.log(data)                                    //输出data事件对象
 console.log(data.target.dataset.name)      //输出xmj
},
fuck_2: function (e) {
  console.log(e)                                       //输出e事件对象
  console.log(e.target.dataset.number);     //输出200
},
```

注意：currentTarget 和 target 的区别在于存在父组件时。一旦某组件的父组件有一个事件时，currentTarget 指向的是当前组件，而 target 是触发事件的组件。

本游戏在 3 个图像组件中可以定义数据，这些数据将会通过事件传递给事件处理函数。这些数据书写方式以 data-开头，不能有大写（大写会自动转成小写）。

```
<image type="primary" class="btn" bindtap="btnclick" data-choose="0"
  src="/images/shitou.png" class="image"></image>
<image type="primary" class="btn" bindtap="btnclick" data-choose="1"
  src="/images/jiandao.png" class="image"></image>
<image type="primary" class="btn" bindtap="btnclick" data-choose="2"
  src="/images/bu.png" class="image"></image>
```

最终在事件处理函数中通过 event.target.dataset 可以获取这些组件中定义的数据。例如：

```
Page({
 tapName: function(event) {
  console.log(event.target.dataset.choose)
  //获取控件传递过来的值从而识别那个image组件
 }
})
```

这里给 3 个图像组件（image）写了一个 data-choose 并让它对应石头剪刀布的值（0 对应石头，1 对应剪刀，2 对应布），当单击这个 image 的时候，就能通过事件处理方法中的 e.target.dataset.choose 获取控件传递过来的值从而识别出那个 image 图像组件，从而得知玩家的出拳。

游戏最后就是根据计算机随机产生的出拳和玩家选择的出拳，进行输赢的判断，然后进行输出。

4.4 程序设计的步骤

新建一个微信小程序后，在 app.json 中修改原有的 window 值，实现导航条标题文字为“石头剪刀布游戏”，具体如下。

```
"window": {
  "backgroundTextStyle": "light",
  "navigationBarBackgroundColor": "#fff",
  "navigationBarTitleText": "石头剪刀布游戏",
  "navigationBarTextStyle": "black"
```

4.4.1 游戏布局

猜拳游戏的布局是纵向显示 4 个文本组件（text）、5 个图像组件（image）和 1 个按钮组件（button）。在创建小程序工程时，默认建立了两个页面：index 和 logs。我们不需要管 logs，在这个例子中只需要修改和 index 页面相关的文件，index 是小程序第一个显示的页面，其中 index.wxml 文件是 index 页面的布局文件。

按猜拳游戏的布局修改 index.wxml 文件。

```
<!--pages/index/index.wxml-->
<view class="container">
<text class="win-text">你已经获胜了</text>
<text class="win-num">{{winNum}}次</text>
<view class="result">
<image src="{{imgAi}}" class="imgAi"></image>
<text class="notice">{{notice}}</text>
<image src="{{imgUser}}" class="imgUser"></image>
</view>
<view class="test">
<text class="notice-punches">出拳吧，少年~</text>
<view class="imageGroup">
<image type="primary" class="btn" bindtap="btnclick" data-choose="0"
  src="/images/shitou.png" class="image"></image>
<image type="primary" class="btn" bindtap="btnclick" data-choose="1"
  src="/images/jiandao.png" class="image"></image>
<image type="primary" class="btn" bindtap="btnclick" data-choose="2"
  src="/images/bu.png" class="image"></image>
</view>
</view>
<button class="btn-again" bindtap="again">再来！</button>
</view>
```

在这段代码中，image 和 text 组件的内容都需要动态改变，所以 image 组件的 src 属性和 text 组件的文本值（夹在<text class="win-num">和</text>之间的部分）都分别与一个变量绑定，这是小程序的一个重要特性。在改变组件的属性值时，并不需要直接获取该组件的实例，而只需要将该属性与某个同类型的变量绑定，一旦该变量的值改变，属性值也就会随之改变了，绑定变量的格式是“{{变量名}}”。

下面两个<image>是显示计算机出拳图片和玩家选择的出拳图片。

```
<view class="result">
<image src="{{imgAi}}" class="imgAi"></image>
<text class="notice">{{notice}}</text>
<image src="{{imgUser}}" class="imgUser"></image>
</view>
```

以下三个<image>是供玩家选择的出拳图片。bindtap 绑定单击事件，data-choose 用于单击时识别<image>。

```
<image type="primary" class="btn" bindtap="btnclick" data-choose="0"
  src="/images/shitou.png" class="image"></image>
<image type="primary" class="btn" bindtap="btnclick" data-choose="1"
  src="/images/jiandao.png" class="image"></image>
<image type="primary" class="btn" bindtap="btnclick" data-choose="2"
  src="/images/bu.png" class="image"></image>
```

对应样式文件 index.wxss 如下。

```
.win-text {
  text-align: center;
}
.win-num {
  color: red;
  text-align: center;
}
.result {
  height: 160rpx;
  display: inline-block;
}
.notice {
  width: 100rpx;
  color: red;
  /*height:140rpx;*//*line-height:140rpx;*/
  text-align: center;
  display: inline-block;
  padding-top: 0rpx;
}
.imgAi {
  width: 140rpx;
  height: 140rpx;
  padding: 10rpx 0 10rpx 10rpx;
}
.imgUser {
  width: 140rpx;
  height: 140rpx;
  padding: 10rpx 0 10rpx 10rpx;
}
.notice-punches {
  text-align: center;
  display: block;
  padding-top: 20rpx;
}
image {
  width: 100px;
  height: 100px;
  border-radius: 50%;
}
```

并在小程序工程根目录下建立一个 images 目录，将剪刀、石头和布三个图片文件和一个 wenhao.png 放到该目录中。对应图片如图 4-2 所示。

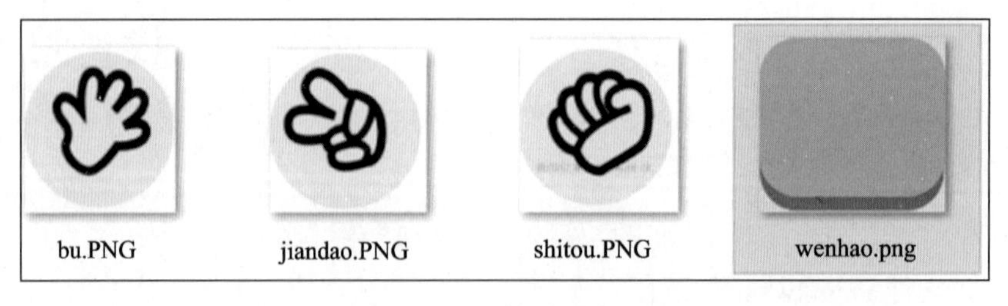

图 4-2　石头剪刀布图片

4.4.2　游戏脚本

游戏脚本文件 index.js 如下。在 onLoad 加载事件中设置计算机随机切换显示图片。

```
// pages/index/index.js
var timer;                                          //定时器
Page({
  data: {
    srcs: [
      '/images/shitou.png',
      '/images/jiandao.png',
      '/images/bu.png',
    ],
    imgAi: '',                                      //计算机随机显示的图片
    imgUser: '/images/wenhao.png',       //玩家选中的图片
    notice: '',                                    //猜拳对比结果
    winNum: wx.getStorageSync('winNum'),//玩家猜拳赢的次数
    btnpunches: false,                        //玩家是否单击出拳，false表示未出拳
  },
  onLoad: function () {
    this.timerGo();
  },
  //设置计算机每间隔0.2s随机显示石头剪刀布
  timerGo: function () {
    timer = setInterval(this.change, 200);  //200ms
  },
  //设置计算机随机显示石头剪刀布
  change: function () {
    this.setData({
      imgAi: this.data.srcs[parseInt(Math.random() * 3)],
    })
  },
```

btnclick:function(e)主要用来处理单击 tap 事件，其中，e 是方法的回调，当我们触发了单击事件，小程序会调用该方法并传入一个 Object 对象，这个 Object 对象主要存储了单击事件的一些信息。其中，当玩家单击剪刀的时候，在 Object 对象 e 的 target 下 dataset 中有个 choose 记录了玩家的选择。例如，玩家选择的石头，this.setData({imgUser: '/images/shitou.png'})将玩家选择的石头图片设置给 imgUser 变量从而更新页面的显示。同时 clearInterval(timer)清除计时器，这样相当于停止计算机方的剪刀、石头、布三个图像切换，并用 imgAi 记录计算机方的出拳图片。

后面根据玩家的选择和计算机的出拳情况判断出输赢。

```
  //当玩家单击下面方框的石头剪刀布，将玩家数据设置为所用的图片
  btnclick:function(e) {
    if (this.data.btnpunches == true) {    //玩家已出拳，直接返回
      return;
```

```
    }
    var num = this.data.winNum;              //玩家赢的次数
    this.setData({                           //先假设的值
      notice: '你输了',
      btnpunches: true,
    })
    //以下是赢的情况
    if (e.target.dataset.choose == 0) {  //玩家选择石头
      this.setData({
        imgUser: '/images/shitou.png', //将玩家选择的石头图片设置给imgUser变量
      })
      //清除计时器
      clearInterval(timer);
      if (this.data.imgAi == '/images/jiandao.png') {   //计算机是剪刀
        num++;
        wx.setStorageSync('winNum', num)
        this.setData({
          notice: '你赢了',
          winNum: num,
        })
      }

    } else if (e.target.dataset.choose == 1) { //用户选择剪刀
      this.setData({
        imgUser: '/images/jiandao.png', //将玩家选择的剪刀图片设置给imgUser变量
      })
      //清除计时器
      clearInterval(timer);
      if (this.data.imgAi == '/images/bu.png') {  //计算机是布
        num++;
        wx.setStorageSync('winNum', num)           //本地缓存赢的次数
        this.setData({
          notice: '你赢了',
          winNum: num,
        })
      }

    } else {                                 //玩家选择布
      this.setData({
        imgUser: '/images/bu.png',       //将玩家选择的布图片设置给imgUser变量
      })
      //清除计时器
      clearInterval(timer);
      if (this.data.imgAi == '/images/shitou.png') { //计算机是石头
        num++;
        wx.setStorageSync('winNum', num)
        this.setData({
```

```
          notice: '你赢了',
          winNum: num,
        })
      }
    }
    //以下是平局的情况
    if (this.data.imgAi == this.data.imgUser) {
      this.setData({
        notice: '平局',
      })
      //清除计时器
      clearInterval(timer);
    }
  },
```

again()是再来按钮事件，计算机重新启动猜拳。

```
  again() {
    if (this.data.btnpunches == false) { //玩家还未出拳，不能再来
      return;
    }
    this.timerGo();          //计算机启动猜拳，每间隔0.2s随机显示石头剪刀布
    this.setData({
      btnpunches: false,   //设置为玩家未出拳状态
      imgUser: '/images/wenhao.png',
      notice: ' ',
    })
  },
})
```

至此完成石头剪刀布游戏。

第 5 章

井字棋游戏

5.1 井字棋游戏介绍

井字棋游戏在九宫方格内进行，如果一方首先沿某方向（横、竖、斜）连成 3 子，则获取胜利。本游戏有人人对战和人机对战两种模式。游戏开始时从图 5-1(a)中选择对战模式，如果是人人对战模式，两个玩家轮流下棋。如果是人机对战模式，游戏开始玩家（X 方）先走，计算机（O 方）智能对弈下棋。游戏运行界面如图 5-1(b)所示。

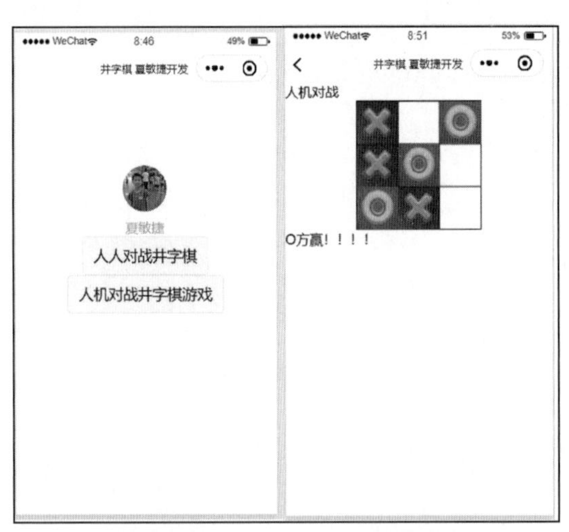

(a) 选择对战模式　　(b) 人机对战模式

图 5-1　井字棋游戏运行效果

5.2 程序设计的思路

5.2.1 计算机智能下棋

在游戏中，pos 数组存储玩家、计算机的落子信息，未落子处存储 0。X 方落子存储 1，

O 方落子存储 2。

由于人机对战，需要实现计算机的智能性，下面是为计算机设计的简单策略。

（1）如果有一步棋可以让计算机在本轮获胜，就选那一步。

（2）否则，如果有一步棋可以让玩家在本轮获胜，就选那一步。

（3）否则，计算机应该选择最佳空位置来走。最优位置就是中间那个，次优位置是四个角，剩下的就都算第三优。

假设游戏中方格位置代号形式如图 5-2 所示。

0	1	2
3	4	5
6	7	8

图 5-2 方格位置

在程序中定义一个数组 BEST_MOVES 存储最佳方格位置，代码如下。

```
#按优劣顺序排序的下棋位置
var BEST_MOVES = [4, 0, 2, 6, 8, 1, 3, 5, 7];
```

按上述规则设计程序，就可以实现计算机的智能性。

5.2.2 井字棋输赢判断

井字棋输赢判断比较简单，这里横斜竖赢（即三颗同色的棋子排成一条直线）的情况只有 8 种。通过遍历，就可以判断哪一方是否获胜。

```
//输赢判断
Iswin: function() {
  //判定(纵)
  for (var i = 0; i < 3; i++) {
    if (pos[i][0] == pos[i][1] && pos[i][1] == pos[i][2] &&
        pos[i][1] != 0)
      return pos[i][1];
  }
  //判定(横)
  for (var i = 0; i < 3; i++) {
    if (pos[0][i] == pos[1][i] && pos[1][i] == pos[2][i] &&
        pos[1][i] != 0)
      return pos[1][i];
  }
  //判定(斜)
  if (pos[0][0] == pos[1][1] && pos[1][1] == pos[2][2] &&
      pos[1][1] != 0) {
    return pos[1][1];
  }
  if (pos[0][2] == pos[1][1] && pos[1][1] == pos[2][0] &&
```

```
      pos[1][1] != 0) {
    return pos[1][1];
  }
  return 0;
},
```

5.3 关键技术

5.3.1 画布 canvas

微信小程序画布 canvas 组件的属性如表 5-1 所示。

表 5-1 canvas 的属性

属性名	类型	默认值	说明
canvas-id	String		canvas 组件的唯一标识符
disable-scroll	Boolean	false	当在 canvas 中移动时且有绑定手势事件时，禁止屏幕滚动以及下拉刷新
bindtouchstart	EventHandle		手指触摸动作开始
bindtouchmove	EventHandle		手指触摸后移动
bindtouchend	EventHandle		手指触摸动作结束
bindtouchcancel	EventHandle		手指触摸动作被打断，如来电提醒、弹窗
bindlongtap	EventHandle		手指长按 500ms 之后触发，触发了长按事件后进行移动不会触发屏幕的滚动
binderror	EventHandle		当发生错误时触发 error 事件，detail={errMsg:'something wrong'}

注意：canvas 标签默认宽度 300px、高度 225px。在同一页面中的 canvas-id 不可重复，如果使用一个已经出现过的 canvas-id，该 canvas 标签对应的画布将被隐藏并不再正常工作。

示例代码：

```
<!-- canvas.wxml -->
<canvas style="width: 300px; height: 200px;" canvas-id="firstCanvas">
    </canvas>
<!--当使用绝对定位时，文档流后边的canvas的显示层级高于前边的canvas-->
<canvas style="width: 400px;height: 500px;" canvas-id="secondCanvas">
        </canvas>
// canvas.js
Page({
  canvasIdErrorCallback: function (e) {
    console.error(e.detail.errMsg)
  },
  onReady: function (e) {
    //使用wx.createContext获取绘图上下文context
```

```
    var context = wx.createCanvasContext('firstCanvas')
    context.setStrokeStyle("#00ff00")
    context.setLineWidth(5)
    context.rect(0,0,200,200)
    context.stroke()
    context.setStrokeStyle ("#ff0000")
    context.setLineWidth(2)
    context.moveTo(160,100)
    context.arc(100,100,60,0,2*Math.PI,true)
    context.moveTo(140,100)
    context.arc(100,100,40,0,Math.PI,false)
    context.moveTo(85,80)
    context.arc(80,80,5,0,2*Math.PI,true)
    context.moveTo(125,80)
    context.arc(120,80,5,0,2*Math.PI,true)
    context.stroke()
    context.draw()
  }
})
```

5.3.2 响应 canvas 组件事件

canvas 组件可以响应手指触摸动作。可以在<canvas>中加上一些事件，观测手指的坐标。

【例 5-1】 观测手指触摸的坐标。

WXML 代码如下。

```
//index.wxml
<canvas canvas-id="myCanvas"  style="margin: 5px; border:1px solid
     #d3d3d3;"
  bindtouchstart="start"  bindtouchmove="move"  bindtouchend="end"/>
<view hidden="{{hidden}}">
  Coordinates: ({{x}}, {{y}})
</view>
```

其中，canvas-id 为当前画布的名称。bindtouchstart 是单击后触发，bindtouchend 是手指触摸动作结束后触发， bindtouchmove 是手指触摸后移动时触发，并且可以传过来目前移动的参数坐标。例如：

```
move: function( event ) {
        var xx=event.touches[0].x;
        var yy=event.touches[0].y;
        console.log(xx+", "+yy)
    },
```

实现了手指触摸后移动时打印坐标。

Index.js 文件完整代码如下。

```
Page({
  data: {
    x: 0,y: 0,
```

```
    hidden: true
  },
  start: function(e) {
    this.setData({
      hidden: false,
      x: e.touches[0].x,
      y: e.touches[0].y
    })
  },
  move: function(e) {
    this.setData({
      x: e.touches[0].x,
      y: e.touches[0].y
    })
  },
  end: function(e) {
    this.setData({
      hidden: true
    })
  }
})
```

当把手指放到 canvas 中移动，就会在下边显示出触碰点的坐标，如图 5-3 所示。

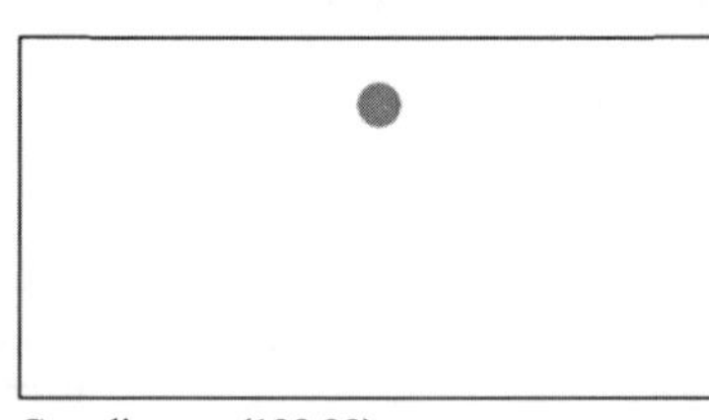

图 5-3 显示手指触碰点的坐标

在游戏开发中往往需要根据手指触摸、单击动作下棋、移动物体等，都是利用这些 bindtouchstart、bindtouchmove 和 bindtouchend 事件实现的。

5.4 程序设计的步骤

5.4.1 选择对战模式页面

新建一个微信小程序后，在 app.json 中修改原有的 pages 值，增加两个对战页面路径：

```
"pages/Three/Three" ,
"pages/computerThree/computerThree"
```

同时修改导航条标题文字为“井字棋夏敏捷开发”，结果如下。

```
{
  "pages": [
    "pages/index/index",
    "pages/logs/logs",
    "pages/Three/Three" ,
    "pages/computerThree/computerThree"
  ], "window": {
    "backgroundTextStyle": "light",
    "navigationBarBackgroundColor": "#fff",
    "navigationBarTitleText": "井字棋夏敏捷开发",
    "navigationBarTextStyle": "black"
  },
  "style": "v2",
  "sitemapLocation": "sitemap.json"
}
```

修改原有 index 页面，在 index.js 中增加事件处理函数。

```
//事件处理函数
drawComputerThree:function()
{
  wx.navigateTo({
    url: '../computerThree/computerThree'    //跳转到人机对战游戏页面
  })
},
drawThree: function () {
  wx.navigateTo({
    url: '../Three/Three'                    //跳转到人人对战游戏页面
  })
}
```

在原有 index.wxml 视图文件中，增加两个按钮，同时绑定 tap 单击事件。

```
<button bindtap='drawThree'>人人对战井字棋</button>
<button bindtap='drawComputerThree'>人机对战井字棋</button>
```

结果如下。

```
<!--index.wxml-->
<view class="container">
<view class="userinfo">
<button wx:if="{{!hasUserInfo && canIUse}}" open-type="getUserInfo"
   bindgetuserinfo="getUserInfo">获取头像昵称</button>
<block wx:else>
<image bindtap="bindViewTap" class="userinfo-avatar"
   src="{{userInfo.avatarUrl}}" mode="cover"></image>
<text class="userinfo-nickname">{{userInfo.nickName}}</text>
</block>
<button bindtap='drawThree'>人人对战井字棋</button>
<button bindtap='drawComputerThree'>人机对战井字棋游戏</button>
</view>
</view>
```

至此，可以实现跳转到不同游戏页面。

5.4.2 人人对战游戏页面

在微信小程序 pages 下新建文件夹 Three，在其下新建 page，命名为 Three，用来实现人人对战游戏页面。同时新建文件夹\images\png，其中存储 O.png 和 X.png 棋子图片。

1. Three.wxml 视图文件

```
<!--pages/Three/Three.wxml-->
<view class='title'>人人对战</view>
<canvas canvas-id='myCanvas' style='border:1rpx solid' bindtouchstart=
    "touchStart"></canvas>
<text>{{info}}</text>
```

Three.wxml 文件内部仅添加画布，并设置触屏事件函数。<text>组件显示游戏输赢信息。

2. Three.js 文件

人人对战需要记录哪方走棋，这里使用 role 记录。游戏中使用值 1 代表 X 方，值 2 代表 O 方。二维数组 pos 存储落子情况。

```
// pages/Three/Three.js
var role = 1;                      //X方
var pos = new Array();             //存储落子情况
var isOver = false;               //游戏是否结束
Page({
  /**
   * 页面的初始数据
   */
  data: {
    info: "",
  },
```

游戏开始时，棋盘上没有棋子，所以 pos[i][j]元素值存储 0，代表此处无棋子。同时在画布上绘制九宫格棋盘。

```
/**
* 生命周期函数——监听页面加载
*/
onLoad: function(options) {
  //创建画布上下文
  this.ctx = wx.createCanvasContext('myCanvas')
  this.init();
  this.drawQipan();//画棋盘
  this.ctx.draw();
},
init: function() {
  for (var i = 0; i < 3; i++) {
```

```
      pos[i] = new Array();
      for (var j = 0; j < 3; j++) {
        pos[i][j] = 0; //0表示空的
      }
    }
  },
  //画九宫格棋盘
  drawQipan: function() {
    let ctx = this.ctx
    ctx.beginPath();
    for (var i = 0; i <= 3; i++) {
      ctx.moveTo(i * 50, 0);
      ctx.lineTo(i * 50, 150);
      ctx.moveTo(0, i * 50);
      ctx.lineTo(150, i * 50);
    }
    ctx.stroke();
  },
```

以下是触屏事件函数 touchStart (e)，处理用户下棋落子。触屏事件中首先获取触屏位置后换算成棋盘坐标（startx，starty），如果触摸位置已有棋子，则修改 info 变量，更新页面显示“此位置已有棋子!”提示。修改落子位置 pos[startx][starty]元素值后重新绘制棋盘和棋子，最后调用 Iswin()判断输赢。

```
  touchStart: function(e) {
    var startx = Math.floor(e.touches[0].x / 50);   //获取触屏位置
    var starty = Math.floor(e.touches[0].y / 50);
    if (isOver) {
      console.log("游戏已经结束！");
      this.setData({
        info: "游戏已经结束！",
      })
      return;
    }
    //此位置已有棋子
    if (pos[startx][starty] != 0) {
      console.log("此位置已有棋子！");
      this.setData({
        info: "此位置已有棋子！",
      })
      return;
    }
    console.log("玩家走" + startx + ";" + starty);
    pos[startx][starty] = role;  //修改落子位置元素值
    this.changeRole();     //改变角色
    this.drawQipan();
    this.drawQi();
    var info = "未赢";
```

```
    if (this.Iswin() == 1) {
      info = "X方赢!!!! ";
      isOver = true;
      console.log("X方赢!!!! ");
    } else if (this.Iswin() == 2) {
      info = "O方赢!!!! ";
      isOver = true;
      console.log("O方赢!!!! ");
    }
    if (this.IsBlank() == false) //是否有空位置
    {
      info = "平局!!!! ";
      isOver = true;
      console.log("平局!!!! ");
    }
    this.setData({
      info: info,
    })
    if (isOver == true) {
      wx.showModal({
        title: '提示',
        content: info,
        success: function(res) {
          if (res.confirm) {
            console.log('用户单击确定')
          } else if (res.cancel) {
            console.log('用户单击取消')
          }
        }
      });
    }
  },
```

IsBlank()函数判断是否还有空位置，以便判断和局。

```
  IsBlank: function() {
    for (var i = 0; i < 3; i++) {
      for (var j = 0; j < 3; j++) {
        if (pos[i][j] == 0)
          return true;
      }
    }
    return false;
  },
```

changeRole()改变下棋者的角色。

```
  changeRole: function() {
    if (role == 1) {    //如果是X方换成O方
      role = 2;
```

```
  } else {                //如果是O方换成X方
    role = 1;
  }
},
```

drawQi ()按 pos 数组记录的下棋落子情况画棋子。

```
drawQi: function() {    //画棋子
  let ctx = this.ctx;
  for (var i = 0; i < 3; i++) {
    for (var j = 0; j < 3; j++) {
      if (pos[i][j] == 1)
        ctx.drawImage('/images/png/X.png', i * 50, j * 50, 50, 50);
      if (pos[i][j] == 2)
        ctx.drawImage('/images/png/O.png', i * 50, j * 50, 50, 50);
    }
  }
  ctx.draw();
},
```

Iswin()按照 8 种赢的情况，依次遍历判断。

```
//输赢判断
Iswin: function() {
   //见前文
},
/**
 * 用户单击右上角分享
 */
  onShareAppMessage: function() {
  }
})
```

5.4.3 人机对战游戏页面

在微信小程序 pages 下新建文件夹 computerThree，在其下新建 page，命名为 computerThree，用来实现人人对战游戏页面。

1. computerThree.wxml 视图文件

```
<!--pages/computerThree/computerThree.wxml-->
<view class='title'>人机对战</view>
<canvas canvas-id='myCanvas' style='border:1rpx solid' bindtouchstart=
   "touchStart"></canvas>
<text>{{info}}</text>
```

computerThree.wxml 文件内部仅添加画布，并设置触屏事件函数。<text>组件显示游戏输赢信息。

2. computerThree.js 文件

本文件基本和 Three.js 一样，但是需要增加计算机智能下棋功能。所以增加 Computer()采用前面的策略计算出计算机的下棋位置。

```
//按优劣顺序排序的下棋位置
var BEST_MOVES = [4, 0, 2, 6, 8, 1, 3, 5, 7];
  //计算计算机的下棋位置
  Computer: function() {
    //如果计算机能赢，就走那个位置
    for (var i = 0; i < 3; i++) {
      for (var j = 0; j < 3; j++) {
        if (pos[i][j] == 0) {
          pos[i][j] = 2;
          if (this.Iswin() == 2) {
            console.log("计算机下棋位置.." + i + ", " + j);
            return;
          } else
            pos[i][j] = 0; //取消走棋方案
        }
      }
    }
    //如果有一步棋可以让玩家在本轮获胜，就选那一步走
    for (var i = 0; i < 3; i++) {
      for (var j = 0; j < 3; j++) {
        if (pos[i][j] == 0) {
          pos[i][j] = 1;
          if (this.Iswin() == 1) {
            console.log("计算机堵住此位置" + i + ", " + j);
            pos[i][j] = 2;
            return;
          } else
            pos[i][j] = 0; //取消走棋方案
        }
      }
    }
    //不是上面情况，也就是这一轮无法获胜时则从最佳下棋位置表中挑出第一个合法位置
    for (var m = 0; m < BEST_MOVES.length; m++) {
      //判断此位置是否落棋子
      var row = Math.floor(BEST_MOVES[m] / 3);
      var col = Math.floor(BEST_MOVES[m] % 3);
      if (pos[col][row] == 0) {
        console.log("计算机挑出第一个合法位置下棋..." + col + ", " + row);
        pos[col][row] = 2;
        return;
      }
    }
  },
```

在人机对战游戏中，不需要再进行角色切换，所以原来角色切换出代码改成计算机智能

落子就可以了。具体修改如下。

```
console.log("玩家走" + startx + ";" + starty);
pos[startx][starty] = 1;    //触屏的总是X方，O方自动落子
this.Computer();            //计算机智能落子
this.drawQipan();
this.drawQi(startx, starty);
```

至此，人机对战井字棋游戏完成了。

第 6 章

视频讲解

贪吃蛇游戏

6.1 贪吃蛇游戏介绍

在该游戏中，玩家操纵一条贪吃的蛇在长方形场地里行走，贪吃蛇按玩家所滑动的方向键折行，蛇头吃到食物（豆）后，分数加 10 分，蛇身会变长，如果贪吃蛇碰上墙壁（出了边界）游戏就结束并显示得分。游戏运行界面如图 6-1 所示。

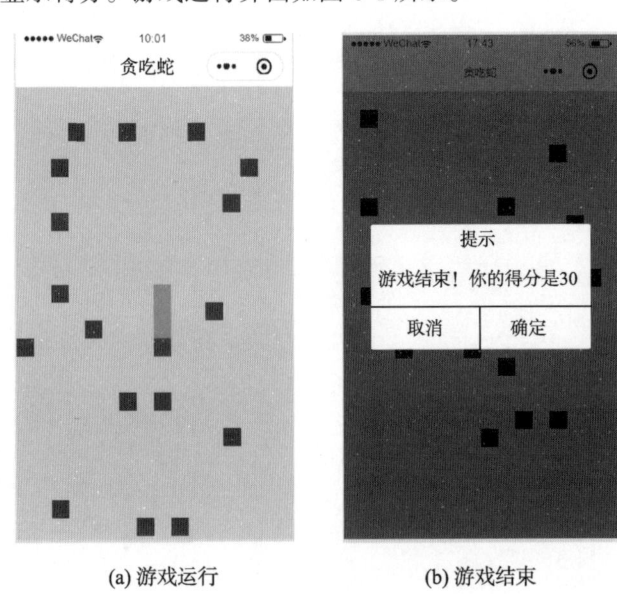

(a) 游戏运行　　(b) 游戏结束

图 6-1　贪吃蛇游戏运行界面

6.2 程序设计的思路

游戏画面看成 W×H 个方格组成，每个方格大小为 20×20。豆和组成蛇的块均在屏幕上占据一个方格。设计时食物（豆）和组成蛇的块抽象成对象。

例如，蛇头对象：

```
//蛇头对象
var snakeHead = {
  x: 0,                        //坐标位置
  y: 0,
  color: "#ff0000",            //蛇头颜色
  w: 20,                       //蛇头宽度
  h: 20                        //蛇头高度
}
```

组成蛇的块就是蛇头这样的对象，一条蛇可以看成有许多“块”（或称节）拼凑成，块是蛇身上最小的单位。组成蛇的块使用 snakeBody 数组保存，其中包括蛇头这样的对象。使用定时器移动蛇头及 snakeBody 数组保存其他的“块”对象。

为了绘制蛇的移动效果，定时事件中首先根据用户滑动方向计算出蛇头的新位置，将新位置蛇头加入 snakeBody 数组，同时将蛇尾 snakeBody[0]元素删去，重新绘制 snakeBody 数组中的对象即可达到蛇不断前移的效果。如果计算出蛇头新位置和食物（豆）位置相同（即碰到食物），则蛇尾 snakeBody[0]元素不被删去，达到蛇身增长的效果同时得分加 10 分。

同样，食物（豆）对象如下。

```
foods.push({
 x: x,             //坐标位置
 y: y,
 w: 20,            //食物（豆）宽度
 h: 20,            //食物（豆）高度
 color: color      //食物（豆）颜色
})
```

通过判断蛇头对象 snakeHead 的坐标与食物（豆）对象的坐标从而判断出是否吃到食物。判断游戏是否结束十分简单，判断蛇头是否达到边界即可。代码如下。

```
if (snakeHead.x > W * 20 || snakeHead.y > H * 20 ||
    snakeHead.x < 0 || snakeHead.y < 0) {
    console.log( "游戏结束！你的得分是" + score);
}
```

6.3 关 键 技 术

6.3.1 获取屏幕大小

本游戏中设置游戏场地的高度和宽度，需要获取屏幕大小。微信小程序提供的 wx.getSystemInfo()方法可以获取到设备的常用信息，如手机型号、设备像素比、屏幕宽高等，最常用的就是屏幕宽高。例如：

```
var m1 = wx.getSystemInfoSync().screenWidth;
var m2 = wx.getSystemInfoSync().screenHeight;//screenHeight含有标题栏高度
```

微信小程序使用全新尺寸单位 rpx 实现屏幕自适应。其基本原理是无视设备原先的尺寸，统一规定屏幕宽度为 750rpx。rpx 可以根据屏幕宽度进行自适应。rpx 不是固定值，屏幕越大，1rpx 对应像素就越大。如在 iPhone 6 上，屏幕宽度为 375px，共有 750 个物理像素，则 750rpx = 375px = 750 物理像素，1rpx = 0.5px = 1 物理像素。

6.3.2 小程序中 this 和 that 的使用

this 是 JavaScript 语言的一个关键字可以调用函数。当函数运行时，this 可以在函数内部使用，当函数使用场合发生变化时，this 的值也会发生变化。

在小程序开发中，小程序提供的 API 接口经常会有 success，fail 等回调函数来处理后续逻辑，当需要获取当前页面对象对视图层进行渲染时，this 只会指向调用函数的对象，如果想要获取页面的初始数据，在回调函数里面就不能使用 this.data 来获取，同时也不能使用 this.setData()函数来更新数据，通过 var that = this;将 this 指向的对象复制到 that 当中才可以执行后续操作。

例如在移动蛇的函数 move()中，使用 setInterval()定时函数时要注意 this 的指向。

```
move: function() {  //移动蛇的函数
    var that = this;   //注意此处
    this.data.timer = setInterval(function() {
      //获取画布的上下文
      var context = wx.createCanvasContext('snakeCanvas', this);
      that.drawWall(context);  //绘制墙壁
      …//省略
      }, 600)      //600毫秒定时事件发生一次从而移动一次
  },
```

6.3.3 JavaScript 数组操作

在游戏中定义蛇头对象 snakeHead，蛇身对象数组 snakeBody。游戏中需要对蛇身不断增加或者删除，这里主要使用数组的元素增删实现。

```
var snakeHead = {
  x: 100,
  y: 100,
  color: "#ff0000",     //蛇头红色
  w: 20,
  h: 20
}
var snakeBody = [];   //蛇身
```

例如，蛇身增加一个节点，就是蛇身 snakeBody 数组添加一个对象元素。代码如下。

```
snakeBody.push({
 x: snakeHead.x,
 y: snakeHead.y,
 w: 20,
 h: 20,
 color: "#00ff00"
 })
```

蛇尾是 snakeBody[0]元素，所以删除蛇尾就是将 snakeBody[0]元素从数组中删去。代码如下。

```
snakeBody.shift(); //删去首元素即snakeBody[0]元素
```

6.4 程序设计的步骤

6.4.1 index.wxml 视图文件

index.wxml 文件内部仅仅添加画布，并设置触屏事件函数。

```
<canvas canvas-id="snakeCanvas"
  style="width:100%;height:100%;background-color:#ccc"
  bindtouchstart="touchStart" bindtouchmove="touchMove" bindtouchend=
      "touchEnd">
</canvas>
```

样式文件设置页面 page 占据整个屏幕。

```
/**index.wxss**/
page {
  width: 100%;
  height: 100%;
}
```

6.4.2 index.js 文件

定义触屏计算位移所需按下坐标(startx,starty)，手指滑动时坐标(movex,movey)和计算手指滑动时 X 方向和 Y 方向的位移量(x,y)。

```
//手指按下的坐标
var startx = 0;
var starty = 0;
//手指在canvas上移动时的坐标
var movex = 0;
var movey = 0;
//差值
var x = 0;                                    //X方向位移
```

```
var y = 0;                                //Y方向位移
```

定义蛇相关变量和对象。

```
var direction = right;                    //移动方向， right是向右移动
var score = 0;                            //游戏得分
var sankeDirection = 'right';             //方向
//蛇头对象
var snakeHead = {
  x: 100,
  y: 100,
  color: "#ff0000",                       //蛇头红色
  w: 20,
  h: 20
}
var snakeBody = [];                       //蛇身
var one = null;
var foods = [];                           //食物数组
var W = 15;                               //游戏场地大小宽度和高度
var H = 25;
```

collide2(obj1,obj2)函数实现蛇头对象与食物的碰撞检测，这里比较简单，仅比较坐标相同即可。

```
//蛇碰到食物
function collide2(obj1, obj2) {
  var l1 = obj1.x;
  var t1 = obj1.y;
  var l2 = obj2.x;
  var t2 = obj2.y;
  if (l1 == l2 && t1 == t2)
    return true;
  else
    return false;
}
```

页面中触屏事件计算出移动方向。

```
Page({
  data: {
    timer: '',                        //定时器
  },
  touchStart: function(e) {           //触屏开始
    startx = e.touches[0].x;
    starty = e.touches[0].y;
  },
  touchMove: function(e) {            //触屏滑动
    movex = e.touches[0].x;
    movey = e.touches[0].y;
    x = movex - startx;
    y = movey - starty;
```

```
  },
  touchEnd: function() {        //触屏结束
    console.log(x);
    console.log(y);
    if (Math.abs(x) > Math.abs(y) && x > 0) {
      direction = 'right';
      console.log('right');
    } else if (Math.abs(x) > Math.abs(y) && x < 0) {
      direction = 'left';
      console.log('left');
    } else if (Math.abs(x) < Math.abs(y) && y < 0) {
      direction = 'up';
      console.log('up');
    } else {
      direction = 'down';
      console.log('down');
    }
    sankeDirection = direction;
  },
```

drawWall: function(context)函数绘制墙壁。

```
drawWall: function(context) {//绘制墙壁
  for (var x = 0; x <=W; x++)
  {
    context.drawImage('wall.gif', x*20, 0, 20, 20);
    context.drawImage('wall.gif', x*20, H*20, 20, 20);
  }
  for (var y = 0; y <=H; y++) {
    context.drawImage('wall.gif', 0, y*20, 20, 20);
    context.drawImage('wall.gif', W * 20,y*20 , 20, 20);
  }
},
```

游戏开始时，获取屏幕大小，计算出游戏场地宽度 W 和高度 H，生成 20 个食物，并开始移动蛇。

```
/**
 * 生命周期函数——监听页面加载
 */
onLoad: function(options) {
  var m1 = wx.getSystemInfoSync().screenWidth;
  W = Math.floor(m1 / 20)-1;
  var m2 = wx.getSystemInfoSync().screenHeight;
  H = Math.floor(m2 / 20) - 4; //screenHeight含有标题栏高度
  console.log(m1 + ":" + m2);
  console.log(W + ":" + H);
  for (var i = 0; i < 20; i++) {
     this.creatFood();
  }
  this.move();
},
```

creatFood()函数向 foods 数组里添加食物对象。

```
creatFood: function() {  //生成食物函数
  var x = Math.floor(Math.random() * (W - 1) + 1) * 20;
  var y = Math.floor(Math.random() * (H - 1) + 1) * 20;
  var w = 20;
  var h = 20;
  var color = "#0000ff";
  foods.push({
    x: x,   y: y,
    w: 20, h: 20,
    color: color
  })
},
```

move()函数用于绘制蛇的移动效果。

```
move: function() {  //移动蛇的函数
  var that = this;
  this.data.timer = setInterval(function() {
    //获取画布的上下文
    var context = wx.createCanvasContext('snakeCanvas', this);
    that.drawWall(context);  //绘制墙壁
    //蛇头新位置
    switch (sankeDirection) {
      case "left":
        snakeHead.x -= 20;
        break;
      case "right":
        snakeHead.x += 20;
        break;
      case "up":
        snakeHead.y -= 20;
        break;
      case "down":
        snakeHead.y += 20;
        break;
    }
    //是否碰壁
    if (snakeHead.x >= W * 20 || snakeHead.y >= H * 20 ||
      snakeHead.x <= 0 || snakeHead.y <= 0) {
      clearInterval(that.data.timer);   //清除定时器
      wx.showModal({
        title: '提示',
        content: "游戏结束！你的得分是" + score,
        success: function(res) {
          if (res.confirm) {
            console.log('用户单击确定')
            that.newGame(); //重新开始
          } else if (res.cancel) {
            console.log('用户单击取消');
```

```
        }
      }
    });
    console.log("游戏结束！你的得分是" + score);
  }
  //将新位置蛇头加入snakeBody数组
  snakeBody.push({
    x: snakeHead.x,
    y: snakeHead.y,
    w: 20,
    h: 20,
    color: "#00ff00"
  })
  var collideBoolean = false;   //没碰到为false
  //是否碰到食物
  for (var i = 0; i < foods.length; i++) {
    one = foods[i]
    if (collide2(snakeHead, foods[i])) {
      collideBoolean = true;
      foods.splice(i, 1); //删除碰到食物
      console.log("碰到食物foods[i].x");
      console.log(one.x);
      score += 10;
      that.creatFood();
    }
  }
  if (snakeBody.length > 2 && collideBoolean == false) {
    snakeBody.shift(); //删去首元素蛇尾
  }
  //以下开始绘制蛇身（含蛇头）和所有食物
  //绘制蛇身（含蛇头）
  for (var i = 0; i < snakeBody.length; i++) {
    var one = snakeBody[i]; //一节蛇身
    context.setFillStyle(one.color);
    context.beginPath();
    context.rect(one.x, one.y, one.w, one.h);
    context.closePath();
    context.fill();
  }
  context.setFillStyle(snakeHead.color);
  context.beginPath();
  context.rect(snakeHead.x, snakeHead.y, snakeHead.w, snakeHead.h);
  context.closePath();
  context.fill();
  //绘制食物
  for (var i = 0; i < foods.length; i++) {
    var one = foods[i]; //一个食物
    context.setFillStyle("#0000ff");
    context.beginPath();
    context.rect(one.x, one.y, one.w, one.h);
    context.closePath();
```

```
      context.fill();
    }
    context.draw();
  }, 600)      //600ms定时事件发生一次从而移动一次
},
```

newGame()函数重新开始游戏。它清空蛇身和食物数组，重新生成 20 个食物，并设置蛇头位置且开始移动蛇。

```
newGame: function(options) {
  snakeBody = [];  //清空蛇身
  foods = [];      //清空食物
  for (var i = 0; i < 20; i++) {
    this.creatFood();
  }
  snakeHead.x = 100;
  snakeHead.y = 100;
  this.move();
  },
})
```

至此，贪吃蛇游戏编写完成。

第 7 章

看图猜成语游戏

7.1 看图猜成语游戏介绍

看图猜成语游戏是一个有趣的智力游戏，总共设置 5 关，每关都有非常生动的图片让大家联想成语，然后填写。游戏过程中玩家单击游戏下方提供的文字，填出与图片表达意思相同的成语则过关。看图猜成语游戏运行界面如图 7-1 所示。

图 7-1　看图猜成语游戏运行效果

7.2 程序设计的思路

7.2.1 游戏素材

游戏程序中用到与成语相关的图片和背景图片，图 7-2 显示了其中部分图片。

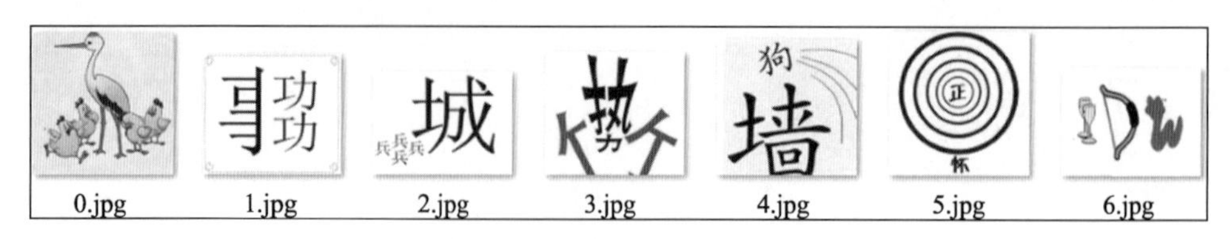

图 7-2 相关图片素材

7.2.2 设计思路

由于场景中需要展现玩家猜成语的多幅图片，所以将图片按关卡顺序编号。每关是一个成语图片，图片名为关卡号。游戏中所有的成语使用 answer 数组存储，玩家填入成语的信息使用 result 变量保存。

游戏时，按当前关卡数渲染图片组件<image src="/pic/{{tu}}"></image>；文字方块使用按钮组件，按钮组件上的文字程序根据当前关卡数控制显示。如果用户输入的文字和本关成语匹配成功，则本关通过，显示“下一个”按钮，单击可以开始下一个成语游戏。否则显示“重新猜”按钮，恢复到重新猜当前关卡成语的状态。

本游戏设计 5 关（当然可以增加），如果当前关卡数达到 5，则游戏结束并提示“恭喜你通关了”。

7.3 关键技术

7.3.1 动态控制按钮组件的文字

游戏中显示的文字采用 button 按钮组件实现，可以用如下代码实现。

```
<view class="fontbox">
<button bindtap="compare" data-val="比">比</button>
<button bindtap="compare" data-val="中">中</button>
<button bindtap="compare" data-val="山">山</button>
<button bindtap="compare" data-val="门">门</button>
<button bindtap="compare" data-val="高">高</button>
</view>
```

但是由于每个关卡显示文字不同，为了控制显示每关不同的文字，在 WXML 中使用双括号“{{}}”可以实现数据绑定，这种语法又称为 Mustache 语法。双括号中可以写一个变量名，如"{{text0}}"，在页面打开后，就会读取 text0 变量的值，并显示在页面中。

所以动态控制按钮组件的文字实现如下。

```
<view class="fontbox">
<button bindtap="compare" data-val="{{text0}}">{{text0}}</button>
<button bindtap="compare" data-val="{{text1}}">{{text1}}</button>
```

```
<button bindtap="compare" data-val="{{text2}}">{{text2}}</button>
<button bindtap="compare" data-val="{{text3}}">{{text3}}</button>
<button bindtap="compare" data-val="{{text4}}">{{text4}}</button>
</view>
<view class="fontbox">
<button bindtap="compare" data-val="{{text5}}">{{text5}}</button>
<button bindtap="compare" data-val="{{text6}}">{{text6}}</button>
<button bindtap="compare" data-val="{{text7}}">{{text7}}</button>
<button bindtap="compare" data-val="{{text8}}">{{text8}}</button>
<button bindtap="compare" data-val="{{text9}}">{{text9}}</button>
</view>
```

需要注意的是，当页面打开后，如果想要改变页面中{{text0}}的值，不能通过直接赋值的方式来实现。例如，在“下一个”按钮事件函数 next: function(e)中，使用 this.data.text0=str 方式无法改变页面中{{text0}}的值，而是需要通过 this.setData()方法来实现。该方法的参数是一个对象，传入

```
{
    tu: "1.jpg",
    text0: allText[guan][0],
}
```

表示将页面中的{{text0}}的值改为数组元素 allText[guan][0]的值，即{{text0}}的值改成"1.jpg"。

7.3.2　通过条件渲染显示不同结果

在游戏中，猜对成语和猜错成语显示不同按钮。猜对显示“下一个”按钮，猜错显示“重新猜”按钮。如果希望灵活控制组件的显示，则可以使用条件渲染来实现。

1. wx:if

在微信小程序中，使用 wx.if="{{条件}}"来判断是否渲染该代码块，用法如下。

```
<view wx:if="{{条件}}">hello</view>
```

也可以用 wx.elif 和 wx.else 来添加一个 else 块，示例如下。

```
<view wx:if="{{a>1}}"> 1 </view>
<view wx:elif="{{a>2}}"> 2 </view>
<view wx:else> 3 </view>
```

上述代码的含义是如果 a>1 显示 1，如果 a>2 显示 2，否则显示 3。

注意：跟 if…else 一样，只执行其中一个满足条件的分支。

本游戏中，采用 wx.if 实现根据条件显示不同按钮组件。

```
<button bindtap="reset" class="next" wx:if="{{resetCondition}}">重新猜
    </button>
<button bindtap="next" class="next" wx:if="{{nextCondition}}">下一个
    </button>
```

如果 resetCondition 变量为 true，则显示“重新猜”按钮；如果 nextCondition 变量为 true，则显示“下一个”按钮。

2. block wx:if

wx:if 是一个控制属性，需要将它添加到标签上，但是如果想要一次性判断多个标签，可以使用<block>标签将多个组件包装起来，并使用 wx:if 控制属性。

其中，<block>并不是一个组件，它仅仅是一个包装元素，不会在页面中做任何渲染，只接受控制属性。示例如下。

```
<block wx:if="{{条件}}">
<view>view1</view>
<view>view2</view>
</block>
```

注意：wx:if 和样式 hidden 属性的区别。这两个属性都能控制元素的显示，但 wx:if 的条件在切换时，框架会有一个局部渲染的过程，从而确保条件块在渲染时可以销毁，并进行重新渲染。而 hidden 属性始终都会渲染，通过 hidden 属性可以控制视图上的显示或隐藏。一般来说，wx:if 有更高的切换消耗，而 hidden 有更高的初始化渲染消耗。因此，如果需要频繁切换，用 hidden 更好，如果运行时条件不大可能改变时则 wx:if 较好。

7.4 程序设计的步骤

7.4.1 guess.wxml 文件

显示看图猜成语游戏界面。小程序使用 image 组件显示成语图片，同时放置两行 10 个按钮来显示动态变化的 10 个文字。界面下方放置<text>{{result}}</text>来呈现用户输入的成语答案，并能根据条件渲染显示“重新猜”或者“下一个”按钮。

```
<!--pages/guess/guess.wxml-->
<image src="/pic/{{tu}}"></image>
<view class="fontbox">
<button bindtap="compare" data-val="{{text0}}">{{text0}}</button>
<button bindtap="compare" data-val="{{text1}}">{{text1}}</button>
<button bindtap="compare" data-val="{{text2}}">{{text2}}</button>
<button bindtap="compare" data-val="{{text3}}">{{text3}}</button>
<button bindtap="compare" data-val="{{text4}}">{{text4}}</button>
</view>
<view class="fontbox">
<button bindtap="compare" data-val="{{text5}}">{{text5}}</button>
<button bindtap="compare" data-val="{{text6}}">{{text6}}</button>
<button bindtap="compare" data-val="{{text7}}">{{text7}}</button>
<button bindtap="compare" data-val="{{text8}}">{{text8}}</button>
<button bindtap="compare" data-val="{{text9}}">{{text9}}</button>
</view>
```

```
<view>
<text>请输入你猜的成语：</text>
<text>{{result}}</text>
</view>
<button bindtap="reset" class="next" wx:if="{{resetCondition}}">重新猜
    </button>
<button bindtap="next" class="next" wx:if="{{nextCondition}}">下一个
    </button>
```

7.4.2 guess.js 文件

每关提供的文字以及成语答案分别存放到 allText 和 answer 数组中。

```
// pages/guess/guess.js
var allText = [
  ["码", "页", "竹", "立", "鹤", "集", "鸡", "马", "群", "画"],
  ["事", "备", "黑", "半", "班", "功", "工", "倍", "群", "呗"],
  ["兵", "备", "如", "临", "班", "城", "破", "倍", "竹", "下"],
  ["四", "势", "黑", "如", "班", "工", "竹", "倍", "群", "破"],
  ["五", "墙", "狗", "半", "班", "急", "鸡", "倍", "群", "跳"],
];
var answer = ["鹤立鸡群", "事半功倍","兵临城下","势如破竹","狗急跳墙"];
//每关成语答案
var guan=0;  //当前关卡数
```

小程序生命周期函数 onLoad()将第一关的成语图片和相关文字赋予对应变量。

```
Page({
  str: "",
  data: {
  },
  /**
   * 生命周期函数——监听页面加载
   */
  onLoad: function(options) {
    this.setData({
      tu: "0.jpg",
      text0:allText[0][0],
      text1: allText[0][1],
      text2: allText[0][2],
      text3: allText[0][3],
      text4: allText[0][4],
      text5: allText[0][5],
      text6: allText[0][6],
      text7: allText[0][7],
      text8: allText[0][8],
      text9: allText[0][9],
      nextCondition: false,
```

```
      resetCondition: false,
    })
  },
```

以下是事件代码。

reset(e)是“重新猜”按钮单击事件代码，主要用于将用户输入的成语答案置空。

```
reset: function (e) {
  this.str = "";
  this.setData({
    result: this.str
  })
},
```

compare(e)是文字按钮单击事件代码。e.target.dataset.val 可以获取被单击按钮的文字，原因是按钮在 WXML 文件中都定义有 data-val 属性。单击事件代码中判断用户是否已经输入 4 个字，并判断答案正确与否，正确则显示“你猜对了”和 “下一个”按钮。

```
compare: function(e) {
  this.str = this.str + e.target.dataset.val;
  this.setData({
    result: this.str
  })
  //this.data.result = str          //这种方式无法改变页面中的{{result}}的值
  if (this.str.length == 4 ){      //判断是否输入4个字
    if(this.str == answer[guan])   //答案正确
    this.setData({
      result: this.str+"你猜对了",
      nextCondition: true,          //显示“下一个”按钮
      resetCondition: false,       //不显示“重新猜”按钮
    })
    else{
      this.setData({
        result: this.str + "你猜错了",
        resetCondition:true,       //显示“重新猜”按钮
        nextCondition: false,     //不显示“下一个”按钮
      })
  }
  }
},
```

next (e)是“下一个”按钮单击事件代码。完成关卡数 guan 加 1，并判断是否通关。同时将 10 个按钮文字重置为新一关成语游戏的文字。

```
next: function(e) {                  // “下一个”按钮单击事件
  this.str = "";
  this.setData({
    result: this.str,
    resetCondition: false,       //不显示“重新猜”按钮
```

```
      nextCondition: false,       //不显示“下一个”按钮
    })
    guan++;                        //当前关卡数加1
    if (guan == 5){
      this.setData({
        result: "恭喜你通关了"
      })
      return;
    }
    //重新设置按钮上文字
    this.setData({
      tu: guan+".jpg",
      text0: allText[guan][0],
      text1: allText[guan][1],
      text2: allText[guan][2],
      text3: allText[guan][3],
      text4: allText[guan][4],
      text5: allText[guan][5],
      text6: allText[guan][6],
      text7: allText[guan][7],
      text8: allText[guan][8],
      text9: allText[guan][9],
    })
  },
})
```

至此，看图猜成语游戏设计完成，读者可以试试效果。

第 8 章

智力测试游戏——button版

8.1 智力测试游戏介绍

本案例开发智力测试游戏，当用户进入游戏后自动出现题目和选项（如图 8-1 所示）。用户选择答案后如果正确自动进入下一题，也可以单击“上一题”“下一题”按钮进入上一题目或下一题目。用户如果本题目不会解答，可以单击“显示答案”按钮。本测试提供 5 道试题，如果答对一题得 20 分。

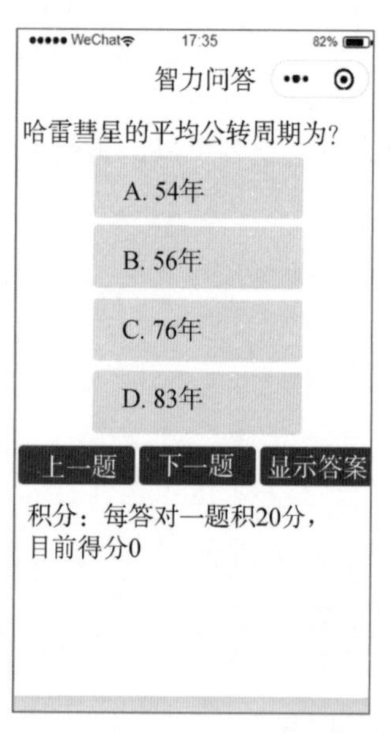

图 8-1　智力测试游戏运行界面

8.2 程序设计的思路

游戏中题目的显示使用 view 组件，4 个选项使用 button 组件，在 WXML 文件中对每个按钮进行 tap 事件绑定，tap 就是单击事件。作为选项答案的 button 组件被用户单击后，触发其 tap 事件，在其事件处理函数 btnOpClick 中判断对错，统计得分。若用户选对则此按钮的颜色改成绿色（#98FB98）；若用户选错则此按钮的颜色改成红色（#FF99B4）；进入下一题的时候把 ABCD 这 4 个选项的按钮颜色改回正常颜色（#FBFBFB）。如图 8-1 所示。用户单击“上一题”或“下一题”按钮后，则更新下标索引 index（题目号），从而从题目数组 postList 中读取“上一题”或“下一题”题目数据，更新 view 组件和 4 个 button 组件上显示的题目信息，从而开始新的题目测试。

正确答案采用 view 组件，通过 hidden 属性设置成隐藏。为了控制 hidden 属性值，WXML 文件中 hidden 属性值使用变量 ny。如果显示正确答案则 ny: "false"，隐藏则 ny:"true"。

8.3　程序设计的步骤

8.3.1　exam.wxml 文件

视图文件中<view class="timu">组件显示题目，4 个按钮显示 4 个选项，并绑定 tap 事件处理函数 btnOpClick，处理用户选择的答案。由于这些组件显示 postList[index]中的信息，只要 index 发生改变，则页面题目信息就会跟随改变。

```
<!--pages/exam/exam.wxml-->
<scroll-view>
<view class="timu">{{postList[index].name}}</view>
<view class="timu" hidden="{{ny}}">{{postList[index].daan}}</view>
</scroll-view>
<scroll-view style='width:100%'>
<button id='A' class="anniu" bindtap="btnOpClick" style="background-
                      color:{{bcA}};">A.{{postList[index].content[0]}}
                                          </button>
<button id='B' class="anniu" bindtap="btnOpClick" style="background-
                      color:{{bcB}};">B.{{postList[index].content[1]}}
    </button>
<button id='C' class="anniu" bindtap="btnOpClick" style="background-
                       color:{{bcC}};">C.{{postList[index].content[2]}}
    </button>
<button id='D' class="anniu" bindtap="btnOpClick" style="background-
                      color:{{bcD}};">D.{{postList[index].content[3]}}
    </button>
</scroll-view>
<view class="huanti">
<button bindtap="lastQuestion" class="next">上一题</button>
<button bindtap="nextQuestion" class="next">下一题</button>
<button bindtap="xianshi" class="next">显示答案</button>
</view>
<text class="jifen">积分：每答对一题积20分，目前得分{{defen}}</text>
```

8.3.2 exam.js 页面文件

采用对象数组 local_database 存储题目信息。每道题是一个对象，由题目 name、正确答案 daan、ABCD 选项内容 content 组成。

```
// pages/exam/exam.js
var local_database = [{
    "name": "哈雷彗星的平均公转周期为？",
    "daan": "C",
    "content": ["54年", "56年", "76年", "83年"]
},
{
    "name": "夜郎自大中"夜郎"指的是现在哪个地方？",
    "daan": "A",
    "content": ["贵州", "云南", "广西", "福建"]
},
{
    "name": "感时花溅泪下句是什么？",
    "daan": "C",
    "content": ["也无风雨也无晴", "明月几时有", "恨别鸟惊心", "老夫聊发少年狂"]
  },
  {
    "name": "在中国历史上是谁发明了麻药",
    "daan": "B",
    "content": ["孙思邈", "华佗", "张仲景", "扁鹊"]
  },
  {
    "name": "京剧中花旦是指?",
    "daan": "B",
    "content": ["年轻男子", "年轻女子", "年长男子", "年长女子"]
  }
]
```

userAnswer 数组存储用户每题选择的答案。

```
var userAnswer = [];    //["A", " ", "C", " ", " "],用户的答案
Page({
  data: {
    postList: local_database  ,
    index: 0,                 //当前题目号
    bc_default: '#FBFBFB',  //默认颜色
    bc_right: '#98FB98',    //正确时颜色
    bc_wrong: '#FF99B4',    //错误时颜色
    bcA: '',                  //4个选项内容
    bcB: '',
    bcC: '',
    bcD: '',
```

```
        ny: true,            //是否显示正确答案，true是隐藏答案
        defen: 0             //得分
    },
```

nextQuestion()实现显示下一题信息。由于页面组件显示 postList[index]中的信息，index 增加 1，则页面题目信息就会跟随改变成下一题。进入下一题的时候把 A、B、C、D 4 个选项的按钮颜色改回正常颜色（#FBFBFB）。

```
  nextQuestion: function () {     //下一题
    if (this.data.index < local_database.length - 1) {//不是最后一题
        this.setData({
            index: this.data.index + 1,
            ny: true  //是否显示正确答案，true是隐藏答案
        })
        this.setButtonColor() ;
    }
    else
        this.gotoOver(); //跳转测试结束页面
  },
```

lastQuestion()实现显示上一题信息。由于页面组件显示 postList[index]中信息，index 减少 1，则页面题目信息就会跟随改变成上一题。

```
    lastQuestion: function () {  //上一题
      if (this.data.index > 0) {
        this.setData({
          index: this.data.index - 1,
          ny: true  //是否显示正确答案，true是隐藏答案
        })
        this.setButtonColor() ;
      }
    },
```

“上一题”和“下一题”按钮中都调用 this.setButtonColor()实现按钮颜色变化。如果本题没有做过，所有按钮为正常颜色（#FBFBFB，未选择中状态）。如果选择过答案，则根据答案是否正确对应按钮显示不同颜色。用户选对则此按钮的颜色改成绿色（#98FB98）；用户选错则把此按钮的颜色改成红色（#FF99B4）。

```
    setButtonColor: function () {
      //设置按钮正常颜色（未选中状态）
      this.setData({
        bcA: this.data.bc_default,
        bcB: this.data.bc_default,
        bcC: this.data.bc_default,
        bcD: this.data.bc_default
      });
    var n = this.data.index;
    var jieg = local_database[n].daan;
    var select = userAnswer[n]
```

```
    if (select == undefined) return;      //本题没有做过直接返回
        if (select == jieg)
            this.setButtonRightColor(select)//答案选择正确，所选按钮为绿色
        else
            this.setButtonErrorColor(select)    //答案选择错误，所选按钮为红色
    },
    //设置正确选择按钮颜色
    setButtonRightColor: function (select) {
      if (select == 'A') {
         this.setData({ bcA: this.data.bc_right });//正确时颜色
      }
      else if (select == 'B') {
        this.setData({ bcB: this.data.bc_right });//正确时颜色
      }
      else if (select == 'C') {
        this.setData({ bcC: this.data.bc_right });//正确时颜色
      }
      else if (select == 'D') {
        this.setData({ bcD: this.data.bc_right });//正确时颜色
      }
    },
    //设置错误选择按钮颜色
    setButtonErrorColor: function (select) {
      if (select == 'A') {
         this.setData({ bcA: this.data.bc_wrong });    //错误时颜色
      }
      else if (select == 'B') {
        this.setData({ bcB: this.data.bc_wrong });    //错误时颜色
      }
      else if (select == 'C') {
        this.setData({ bcC: this.data.bc_wrong });    //错误时颜色
      }
      else if (select == 'D') {
        this.setData({ bcD: this.data.bc_wrong });    //错误时颜色
      }
    },
```

自定义事件函数 btnOpClick(e)响应按钮的单击事件，如果单击事件发生，参数 e.currentTarget.id 获取单击对象的 id，这个 id 在 exam.wxml 中设置过。

```
<button id='A' class="anniu" bindtap="btnOpClick" style=
 "background-color: {{bcA}};">A.{{postList[index].content[0]}}
 </button>
<button id='B' class="anniu" bindtap="btnOpClick" style=
  "background-color: {{bcB}};">B.{{postList[index].content[1]}}
  </button>
<button id='C' class="anniu" bindtap="btnOpClick" style=
  "background-color: {{bcC}};">C.{{postList[index].content[2]}}
  </button>
```

```
<button id='D' class="anniu" bindtap="btnOpClick" style=
  "background-color: {{bcD}};">D.{{postList[index].content[3]}}
  </button>
```

id 就是'A'、'B'、'C'、'D'。从 id 可以得知用户的选择答案，与正确答案对比从而判断出对错。如果用户选择正确同时计算得分，并根据对错修改按钮的颜色。选择答案正确时按钮显示绿色，错误时按钮显示红色。

```
//ABCD选项按钮事件函数
btnOpClick: function (e) {
   var select = e.currentTarget.id;
    //单击对象的id，这个id在index.wxml中设置了
   var jieg = local_database[this.data.index].daan;
   userAnswer[this.data.index] = select  //保存用户答案
   if (select == jieg) { //答案选择正确
         this.setData({
            defen: this.data.defen + 20
         })
   }
   this.setButtonColor();   //根据对错修改按钮的颜色，正确时绿色，错误时红色
},
```

gotoOver()跳转测试结束页面。

```
gotoOver: function () {
 wx.navigateTo({
   url: 'over',  //跳转测试结束页面
  })
},
```

xianshi()显示本题的正确答案。

```
//显示答案
xianshi: function () {
   this.setData({
      ny: false
   })
}
})
```

8.3.3　exam.wxss 样式文件

```
/* pages/exam/exam.wxss */
button.next {
  width: 250rpx;
  color: #fff;
  background: #369;
  margin: 5rpx ;
  font-size: 30rpx;
}
.timu{
```

```
    text-align: left;
    margin-top: 40rpx;
    line-height: 60rpx;
    font-size: 40rpx;
}
.anniu{
    min-height: 100rpx;
    text-align: left;
    margin-bottom: 20rpx;
    line-height: 90rpx;
    font-size: 40rpx;
    width: 100%;
}
.huanti{
    width: 100%;
    display: flex;
}
.jifen{
    margin-left:10%;
    position: fixed;
    bottom: 15rpx;
}
```

8.3.4 简单的结束页面

```
<!--pages/exam/over.wxml-->
<text>测试结束</text>
<image src="over.png"></image>
```

images 里面的 over.png 是撒花小女孩的图片。运行效果如图 8-2 所示。

图 8-2 游戏结束界面

智力测试这种游戏需要存储大量的题目数据，这些数据可以直接存储到数组中处理，但是想改变题目数据就会不太方便，所以这些题目数据最好存储到外部文件中，在游戏中能动态地导入进来。

微信小程序可以读取本地 TXT 文本、XML 文件的数据。对于智力测试游戏最好的方法是将数据存入本地 TXT 文本、XML 文件，在游戏开始时读取本地 TXT 文本、XML 文件的数据，从而获取题目和答案信息。也可以将题目数据文本存储到云端，这样更新云端题目数据文本，达到更新题库目的。

8.4　拓 展 知 识

8.4.1　读取本地 TXT 文本

小程序对用户文件的读取做了比较严格的限制，提供一套相应的管理接口。通过 wx.getFileSystemManager()获取到全局的文件系统管理器，这里面包含文件读取、写入和删除等各种操作。所有文件的管理操作都通过文件系统管理器 FileSystemManager 来调用。下面主要介绍如何读取由用户写好的 TXT 文件。

（1）先创建一个 TXT 文件 mydata.txt，然后手动复制粘贴到小程序项目文件夹中，例如 pages/test/。注意这里 TXT 文件的内容是 JSON 对象格式。智力测试游戏中对象数组 local_database 存储题目信息就是 JSON 对象格式。

（2）调用接口 wx.getFileSystemManager().copyFile() 复制 TXT 文件到开发者可读写的文件夹中。

```
onReady: function () {
  wx.getFileSystemManager().copyFile({ //先把文件复制到可操作的文件夹中
    srcPath: '/pages/test/mydata.txt',                    //源文件
    destPath: wx.env.USER_DATA_PATH + '/mydata.json',
       //可操作的文件夹路径
    success: res => {
      console.log(res) //复制成功返回res信息
    },
    fail: console.error //复制失败返回error
  }),
```

（3）调用接口 wx.getFileSystemManager().readFile() 读取可操作文件夹下的文件。

```
wx.getFileSystemManager().readFile({ //读取文件
  filePath: wx.env.USER_DATA_PATH + '/mydata.json',
  encoding: 'utf-8',
  success: res => {
       var dataJSON = JSON.parse(res.data); //将JSON字符串转换为JSON对象
       this.setData({
```

```
                list: dataJSON
            })
            console.log(this.data.list)
        },
        fail: console.error
    })
```

注意：destPath 只能是 wx.env.USER_DATA_PATH 下的文件目录，这个目录名称是微信官方特定的，此目录下的文件允许用户通过某些方法读取。

在控制台上可以看到 this.data.list 内的信息就是所有的题目，如图 8-3 所示。

```
▼(5) [{…}, {…}, {…}, {…}, {…}]
  ▶0: {name: "哈雷彗星的平均公转周期为？", daan: "C", content: Array(4)}
  ▶1: {name: "夜郎自大中“夜郎”指的是现在哪个地方？", daan: "A", content: Array(4)}
  ▶2: {name: "感时花溅泪下句是什么？", daan: "C", content: Array(4)}
  ▶3: {name: "在中国历史上是谁发明了麻药", daan: "B", content: Array(4)}
  ▶4: {name: "京剧中花旦是指?", daan: "B", content: Array(4)}
   length: 5
   nv_length: (...)
  ▶__proto__: Array(0)
```

图 8-3　this.data.list 内的信息

8.4.2　云文件存储题目

小程序云开发需要使用注册的小程序 AppID，测试账号没有云开发的功能。新建项目时，后端服务选择“小程序云开发”项。新建项目后在微信开发者工具的左上角调试器旁边有一个“云开发”按钮，通过此按钮来建立云端数据库和上传文件到云端。

（1）上传到云存储中，同时获取 File ID。如图 8-4 所示，单击“上传文件”按钮，选择 TXT 文件 mydata.txt 上传后，从图 8-4 复制出 File ID。

图 8-4　云存储题库文件

（2）readFileSync()读取云文件内容，并解析成 JSON 格式。

```
onShow: function () {
  wx.cloud.downloadFile({
   fileID:'cloud://xmj-vzx1c.786d-xmj-vzx1c-1302267263/mydata.txt'
  }).then(res => {
    console.log(res.tempFilePath)
    let fs = wx.getFileSystemManager()
    let result = fs.readFileSync(res.tempFilePath, "utf-8")
    var dataJSON = JSON.parse(result)//将JSON字符串转换为JSON对象
    console.log(dataJSON[0].name)
    console.log(dataJSON[1].content)
  })
},
```

程序运行后，在控制台中有如下输出。

```
哈雷彗星的平均公转周期为?
["贵州", "云南", "广西", "福建"]
```

成功解析出题目和 4 个选项信息。

第 9 章

智力测试游戏——radio版

9.1 智力测试游戏介绍

本案例开发智力测试游戏，当用户进入游戏后自动出现题目和选项（如图 9-1 所示）。用户选择答案后如果正确自动进入下一题，也可以单击“上一题”“下一题”按钮进入上一题目或下一题目。如果本题目用户不会解答，可以单击“显示答案”按钮。本测试提供 5 道试题，答对一题得 20 分。

图 9-1 游戏界面

9.2 程序设计的思路

游戏中题目的显示使用 view 组件，4 个选项使用 radio 组件（单选按钮组件），当用户单击某个单选按钮后，触发其 bindchange 事件，在其事件处理函数中判断对错，统计积分。

用户选择答案正确或者用户单击“下一题”按钮后，则从数组 local_database 中读取下一题目数据，更新 view 组件和 4 个 radio 组件上显示的选项信息，从而开始新的题目测试。

9.3 关键技术

9.3.1 radio组件

微信小程序 radio 组件为单选组件，往往需要与 radio-group 组合使用。单选群组 radio-group 内部由多个 radio 组成。单选群组 radio-group 只有一个属性，如表 9-1 所示。

表 9-1　单选群组 radio-group 属性

属性名	类型	默认值	说明
bindchange	EventHandle		radio-group 中的选中项发生变化时触发 change 事件，event.detail= {value :选中项 radio 组件的 value}

单选组件radio属性如表9-2所示。

表 9-2　单选组件 radio 属性

属性名	类型	默认值	说明
value	String		当该 radio 组件选中时，<radio-group>的 change 事件会携带 radio 组件的 value
checked	Boolean	false	当前是否选中
disabled	Boolean	false	是否禁用
color	Color		radio 的颜色，与 CSS 中 color 效果相同

【例 9-1】 选择居住国家。

视图文件 WXML（radio.wxml）。注意 value 属性绑定的值是一个国家的简写。

```
<!--设置监听器，当单击radio时调用radioChange -->
<radio-group class="radio-group" bindchange="radioChange">
    <view> <radio value="USA" />美国</view>
    <view> <radio value="CHN" checked="{{true}}"/>中国</view>
    <view> <radio value="BRA"/>巴西</view>
    <view> <radio value="JPN"/>日本</view>
    <view> <radio value="ENG"/>英国</view>
    <view> <radio value="TUR"/>法国</view>
</radio-group>
```

页面文件（radio.js）：

```
Page({
//监听radio的change事件
```

```
    radioChange: function(e) {
      console.log('radio发生change事件，携带value值为：', e.detail.value)
    }
})
```

运行效果如图 9-2 所示。单击“巴西”时，控制台输出：

```
radio发生change事件，携带value值为：BRA
```

请读者分析，为什么不是携带 value 值为“巴西”？

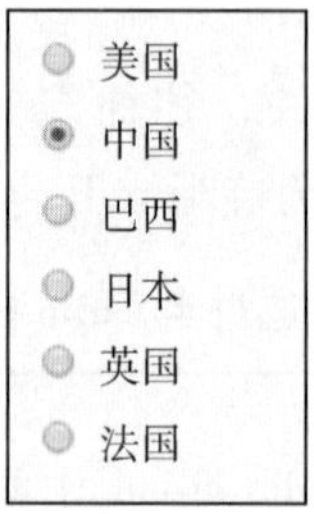

美国
中国
巴西
日本
英国
法国

图 9-2 单选按钮效果

可见“中国”选项默认被选中状态，其他选项为未选中状态。

注意：单选群组 radio-group 内部不允许多选，一旦选择其他选项，原来被选中的选项将变回未选中状态。

9.3.2 列表渲染

1. wx:for

在组件上使用 wx:for 控制属性绑定一个数组，即可使用数组中各项的数据重复渲染该组件。数组的当前项的下标变量名默认为 index，数组当前项的变量名默认为 item。

```
<view wx:for="{{array}}">
  {{index}}: {{item.message}}
</view>
```

其绑定的数组 array 如下。

```
Page({
  data: {
    array: [{ message: "food"},
              message: "bar" }]
  }
})
```

运行效果等同于：

```
<view>0:food</view>
</view>1:bar</view>
```

用户可使用 wx:for-item 指定数组当前元素的变量名，使用 wx:for-index 可以指定数组当前下标的变量名。

```
<view wx:for="{{array}}" wx:for-index="idx" wx:for-item="itemName">
  {{idx}}: {{itemName.message}}
</view>
```

wx:for 也可以嵌套，下边是一个九九乘法表例子。

```
<view wx:for="{{[1, 2, 3, 4, 5, 6, 7, 8, 9]}}" wx:for-item="i">
  <view wx:for="{{[1, 2, 3, 4, 5, 6, 7, 8, 9]}}" wx:for-item="j">
    <view wx:if="{{i <= j}}">
      {{i}} * {{j}} = {{i * j}}
    </view>
  </view>
</view>
```

【例 9-2】 使用列表渲染单选按钮来选择居住国家。

```
<!--设置监听器，当单击radio时调用radioChange -->
<radio-group class="radio-group" bindchange="radioChange">
    <view class="radio" wx:for="{{items}}">
        <radiovalue="{{item.name}}"checked="{{item.checked}}"/>{{item.va
                                lue}}
    </view>
</radio-group>
```

页面文件（radio.js）：

```
Page({
  data: {
    items: [
       {name: 'USA', value: '美国'},
       {name: 'CHN', value: '中国', checked: 'true'},
       {name: 'BRA', value: '巴西'},
       {name: 'JPN', value: '日本'},
       {name: 'ENG', value: '英国'},
       {name: 'TUR', value: '法国'},
    ]
  },
  //监听radio的change事件
  radioChange: function(e) {
    console.log('radio发生change事件，携带value值为：', e.detail.value)
  }
})
```

运行效果如图 9-2 所示。单击巴西时，控制台输出：

```
radio发生change事件，携带value值为：BRA
```

2. block wx:for

类似 block wx:if，也可以将 wx:for 用在<block>标签上，以渲染一个包含多节点的结构块。例如：

```
<block wx:for="{{[中国,美国,日本]}}">
   <view> {{index}}: </view>
   <view> {{item}} </view>
</block>
```

运行效果等同于：

```
<block>
  <view> 0: </view>
  <view>中国</view>
  <view> 1: </view>
  <view>美国</view>
  <view> 2: </view>
  <view>日本</view>
</block>
```

3. wx:key

如果列表中项目的位置会动态改变或者有新的项目添加到列表中，可能导致列表乱序。如果希望列表中的项目保持自己状态避免乱序，需要使用 wx:key 来指定列表中项目的唯一标识符。wx:key 的值以以下两种形式提供。

（1） 字符串：代表 wx:for 循环数组中的一个项目 item 的某个属性（property），该属性的值需要是列表中唯一的字符串或数字，且不能动态改变。

（2） 保留关键字*this：代表在 wx:for 循环中的一个项目 item 本身，这种表示需要 item 本身是一个唯一的字符串或者数字。

当数据改变导致页面被重新渲染时，会自动校正带有 key 的组件，以确保项目被重新排序，而不是重新创建，并且提高列表渲染时的效率。

如果不提供 wx:key，会报一个 warning，如果明确知道该列表是静态，或者不必关注其顺序，可以选择忽略。

示例如下。

```
<view wx:for="{{['题目1','题目2','题目3']}}" wx:key="timu{{index}}">
  <view>{{index}}:{{item}}</view>
</view>
```

运行效果等同于：

```
<view>0:题目1</view><!-wx:key=timu0>
<view>1:题目2</view><!-wx:key=timu1>
<view>2:题目3</view><!-wx:key=timu2>
```

4. 列表渲染多个单选按钮

【例 9-3】 实现显示体育比赛选项。

视图文件 WXML（radio.wxml）。

```
<radio-group class="radio" bindchange="updataRadio">
  <view>
    <radio value="1" checked="true">跑步</radio>
    <radio value="2" >篮球</radio>
    <radio value="3" >足球</radio>
    <radio value="4" >排球</radio>
  </view>
</radio-group>
```

可以采用列表渲染方式来实现显示体育比赛的选项。视图文件 radio.wxml 修改如下。

```
<radio-group class="radio" bindchange="updataRadio">
  <view wx:for="{{loves}}">
    <radio value="{{item.id}}" checked="{{item.checked}}">{{item.name}}
   </radio>
  </view>
</radio-group>
```

页面文件（radio.js）如下。

```
Page({
  data:{
    radioId: "",
    loves:[
       { id: 1, name: "跑步", checked: 'true' },
       { id: 2, name: "篮球" },
       { id: 3, name: "足球" },
       { id: 4, name: "排球" },
    ]
 },
 updataRadio:function (e) {
   console.log('radio发生change事件，携带value值为：', e.detail.value)
 },
 })
```

只要 data 中 loves 数组改变，则屏幕上的选项发生改变。对此例修改后适合应用在智力测试系统里题目选项动态改变。

9.3.3　checkbox 组件

与 radio 组件一样，小程序中 checkbox 组件也是需要与 checkbox-group（多项选择器）组件组合使用。

1. checkbox

checkbox 为多选项目组件，checkbox 组件的属性值如表 9-3 所示。

表 9-3 checkbox 组件的属性

属性名称	类 型	解 释	备 注
value	String	组件所携带的标识值	当<checkbox-group>的 change 事件被触发时，会携带该值
checked	Boolean	是否选中该组件	其默认值为 false
disabled	Boolean	是否禁用该组件	其默认值为 false
color	Color	组件的颜色	与 CSS 中的 color 效果相同

2. checkbox-group

用于包含 checkbox，而且仅有一个属性 bindchange。checkbox-group 中选中项发生改变时会触发 change 事件，其 detail = {value:[选中的 checkbox 的 value 的数组]}。例如：

WXML 文件：

```
<checkbox-group bindchange="checkboxChange">
<label class="checkbox" wx:for="{{items}}">
<checkbox value="{{item.name}}"checked="{{item.checked}}"/>{{item.value}}
</label>
</checkbox-group>
```

JS 文件：

```
Page({
  data: {
    items: [
      { name: 'USA', value: '美国' },
      { name: 'CHN', value: '中国', checked: 'true' },
      { name: 'BRA', value: '巴西' },
      { name: 'JPN', value: '日本' },
      { name: 'ENG', value: '英国' },
      { name: 'TUR', value: '法国' },
    ]
  },
  checkboxChange: function (e) {
    console.log('checkbox发生change事件，携带value值为：', e.detail.value)
  }
})
```

运行效果如图 9-3 所示。

图 9-3 复选框效果

9.4　程序设计的步骤

9.4.1　radio.wxml 文件

视图文件中，<view class="timu">组件显示题目；循环渲染出的 4 个 radio 单选按钮显示 4 个选项；单选群组并绑定 change 事件处理函数 radioChange，处理用户选择的答案。

```
<!--pages/radio2/radio.wxml-->
<scroll-view>
  <view class="timu">{{postList[index].name}}</view>
  <view class="timu" hidden="{{ny}}">{{postList[index].daan}}</view>
</scroll-view>
<view class='container'>
  <view class='page-body'>
    <view class='demo-box'>
      <radio-group bindchange='radioChange'>
        <view class='test' wx:for='{{radioItems}}' wx:key='item{{index}}'>
          <radio value='{{index}}'checked='{{item.checked}}'>{{item.value}}
</radio>
        </view>
      </radio-group>
    </view>
  </view>
</view>
<view class="huanti">
  <button bindtap="lastQuestion" class="next">上一题</button>
  <button bindtap="nextQuestion" class="next">下一题</button>
  <button bindtap="xianshi" class="next">显示答案</button>
</view>
<text class="jifen">积分：每答对一题积20分，目前得分{{defen}}</text>
```

9.4.2　radio.js 文件

radio.js 文件和第 8 章相同，采用对象数组 local_database 存储题目信息。每道题是一个对象，由题目 name，正确答案 daan，A、B、C、D 4 个选项内容 content 组成。

```
// pages/radio2/radio.js
var local_database = [{
      "name": "哈雷彗星的平均公转周期为？",
      "daan": "C",
      "content": ["54年", "56年", "76年", "83年"]
   },
   {
      "name": "夜郎自大中“夜郎”指的是现在哪个地方？",
```

```
      "daan": "A",
      "content": ["贵州", "云南", "广西", "福建"]
    },
    {
      "name": "感时花溅泪下句是什么? ",
      "daan": "C",
      "content": ["也无风雨也无晴", "明月几时有", "恨别鸟惊心",
                  "老夫聊发少年狂"]
    },
    {
      "name": "在中国历史上是谁发明了麻药",
      "daan": "B",
      "content": ["孙思邈", "华佗", "张仲景", "扁鹊"]
    },
    {
      "name": "京剧中花旦是指?",
      "daan": "B",
      "content": ["年轻男子", "年轻女子", "年长男子", "年长女子"]
    }
  ]
```

定义 userAnswer 数组保存用户的选择答案。

```
var userAnswer =[];// ["A", " ", "C", " ", " "];//用户的答案
Page({
  /**
   * 页面的初始数据
   */
  data: {
    postList: local_database, //试题
    index:0,            //题号
    ny: true,          //是否显示正确答案，true是隐藏答案
    defen: 0,
    xx:false,
    radioItems: [{ value: 'A.54年' },
    { value: 'B.56年'},
    { value: 'C.76年', checked: 'true'},
    {value: 'D.86年'} ],
  },
```

自定义事件函数 radioChange(e)监听单选按钮的改变，如果 radio 发生变化，参数 e.detail.value 获取选中 radio 的 value 属性值。由于 value 属性值是索引号 0、1、2、3，所以需要转换成 A、B、C、D。这里使用 ASCII 转字符 String.fromCharCode(n+65)函数实现此功能，同时保存用户本题的选择答案到 userAnswer 数组中。如果用户选择正确，直接进入显示下一题并计算得分。

```
/**
 * 自定义函数——监听单选框改变
 */
radioChange: function(e) {
   var n =Number(e.detail.value);
    //console.log('radio发生变化，被选中的值是：' + n)
    var select = String.fromCharCode(n+65);//ASCII转字符
    userAnswer[this.data.index] = select; //保存用户选择
    console.log('radio发生变化，被选中的值是：' +select)
    var jieg = local_database[this.data.index].daan;
    if (select == jieg) { //答案选择正确
        this.nextQuestion(); //进入下一题
        this.setData({
           defen: this.data.defen + 20  //加20分
        })
    }
 },
```

nextQuestion()实现显示下一题信息。如果是最后一题则跳转测试结束页面。

```
//下一题
nextQuestion: function () {
  console.log(this.data.index);
  if (this.data.index < local_database.length - 1) {
     this.initdata(this.data.index + 1);//改变题目
     this.setData({
        radioItems: this.data.radioItems,
        index: this.data.index + 1,
        ny: true    //是否显示正确答案，true是隐藏答案
     });
  }
  else
  {
    console.log('测试结束!!! ' );
    this.gotoOver(); //跳转测试结束页面
  }
},
```

lastQuestion()实现显示上一题信息。

```
//上一题
lastQuestion: function() {
   if (this.data.index > 0) {
      this.initdata(this.data.index - 1);//改变题目
      this.setData({
         radioItems: this.data.radioItems,
         index: this.data.index - 1,
         ny: true,  //是否显示正确答案，true是隐藏答案
      });
   }
},
```

gotoOver()跳转测试结束页面。

```
gotoOver: function () {
 wx.navigateTo({
   url: '../exam/over',  //跳转测试结束页面
 })
},
```

xianshi()显示本题的正确答案。

```
xianshi: function () {
 this.setData({
    ny: false
 })
},
```

页面加载时显示第一题（索引号 0）题目信息。注意题目索引号从零开始。

```
/**
  * 生命周期函数——监听页面加载
  */
onLoad: function(options) {
  this.initdata(0);      //获取第1题题目的4个选项信息和用户选择
  this.setData({
     radioItems: this.data.radioItems,
  })
},
```

initdata(n)获取第 n 题题目的 4 个选项信息和用户选择。

```
 initdata: function(n) {
    for(var i = 0; i<4;i++){
       this.data.radioItems[i].value = String.fromCharCode(i + 65)+
           "."+local_database[n].content[i];
       this.data.radioItems[i].checked = false;
    }
    if(userAnswer[n]=="A")
       this.data.radioItems[0].checked = true;
    if(userAnswer[n] == "B")
       this.data.radioItems[1].checked = true;
    if(userAnswer[n] == "C")
       this.data.radioItems[2].checked = true;
    if(userAnswer[n] == "D")
       this.data.radioItems[3].checked = true;
 },
 /**
   * 用户单击右上角分享
   */
 onShareAppMessage: function() {
 }
})
```

至此，完成 radio 版智力测试游戏。

第 10 章

连连看游戏

10.1　连连看游戏介绍

“连连看”考验的是玩家的眼力，在有限的时间内，只要把所有能连接的相同图案，两个一对地找出来，每找出一对，它们就会自动消失，只要把所有的图案全部消完即可获得胜利。所谓能够连接，指的是：无论横向或者纵向，从一个图案到另一个图案之间的连线不能超过两个弯，其中，连线不能从尚未消去的图案上经过。

连连看游戏的规则总结如下。

（1）两个选中的方块是相同的。

（2）两个选中的方块之间连接线的折点不超过两个（连接线由 x 轴和 y 轴的平行线组成）。

本章开发连连看游戏，游戏效果如图 10-1 所示。

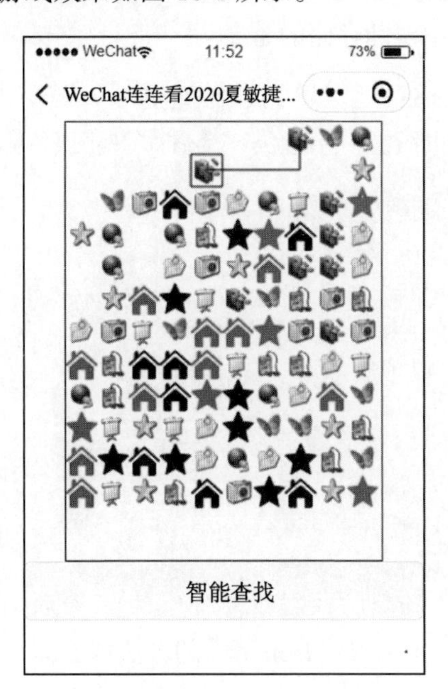

图 10-1　连连看运行界面

本游戏增加智能查找功能，当玩家自己无法找到时，可以单击智能查找按钮，则会出现提示可以消去的两个方块（被加上红色边框线）。

10.2 程序设计的思路

1. 图标方块布局

首先，游戏中有 10 种方块，如图 10-2 所示，而且每种方块有 10 个。可以先按顺序把每种图标方块（数字编号）排好放入列表 tmpMap（临时的地图）中，然后用 random.shuffle() 打乱列表元素的顺序后，依次从 tmpMap（临时的地图）中取一个图标方块放入地图 map 中。实际上，程序内部是不需要认识图标方块的图像的，只需要用一个 ID 来表示，运行界面上画出来的图标图形是根据地图中 ID 取资源里的图片画的。如果 ID 的值为空（" "），则说明此处已经被消除掉了。

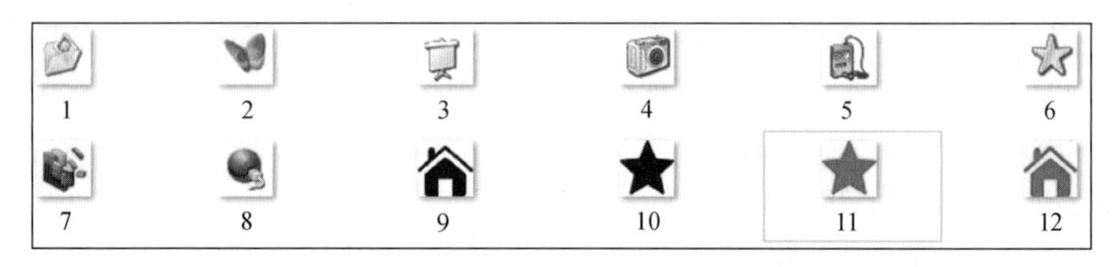

图 10-2 连连看运行界面

地图 map 中存储的是图标图案主文件名。如果是 2.jpg 图标，在 map 中实际存储的是 2；如果是 8.jpg 图标，在 map 中实际存储的是 8。

```
create_map: function() { //生成随机地图
    //将所有匹配成对的图标索引号放进一个临时的地图中
    var tmpMap = [];
    var m = (Width) * (Height) / 10;
    for (var x = 1; x <= m; x++)
       for (var i = 0; i < 10; i++) //每种方块有10个
          tmpMap.push(x);
    tmpMap.sort(randomsort);  //打乱数组
    //生成随机地图
    for (var x = 0; x < Width; x++) {
       for (var y = 0; y < Height; y++)
          map[x][y] = tmpMap[x * Height + y]; //从上面的临时地图中获取
    }
},
```

JavaScript 中打乱数组有很多方法，最精简的方法如下。

```
function randomsort(a, b) {
    return Math.random()>.5 ? -1 : 1;
```

```
    //用Math.random()函数生成0~1的随机数与0.5比较，返回-1或1
}
var arr = [1, 2, 3, 4, 5];
arr.sort(randomsort);
```

这里介绍下 sort()函数，在 JavaScript 中 Array 数组对象里内置了一个 sort()函数：

```
arrayobj.sort([sortFunction])
```

此方法将 Array 对象进行适当的排序；在执行过程中并不会创建新的 Array 对象。其中，参数 sortFunction 为可选项，是用来确定元素顺序的函数的名称。如果这个参数被省略，那么元素将按照 ASCII 字符顺序进行升序排列。

sortFunction 函数有两个参数，分别代表每次排序比较时的两个数组元素。sort()排序时把两个比较的数组元素作为参数传递给这个 sortFunction 函数。当函数返回值为 1 的时候就交换两个数组元素的顺序，否则就不交换。

我们可以对上面的 randomsort()稍做修改，来实现升序排列和降序排列。

```
function asc(a,b) {
    return a < b ? -1 : 1;//如果a<b不交换，否则交换，即升序排列
 }
 function desc(a,b) {
    return a > b ? -1 : 1;;//如果a>b不交换，否则交换，即将序排列
 }
```

另外，可以直接把一个无名函数放到 sort()方法的调用中。如下的例子是将奇数排在前面，偶数排在后面。

```
var arrA = [6,2,4,3,5,1];
arrA.sort( function(x, y) {
    if (x % 2 ==0) return 1;
    if (x % 2 !=0) return -1;
});
console.logln(arrA); //输出：1,5,3,4,6,2
```

2. 连通算法

分析一下方块连接的情况可以看到，一般分为三种情况，如图 10-3 所示。

1）直连方式

在直连方式中，要求两个选中的方块 x 或 y 相同，即在一条直线上，并且它们之间没有其他任何图案的方块。在 3 种连接方式中最简单。

2）一个折点

其实相当于两个方块画出一个矩形，这两个方块是一对对角顶点，另外两个顶点中某个顶点（即折点）如果可以同时和这两个方块直连，那就说明可以“一折连通”。

3）两个折点

这种方式的两个折点 (z1,z2) 必定在两个目标点（两个选中的方块）p1、p2 所在的 x 方向或 y 方向的直线上。

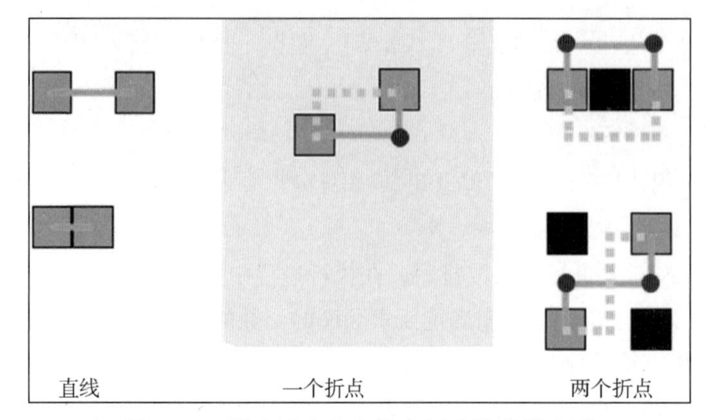

图 10-3 两个选中的方块之间连接线示意图

按 p1(x1,y1)点向四个方向探测，例如向右探测，每次 x1+1，判断 z1(x1+1,y1)与 p2(x2,y2)点可否形成一个折点连通性，如果可以形成连通，则两个折点连通，否则直到超过图形右边界区域。假如超过图形右边界区域，则还需判断两个折点在选中方块的右侧，且两个折点在图案区域之外连通情况是否存在。此时判断可以简化为判断 p2 (x2,y2) 点是否可以水平直通到边界。

经过上面的分析，对两个方块是否可以抵消算法流程图如图 10-4 所示。

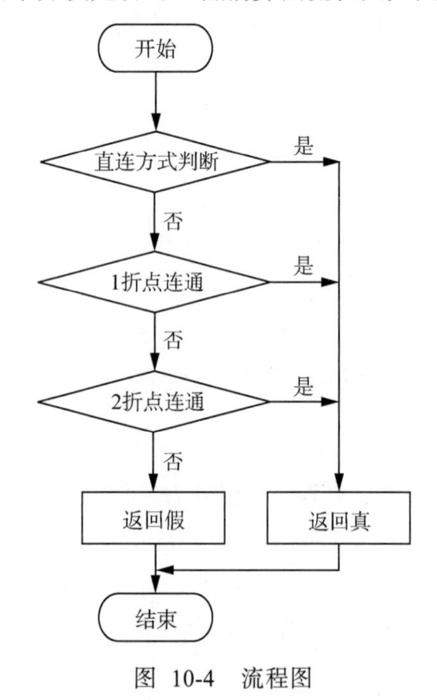

图 10-4 流程图

根据如图 10-4 所示的流程图，对选中的两个方块（分别在 (x1,y1)、(x2,y2) 位置）是否可以抵消的判断如下实现。把该功能封装在 IsLink()方法里面，其代码如下。

```
/**
  *判断选中的两个方块是否可以消除
```

```
    */
  IsLink: function(p1, p2) {
      if (this.lineCheck(p1, p2)) //直接连通
         return true;
      if (this.OneCornerLink(p1, p2)) //一个转弯（折点）的连通方式
         return true;
      if (this.TwoCornerLink(p1, p2)) //两个转弯（折点）的连通方式
         return true;
      return false;
  },
```

直连方式分为 x 或 y 相同情况。同行同列情况消除的原理是如果两个相同的被消除方块之间的空格数 spaceCount 等于它们的（行/列差-1），则两者可以连通。

```
  //定义坐标点类
  function Point(_x, _y) {
     this.x = _x;
     this.y = _y;
  }
  /**
      *
      * x代表列，y代表行
      * param p1 第一个保存上次选中点坐标的点对象
      * param p2 第二个保存上次选中点坐标的点对象
      */
    //直接连通
   lineCheck: function(p1, p2) {
       var absDistance = 0;
       var spaceCount = 0;
       var zf;
       console.log(p1.x + "," + p1.y + " ; " + p2.x + "," + p2.y);
       if (p1.x == p2.x || p1.y == p2.y) //是同行同列的情况吗?
       {
           //同列的情况
           if (p1.x == p2.x && p1.y != p2.y) {
               console.log(" 同列的情况!! ");
               //绝对距离(中间隔着的空格数)
               absDistance = Math.abs(p1.y - p2.y) - 1;
               //正负值
               if (p1.y - p2.y > 0)
                   zf = -1;
               else
                   zf = 1;
               for (var i = 1; i < absDistance + 1; i++) {
                  if (map[p1.x][p1.y + i * zf] == " ")
                      //空格数加1
                      spaceCount += 1;
                  else
                      break; //遇到阻碍就不用再探测了
```

```
            }
        } else if (p1.y == p2.y && p1.x != p2.x) { //同行的情况
            console.log("同行的情况!! ");
            absDistance = Math.abs(p1.x - p2.x) - 1
            //正负值
            if (p1.x - p2.x > 0)
                zf = -1;
            else
                zf = 1;
            for (var i = 1; i < absDistance + 1; i++) {
                if (map[p1.x + i * zf][p1.y] == " ")
                    //空格数加1
                    spaceCount += 1;
                else
                    break; //遇到阻碍就不用再探测了
            }
        }
        console.log("距离" + spaceCount + "," + absDistance);
        if (spaceCount == absDistance) {
            //可连通
            console.log("行/列可直接连通");
            return true;
        } else {
            console.log("行/列不能消除! ");
            return false;
        }
    } else //不是同行同列的情况所以直接返回false
        return false;
},
```

一个折点连通使用 OneCornerLink()实现判断。其实相当于两个方块画出一个矩形，这两个方块是一对对角顶点，见图 10-5 两个黑色目标方块的连通情况。右上角打叉的位置就是折点，左下角打叉的位置不能与左上角黑色目标方块连通，所以不能作为折点。

如果找到则把折点加入 linePointStack 数组中。

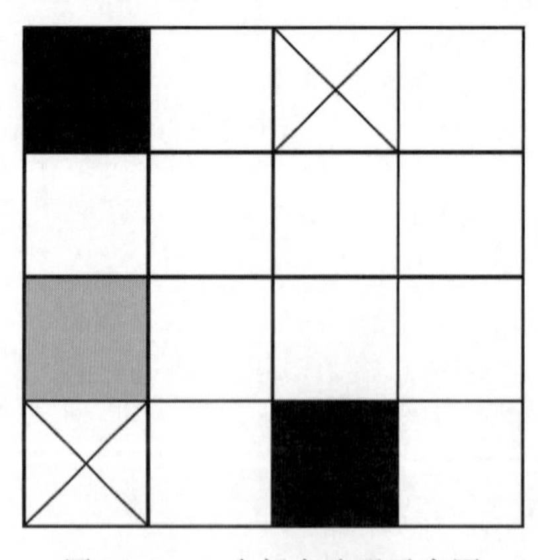

图 10-5　一个折点连通示意图

```
/**
 *第二种，一个折点连通（直角连通）
 *@param first: 选中的第一个点
 *@param second: 选中的第二个点
 */
OneCornerLink: function(p1, p2) {
  //第一个直角检查点
  var checkP = new Point(p1.x, p2.y);
  //第二个直角检查点
  var checkP2 = new Point(p2.x, p1.y);
  //第一个直角点检测
  if (map[checkP.x][checkP.y] == " ")
     if (this.lineCheck(p1, checkP) && this.lineCheck(checkP, p2)) {
        linePointStack.push(checkP);
        console.log("直角消除ok", checkP.x, checkP.y);
        return true;
     }
   //第二个直角点检测
   if (map[checkP2.x][checkP2.y] == " ")
      if (this.lineCheck(p1, checkP2) && this.lineCheck(checkP2, p2)){
         linePointStack.push(checkP2);
         console.log("直角消除ok", checkP2.x, checkP2.y);
         return true;
      }
   console.log("不能直角消除");
   return false;
 },
```

两个折点连通（双直角连通）使用 TwoCornerLink()实现判断。双直角连通判定可分为以下两步。

（1）在 p1 点周围 4 个方向寻找空块 checkP 点。

（2）调用 OneCornerLink(checkP, p2)检测 checkP 与 p2 点可否形成一个折点连通性。

两个折点连通即遍历 p1 点周围 4 个方向的空格，使之成为 checkP 点，然后调用 OneCornerLink(checkP, p2)判定是否为真，如果为真则可以双直角连同，否则当所有的空格都遍历完而没有找到则失败。

如果找到则把两个折点加入 linePointStack 数组中。

```
/**
 *第三种，两个折点连通（双直角连通）
 *@param p1 第一个点
 *@param p2 第二个点
 */
TwoCornerLink: function(p1, p2) {
 var checkP = new Point(p1.x, p1.y);
```

```
//四向探测开始
for (var i = 0; i < 4; i++) {
    checkP.x = p1.x;
    checkP.y = p1.y;
    //向下
    if (i == 3) {
        checkP.y += 1;
        while ((checkP.y < Height) && map[checkP.x][checkP.y] == " "){
          linePointStack.push(checkP);
          if (this.OneCornerLink(checkP, p2)) {
              console.log("下探测OK");
              return true;
          } else
              linePointStack.pop();
          checkP.y += 1
        }
   } else if (i == 2) { //向右
       checkP.x += 1;
       while ((checkP.x < Width) && map[checkP.x][checkP.y] == " ") {
         linePointStack.push(checkP)
         if (this.OneCornerLink(checkP, p2)) {
             console.log("右探测OK");
             return true;
         } else
            linePointStack.pop();
         checkP.x += 1;
       }
   }
   //向左
   else if (i == 1) {
       checkP.x -= 1;
       while ((checkP.x >= 0) && map[checkP.x][checkP.y] == " ") {
         linePointStack.push(checkP);
         if (this.OneCornerLink(checkP, p2)) {
             console.log("左探测OK");
             return true;
         } else
             linePointStack.pop();
         checkP.x -= 1;
       }
   }
   //向上
   else if (i == 0) {
       checkP.y -= 1;
       while ((checkP.y >= 0) && map[checkP.x][checkP.y] == " ") {
         linePointStack.push(checkP);
         if (this.OneCornerLink(checkP, p2)) {
             console.log("上探测OK");
```

```
                return true;
            } else
                linePointStack.pop();
            checkP.y -= 1;
        }
    }
  }
  //四个方向都寻完没找到适合的checkP点
  console.log("两直角连接没找到适合的checkP点")
  return false;
},
```

注意：上面代码在测试两个折点连通时，并没有考虑两个折点都在游戏区域的外部情况，有些连连看游戏不允许折点在游戏区域外侧（即边界外）。如果允许这种情况，对上面代码进行如下修改。

```
#向下
if (i == 3){
      checkP.y+=1;
      while (( checkP.y < Height) && map[checkP.x][checkP.y]==" "){
             linePointStack.push(checkP);
             if (OneCornerLink(checkP, p2))
                 return true;
             else
                 linePointStack.pop();
             checkP.y+=1;
     }
     #补充两个折点都在游戏区域底侧外部
     if (checkP.y==Height){//出了底部，则仅需判断p2能否也达到底部边界
          z=new Point(p2.x, Height-1);//底部边界点
          if lineCheck(z,p2) {//两个折点在区域外部的底侧
               linePointStack.push(new Point(p1.x, Height));
               linePointStack.push(new Point(p2.x, Height));
               console.log("下探测到游戏区域外部OK");
               return true;
          }
     }
}
```

其余三个方向的边界外部两个折点连通情况判断，请读者自己思考添加。

3. 智能查找功能的实现

在地图上自动查找出一组相同可以抵消的方块，可采用遍历算法。下面通过图 10-6 协助分析此算法。

在图中找相同图案的方块时，将按方块地图 map 的下标位置对每个方块进行查找，一旦找到一组相同可以抵消的方块则马上返回。查找相同方块组的时候，必须先确定第一个选定

方块（例如 0 号方块），然后在这个基础上做遍历查找第二个选定方块，即从 1 开始按照 1、2、3、4、5、6、7，…顺序查找第二个选定方块，并判断选定的两个方块是否可以连通抵消，假如 0 号方块与 5 号方块连通，则经历(0,1)、(0,2)、(0,3)、(0,4)、(0,5)等 5 组数据的判断对比，成功后立即返回。

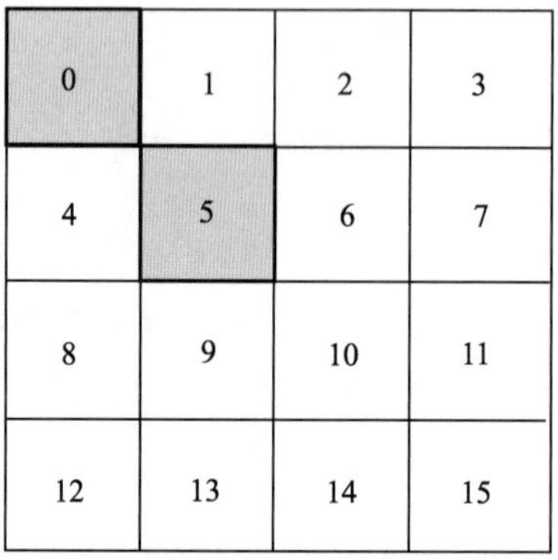

0	1	2	3
4	5	6	7
8	9	10	11
12	13	14	15

图 10-6　匹配示意图

如果找不到匹配的第二个选定方块，则如图 10-7(a) 所示编号加 1 重新选定第一个选定方块（即 1 号方块）进入下一轮，然后在这个基础上做遍历查找第二个选定方块，即如图 10-7(b) 所示从 2 号开始按照 2、3、4、5、6、7 ……顺序查找第二个选定方块，直到搜索到最后一块（即 15 号方块）；那么为什么从 2 号开始查找第二个选定方块，而不是从 0 号开始呢？因为将 1 号方块选定为第一个选定方块前，0 号已经作为第一个选定方块对后面的方块进行可连通的判断了，它必然不会与后面的方块连通。

如果找不到与 1 号方块连通且相同的，于是编号加 1 重新选定第一个选定方块（即 2 号方块）进入下一轮，从 3 号开始按照 3、4、5、6、7 ……顺序查找第二个选定方块。

0	1	2	3
4	5	6	7
8	9	10	11
12	13	14	15

(a) 0号方块找不到匹配方块，选定1号

0	1	2	3
4	5	6	7
8	9	10	11
12	13	14	15

(b) 从2号开始找匹配

图 10-7　匹配示意图

按照上面设计的算法，整个流程图如图 10-8 所示。

根据流程图，把自动查找出一组相同可以抵消的方块功能封装在 Find2Block()方法里面，其代码如下。

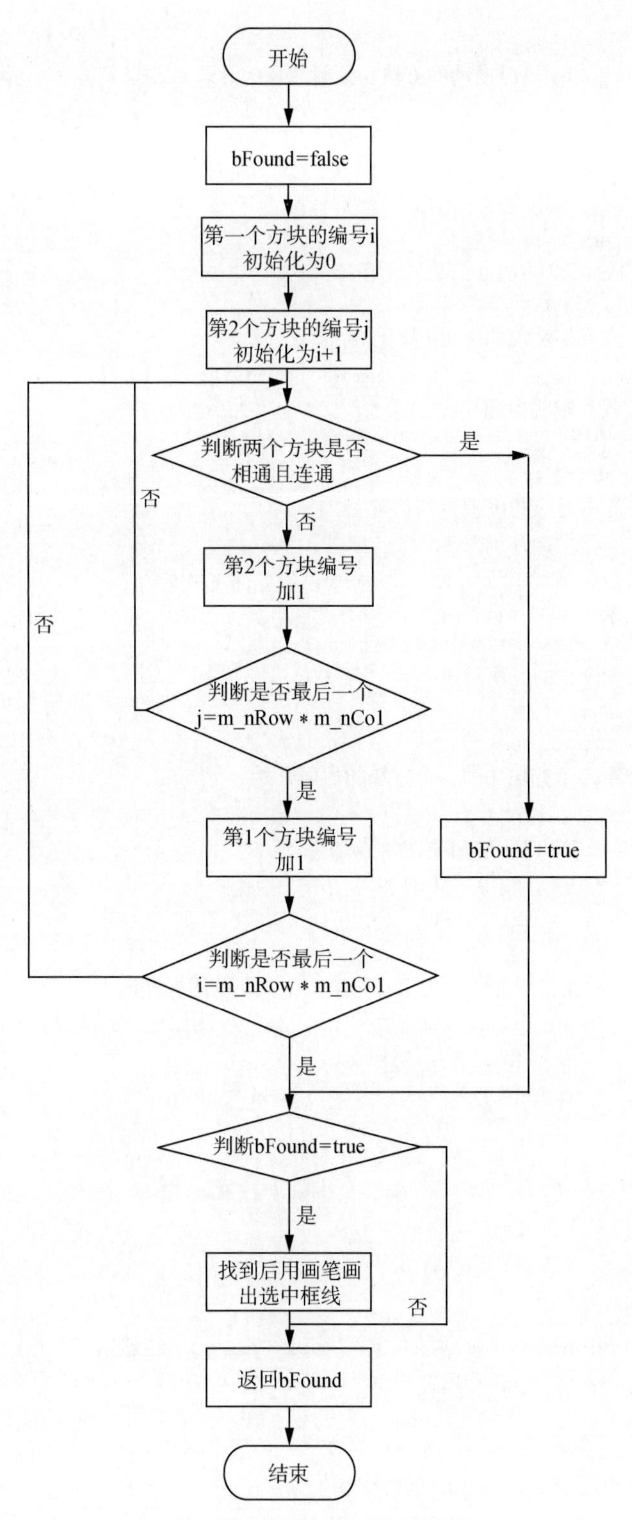

图 10-8 智能查找匹配方块流程图

```
/**
*自动查找出一组相同可以抵消的方块功能封装在Find2Block()
*/
  find2Block: function() {
      //自动查找
      var m_nRoW = Height;
      var m_nCol = Width;
      var bFound = false;
      var x1,y1,x2,y2;
      //第一个方块从地图的0位置开始
      for (var i = 0; i < m_nRoW * m_nCol; i++) {
          //找到则跳出循环
          if (bFound)
             break;
          //算出对应的虚拟行列位置
          x1 = i % m_nCol;
          y1 = Math.floor(i / m_nCol);  //整除
          console.log("aaa"+y1);
          p1 = new Point(x1, y1);
          //无图案的方块跳过
          if (map[x1][y1] == ' ')
             continue
          //第二个方块从前一个方块的后面开始
          for (var j = i + 1; j < m_nRoW * m_nCol; j++) {
              //算出对应的虚拟行列位置
              x2 = j % m_nCol;
              y2 = Math.floor(j / m_nCol);    //整除
              p2 = new Point(x2, y2);
              //第二个方块不为空且与第一个方块的图标相同
              if (map[x2][y2] != ' ' && this.IsSame(p1, p2)) {
                  //判断是否可以连通
                  if (this.IsLink(p1, p2)) {
                      bFound = true;
                      break;
                  }
              }
          }
      }
      //找到后
      if (bFound) { //p1(x1,y1)与p2(x2,y2)连通
          console.log('找到后');
          let ctx = this.ctx;
          this.print_map();
          //画选定(x1,y1)处的框线
          ctx.strokeRect(p1.x * 25, p1.y * 25, 25, 25);
           //画选定(x2,y2)处的框线
           ctx.strokeRect(p2.x * 25, p2.y * 25, 25, 25);
           ctx.draw();
```

```
        }else{
            console.log('没找到');
        }
        return bFound;
    },
```

10.3 程序设计的步骤

1. 设计点类 Point

点类 Point 比较简单，主要存储方块所在棋盘坐标（x,y）。

```
//定义坐标点类
function Point(_x, _y) {
  this.x = _x;
  this.y = _y;
}
```

2. 设计游戏主逻辑

整个游戏在 canvas 对象中进行，在页面加载时调用 create_map()实现将图标图案随机放到地图中，地图 map 中记录的是图案的数字编号。最后调用 print_map()按地图 map 中记录图案信息将图 10-2 中图标图案绘制在 canvas 对象中，生成游戏开始的界面。同时绑定 canvas 对象触屏开始事件，对玩家触屏操作做出反应。

```
var map = [];
var Select_first = false; //是否已经选中第一块
var linePointStack = []; //存储连接的折点棋盘坐标
var Height = 12;
var Width = 10;
var p1, p2; //存储选中第一块、第二块方块对象坐标
  /**
   * 生命周期函数——监听页面加载
   */
  onLoad: function(options) {
    //创建画布上下文
    this.init(); //初始化地图，将地图中所有方块区域位置置为空方块状态
    this.create_map() ; //生成随机地图
    this.print_map(); //输出map地图
    this.ctx = wx.createCanvasContext('myCanvas')
    this.ctx.draw();
  },
init: function() {
      //初始化地图，将地图中所有方块区域位置置为空方块状态
      for (var x = 0; x < Width; x++) {
          map[x] = new Array();
```

```
            for (var y = 0; y < Height; y++) {
                map[x][y] = " "; //" "表示空的
            }
        }
    },
```

3. 编写函数代码

print_map()按地图 map 中记录图案信息将图 10-2 中图标图案显示在 canvas 对象中，生成游戏开始的界面。

```
/**
 *按地图map中记录图案信息将图标图案显示在canvas对象中，生成游戏开始的界面。
 */
print_map: function() { //输出map地图
   let ctx = this.ctx
   for (var x = 0; x < Width; x++)
      for (var y = 0; y < Height; y++)
         if (map[x][y] != ' ') {
            var img1 = '/images/' + map[x][y] + ".jpg";
            //ctx.drawImage('/images/4.jpg', 50 * i, 50, 50, 50)
            ctx.drawImage(img1, 25 * x, 25 * y, 25, 25);
         }
},
```

用户在窗口中单击时，由屏幕像素坐标(e.touches[0].x, e.touches[0].y)计算被单击方块的地图棋盘位置坐标 (x,y)。判断是否是第一次选中方块，是则仅对选定方块加上红色示意框线。如果是第二次选中方块，则加上黑色示意框线，同时要判断是否图案相同且连通。假如连通则在选中方块之间画连接线。

canvas 对象触屏事件则调用智能查找功能 find2Block()。

```
find2Block: function() {#自动查找
...        //见前文程序设计的思路
}
```

canvas 对象触屏开始事件代码。

```
touchStart: function(e) {
   var x = Math.floor(e.touches[0].x / 25);
   var y = Math.floor(e.touches[0].y / 25);
   let ctx = this.ctx;
   var pair=false;     //是否配对成功
   this.print_map(); //输出map地图
   console.log("clicked at" + x + ", " + y);
   if (map[x][y] == " ")
      console.log("提示此处无方块");
   else {
      if (Select_first == false) {
         p1 = new Point(x, y);
```

```
            //画选定（x1,y1）处的框线
            ctx.setStrokeStyle("red");
            ctx.strokeRect(x * 25, y * 25, 25, 25);
            Select_first = true;
        } else {
            p2 = new Point(x, y);
            //判断第二次单击的方块是否已被第一次单击选取，如果是则返回
            if ((p1.x == p2.x) && (p1.y == p2.y))
                return;
            //画选定（x2,y2）处的框线
            console.log('第二次单击的方块' + x + ', ' + y)
            ctx.strokeRect(x * 25, y * 25, 25, 25);
            if (this.IsSame(p1, p2) && this.IsLink(p1, p2)) {
                //判断是否连通
                console.log('连通' + x + ', ' + y);
                Select_first = false;
                //画选中方块之间连接线
                this.drawLinkLine(p1, p2);
                map[p1.x][p1.y] = ' ';//清空记录地图中第1个方块
                map[p2.x][p2.y] = ' ';//清空记录地图中第2个方块
                pair=true;            //配对成功，定时0.5S后刷新屏幕
                linePointStack=[];
                if(this.isWin())  {  //游戏结束
                    console.log("游戏结束,你通关了!! ");
                }
            } else {
            //不能连通则取消选定的两个方块
              Select_first = false;
            }
        }
    }
    ctx.draw();
    if (pair) {//配对成功
        this.print_map(); //重新输出map地图
        //定时0.5S后刷新屏幕
        setTimeout(function () {
            ctx.draw();
        }, 500); //过0.5S
    }
},
```

IsSame(p1,p2)判断 p1(x1, y1)与 p2(x2, y2)处的方块图案是否相同。

```
IsSame: function(p1, p2) {
  if (map[p1.x][p1.y] == map[p2.x][p2.y]) {
      console.log("clicked at IsSame");
      return true;
  }
```

```
    return false;
  },
```

以下是画方块之间连接线的方法。

drawLinkLine(p1,p2)绘制(p1,p2)所在两个方块之间的连接线。判断 linePointStack 数组长度，如果为 0，则是直接连通。linePointStack 数组长度为 1，则是一折连通，linePointStack 存储一折连通的折点。linePointStack 数组长度为 2，则是二折连通，linePointStack 存储二折连通的两个折点。

```
drawLinkLine: function(p1, p2) { //画连接线
   console.log("折点数" + linePointStack.length);
   if (linePointStack.length == 0) //直线连通
      this.drawLine(p1, p2);
   if (linePointStack.length == 1) { //一折连通
      var z = linePointStack.pop();
      console.log("一折连通点z" + z.x + z.y);
      this.drawLine(p1, z);
      this.drawLine(p2, z);
   }
   if (linePointStack.length == 2) { //二折连通
      var z1 = linePointStack.pop()
      //print("二折连通点z1",z1.x,z1.y)
      this.drawLine(p2, z1)
      var z2 = linePointStack.pop()
      //print("二折连通点z2",z2.x,z2.y)
      this.drawLine(z1, z2);
      this.drawLine(p1, z2);
   }
},
```

drawLinkLine(p1,p2)绘制(p1,p2)之间的直线。

```
drawLine: function(p1, p2) {  //绘制(p1, p2)之间的直线
  let ctx = this.ctx;
  ctx.beginPath();
  ctx.moveTo(p1.x * 25 + 12, p1.y * 25 + 12);
  ctx.lineTo(p2.x * 25 + 12, p2.y * 25 + 12);
  ctx.stroke();
},
```

IsWin()检测是否尚有未被消除的方块，即地图 map 中元素值非空（" "），如果没有则已经赢得了游戏。

```
/**
  *检测是否已经赢得了游戏
  */
isWin: function() {
  //检测是否尚有未被消除的方块
```

```
    //(非BLANK_STATE状态)
    for (var y = 0; y < Height; y++)
       for (var x = 0; x < Width; x++)
          if (map[x][y] != " ")
              return false;
    return true;
  },
```

至此完成连连看游戏。

第 11 章

推箱子游戏

11.1 推箱子游戏介绍

经典的推箱子是一个来自日本的古老游戏，目的是训练玩家的逻辑思考能力。在一个狭小的仓库中，要求把木箱放到指定的位置，稍不小心就会出现箱子无法移动或者通道被堵住的情况，所以需要巧妙地利用有限的空间和通道，合理安排移动的次序和位置，才能顺利地完成任务。

推箱子游戏功能如下：游戏运行载入相应的地图，屏幕中出现一个推箱子的工人，其周围是围墙、人可以走的通道、几个可以移动的箱子和箱子放置的目的地。让玩家通过按上下左右键控制工人推箱子。当箱子都被推到目的地后出现过关信息，并显示下一关。推错了的玩家还可以按空格键重新玩这一关，直到过完全部关卡。

本章开发推箱子游戏，推箱子游戏效果如图 11-1 所示。

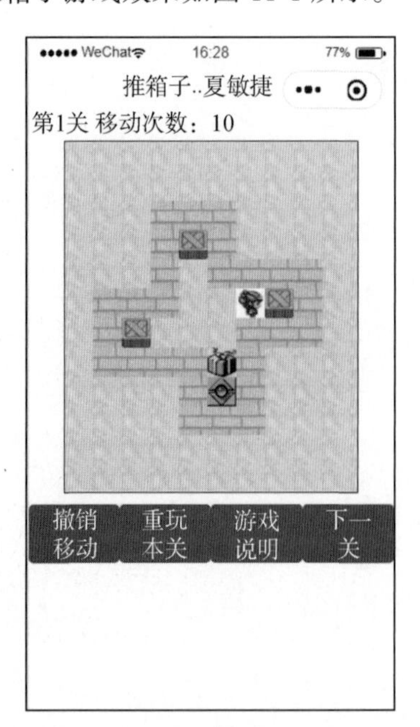

图 11-1　推箱子游戏界面

本游戏使用的图片元素如图 11-2 所示。

ball.gif	block.gif	box.gif	down.png	redbox.gif	wall.gif
目的地	通道	箱子	工人	箱子已在目的地	围墙

图 11-2　游戏中使用的图片

其中，人物行走不同方向使用不同图片，如图 11-3 所示。

down.png　left.png　right.png　up.png

图 11-3　人物行走图片

11.2　程序设计的思路

首先确定一下开发难点。对工人的操作很简单，就是四个方向移动，工人移动，箱子也移动，所以对按键处理也比较简单些。当箱子到达目的地位置时，就会产生游戏过关事件，需要一个逻辑判断。那么我们仔细想一下，所有这些事件都发生在一张地图中。这张地图就包括箱子的初始化位置、箱子最终放置的位置和围墙障碍等。每一关地图都要更换，这些位置也要变，所以我们发现每关的地图数据是最关键的，它决定了每关的不同场景和物体位置。那么下面就重点分析一下地图。

我们把地图想象成一个网格，每个格子就是工人每次移动的步长，也是箱子移动的距离，这样问题就简化多了。首先设计一个 16×16 的二维数组 curMap。按照这样的框架来思考。对于格子的 x 和 y 两个屏幕像素坐标，可以由二维列表下标换算。

每个格子状态值分别用值（0）代表通道 Block，（1）代表墙 Wall，（2）代表目的地 Ball，（3）代表箱子 Box，（4）代表人 CurMan，（5）代表放到目的地的箱子 redBox。文件中存储的原始地图中格子的状态值采用相应的整数形式存放。

在玩家通过键盘控制工人推箱子的过程中，需要按游戏规则判断是否响应该按键指示。下面分析工人将会遇到什么情况，以便归纳出所有的规则和对应算法。为了描述方便，可以假设工人移动趋势方向向右，其他方向原理是一致的。P1 和 P2 分别代表工人移动趋势方向前两个方格，如图 11-4 所示。

游戏规则判断如下。

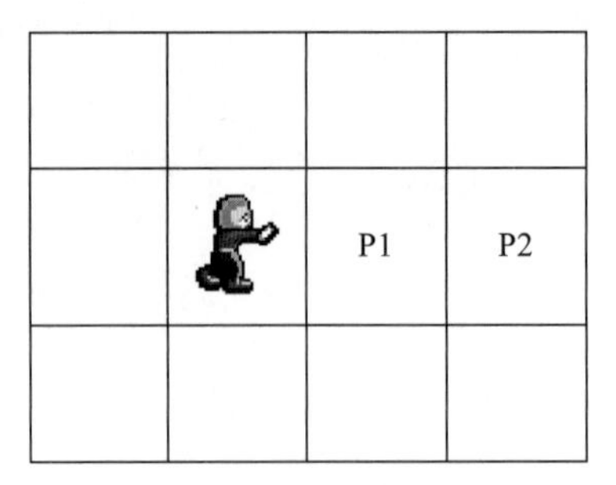

图 11-4　工人位置

1. 判断 P1 是否出界

若出界则退出规则判断，布局不做任何改变。

```
if(p1.x<0) return false;
if(p1.y<0) return false;
if(p1.y>=curMap.length) return false;
if(p1.x>=curMap[0].length) return false;
```

2. 前方 P1 是围墙

```
如果工人前方是围墙（即阻挡工人的路线）
{
退出规则判断，布局不做任何改变；
}
if(curMap[p1.y][p1.x]==1)return false;//如果是墙，不能通行
```

3. 前方 P1 是箱子

在前面情况中，只要根据前方 P1 处的物体就可以判断出工人是否可以移动，而在第 3 种情况中，需要判断箱子前方 P2 处的物体才能判断出工人是否可以移动，如图 11-5 所示。此时有以下可能。

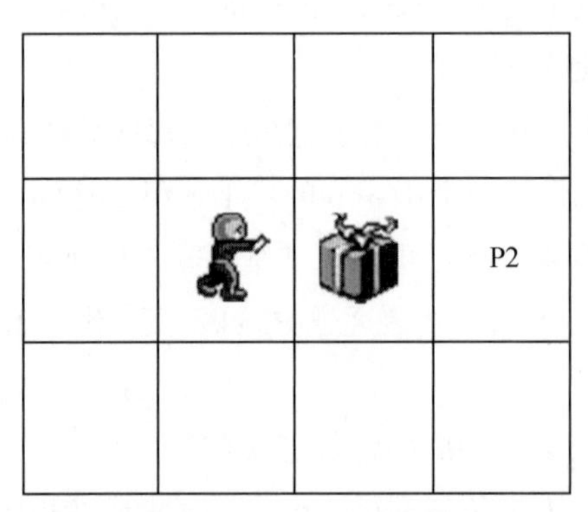

图 11-5　工人前方是箱子

（1）P1 处为箱子或者放到目的地的箱子，P2 处为墙或箱子。

如果工人前方 P1 处为箱子或者放到目的地的箱子，P2 处为墙或箱子，退出规则判断，布局不做任何改变。

```
if(curMap[p1.y][p1.x]==3 ||curMap[p1.y][p1.x]==5)//如果是箱子，继续判断前一格
```

```
{
    if(curMap[p2.y][p2.x]==1 || curMap[p2.y][p2.x]==3 ||
                curMap[p2.y][p2.x]==5)//前一格如果是墙或箱子，都不能前进
            return false;
}
```

（2）P1 处为箱子或者放到目的地的箱子，P2 处为通道。

如果工人前方 P1 处为箱子，P2 处为通道，工人可以进到 P1 方格；P2 方格状态为箱子。修改相关位置格子的状态值。

（3）P1 处为箱子或者放到目的地的箱子，P2 处为目的地。

如果工人前方 P1 处为箱子，P2 处为目的地，工人可以进到 P1 方格；P2 方格状态为放置好的箱子。修改相关位置格子的状态值。

```
if(curMap[p1.y][p1.x]==3 ||curMap[p1.y][p1.x]==5)
  //如果是箱子，继续判断前一格
    if(curMap[p2.y][p2.x]==0 || curMap[p2.y][p2.x]==2)
     //如果P2为通道或者目的地
     {
          oldMap = copyArray(curMap);              //记录现在的地图
          //箱子前进一格
          curMap[p2.y][p2.x]=3;
         //如果原始地图是目的地或者是放到目的地的箱子
         if(CurLevel[p2.y][p2.x]==2 ||CurLevel[p2.y][p2.x]==5)
             curMap[p2.y][p2.x]=5;
     }
canReDo = true;
//工人前进一格
curMap[p1.y][p1.x]=4;                    //4代表工人
//处理工人原来位置是否显示目的地还是通道平地
var v=CurLevel[per_position.y][per_position.x];
  //获取工人原来位置原始地图信息
if(v==2|| v==5){ //如果原来位置是目的地或者放到目的地的箱子
     curMap[per_position.y][per_position.x]=2;//显示目的地
else
     curMap[per_position.y][per_position.x]=0;//显示通道平地
}
```

综合前面的分析，可以设计出整个游戏的实现流程。

11.3　程序设计的步骤

11.3.1　游戏视图文件 index.wxml

```
<!--index.wxml-->
<text>{{msg}}</text>
```

```
<canvas canvas-id='myCanvas' style="border:1rpx solid;background
   -color:#FFF" bindtouchstart="touchStart" bindtouchmove="touchMove"
   bindtouchend="touchEnd"></canvas>
<view class="contain">
<button bindtap='Redo'>撤销移动</button>
<button bindtap='NextLevel0'>重玩本关</button>
<button bindtap='DoHelp'>游戏说明</button>
<button bindtap='NextLevel1'>下一关</button>
</view>
<text>{{msg1}}</text>
```

游戏视图文件主要设置<canvas>画布的背景色和对应的 id。添加显示移动次数和游戏提示的 view。

界面上添加 4 个功能按钮，实现“下一关”“撤销移动”“重玩本关”“游戏说明”功能。

11.3.2 设计脚本 index.js

1. 设计游戏地图

整个游戏在 13×11 区域中，使用二维数组 curMap 存储游戏的状态。其中，方格状态值 0 代表通道，1 代表墙，2 代表目的地，3 代表箱子，4 代表工人，5 代表放到目的地的箱子。例如，如图 11-1 所示推箱子游戏界面的对应数据如图 11-6 所示。

0	0	0	0	0	0	0	0	0	0	0
0	0	0	0	0	0	0	0	0	0	0
0	0	0	1	1	1	0	0	0	0	0
0	0	0	1	2	1	0	0	0	0	0
0	0	0	1	0	1	1	1	1	0	0
0	1	1	1	3	0	3	2	1	0	0
0	1	2	0	3	4	1	1	1	0	0
0	1	1	1	1	3	1	0	0	0	0
0	0	0	0	1	2	1	0	0	0	0
0	0	0	0	1	1	1	0	0	0	0
0	0	0	0	0	0	0	0	0	0	0
0	0	0	0	0	0	0	0	0	0	0
0	0	0	0	0	0	0	0	0	0	0

图 11-6 推箱子游戏界面对应数据

每关地图方格状态值采用 levels 数组存储，注意 levels[0]存储第一关，levels[1]存储第二关，以此类推。本游戏存储 4 关信息。

```
var levels = [];
//第一关
levels[0] = [
  [ 0, 0, 0, 0, 0, 0, 0, 0, 0, 0, 0],
  [ 0, 0, 0, 0, 0, 0, 0, 0, 0, 0, 0],
  [ 0, 0, 0, 1, 1, 1, 0, 0, 0, 0, 0],
  [ 0, 0, 0, 1, 2, 1, 0, 0, 0, 0, 0],
  [ 0, 0, 0, 1, 0, 1, 1, 1, 1, 0, 0],
```

```
    [ 0, 1, 1, 1, 3, 0, 3, 2, 1, 0, 0],
    [ 0, 1, 2, 0, 3, 4, 1, 1, 1, 0, 0],
    [ 0, 1, 1, 1, 1, 3, 1, 0, 0, 0, 0],
    [ 0, 0, 0, 0, 1, 2, 1, 0, 0, 0, 0],
    [ 0, 0, 0, 0, 1, 1, 1, 0, 0, 0, 0],
    [ 0, 0, 0, 0, 0, 0, 0, 0, 0, 0, 0],
    [ 0, 0, 0, 0, 0, 0, 0, 0, 0, 0, 0],
    [ 0, 0, 0, 0, 0, 0, 0, 0, 0, 0, 0 ]
 ];
 //第二关
 levels[1] = [
   [ 0, 0, 0, 0, 0, 0, 0, 0, 0, 0, 0],
   [ 0, 1, 1, 1, 1, 1, 0, 0, 0, 0, 0],
   [ 0, 1, 4, 0, 0, 1, 0, 0, 0, 0, 0],
   [ 0, 1, 0, 3, 3, 1, 0, 1, 1, 1, 0],
   [ 0, 1, 0, 3, 0, 1, 0, 1, 2, 1, 0],
   [ 0, 1, 1, 1, 0, 1, 1, 1, 2, 1, 0],
   [ 0, 0, 1, 1, 0, 0, 0, 0, 2, 1, 0],
   [ 0, 0, 1, 0, 0, 0, 1, 0, 0, 1, 0],
   [ 0, 0, 1, 0, 0, 0, 1, 1, 1, 1, 0],
   [ 0, 0, 1, 1, 1, 1, 1, 0, 0, 0, 0],
   [ 0, 0, 0, 0, 0, 0, 0, 0, 0, 0, 0],
   [ 0, 0, 0, 0, 0, 0, 0, 0, 0, 0, 0],
   [ 0, 0, 0, 0, 0, 0, 0, 0, 0, 0, 0]
];
//第三关
levels[2] = [
   [ 0, 0, 0, 0, 0, 0, 0, 0, 0, 0, 0],
   [ 0, 1, 1, 1, 1, 1, 1, 1, 0, 0, 0],
   [ 0, 1, 0, 0, 0, 0, 0, 1, 1, 1, 0],
   [ 1, 1, 3, 1, 1, 1, 0, 0, 0, 1, 0],
   [ 1, 0, 4, 0, 3, 0, 0, 3, 0, 1, 0],
   [ 1, 0, 2, 2, 1, 0, 3, 0, 1, 1, 0],
   [ 1, 1, 2, 2, 1, 0, 0, 0, 1, 0, 0],
   [ 0, 1, 1, 1, 1, 1, 1, 1, 1, 0, 0],
   [ 0, 0, 0, 0, 0, 0, 0, 0, 0, 0, 0],
   [ 0, 0, 0, 0, 0, 0, 0, 0, 0, 0, 0],
   [ 0, 0, 0, 0, 0, 0, 0, 0, 0, 0, 0],
   [ 0, 0, 0, 0, 0, 0, 0, 0, 0, 0, 0],
   [ 0, 0, 0, 0, 0, 0, 0, 0, 0, 0, 0]
];
//第四关
levels[3] = [
   [ 0, 0, 0, 0, 0, 0, 0, 0, 0, 0, 0],
   [ 0, 0, 1, 1, 1, 1, 0, 0, 0, 0, 0],
   [ 0, 1, 1, 0, 0, 1, 0, 0, 0, 0, 0],
   [ 0, 1, 4, 3, 0, 1, 0, 0, 0, 0, 0],
   [ 0, 1, 1, 3, 0, 1, 1, 0, 0, 0, 0],
   [ 0, 1, 1, 0, 3, 0, 1, 0, 0, 0, 0],
   [ 0, 1, 2, 3, 0, 0, 1, 0, 0, 0, 0],
   [ 0, 1, 2, 2, 5, 2, 1, 0, 0, 0, 0],
```

```
    [ 0, 1, 1, 1, 1, 1, 1, 0, 0, 0, 0],
    [ 0, 0, 0, 0, 0, 0, 0, 0, 0, 0, 0],
    [ 0, 0, 0, 0, 0, 0, 0, 0, 0, 0, 0],
    [ 0, 0, 0, 0, 0, 0, 0, 0, 0, 0, 0],
    [ 0, 0, 0, 0, 0, 0, 0, 0, 0, 0, 0]];
```

程序初始时，获取对应的图片，并将本关 iCurLevel 的地图信息 levels[iCurLevel]复制到当前游戏地图数据数组 curMap 和 CurLevel 中。curMap 初始与 CurLevel 相同，游戏中记录不断改变游戏状态。CurLevel 是当前关游戏地图数据，游戏中不变，主要用来获取箱子目的地和判断游戏是否结束。

```
var w = 25;
var h = 25;
var curMap; //当前游戏地图数据数组，初始与CurLevel相同，游戏中改变
var oldMap; //保存上次人物移动前地图数据数组
var CurLevel; //当前关游戏地图数据，游戏中不变，用来判断游戏是否结束
var iCurLevel = 0; //当前是第几关
var curMan; //当前小人图片
var MoveTimes = 0; //移动次数
```

使用变量保存图片。例如，箱子图片的变量是 box，目的地图片的变量是 ball，通道图片的变量是 block，已在目的地的箱子的变量是 redbox，墙图片的变量是 wall。人物的上下左右方向图片的变量分别是 left、right、up、down。

```
//以下是图片
var block = "/img/block.gif";         //通道图片
var box = "/img/box.gif";             //箱子
var wall = "/img/wall.gif";           //墙
var ball = "/img/ball.gif";          //目的地
var redbox = "/img/redbox.gif";      //放到目的地的箱子
//人物方向图片
var pdown = "/img/down.png";          //向下
var pup = "/img/up.png";              //向上
var pleft = "/img/left.png";         //向左
var pright = "/img/right.png";        //向右
var per_position = new Point(5, 5);
var canReDo = false;    //能否撤销，只有移动后才能撤销

//游戏页面
Page({
  /**
   * 生命周期函数——监听页面加载
   */
  onLoad: function(options) {
```

```
        //创建画布上下文
        this.ctx = wx.createCanvasContext('myCanvas')
        this.init();
        console.log("绘制初始化画面");
    },
    init: function() {
        this.initLevel();
        this.showMoveInfo();
    },
```

initLevel()将本关地图信息复制到当前游戏地图数据数组 curMap 和 CurLevel 中，并在屏幕上画出通道、箱子、墙、人物、目的地信息。

```
    initLevel: function() {
      curMap = copyArray(levels[iCurLevel]);
      oldMap = copyArray(curMap);
      CurLevel = copyArray(levels[iCurLevel]);
      curMan = pdown;
      this.DrawMap(curMap); //画通道、箱子、墙、人物、目的地信息
    },
  //克隆二维数组
  function copyArray(arr) {
    var b = [];
    for (var i = 0; i < arr.length; i++) {
       b[i] = arr[i].concat();
    }
    return b;
  }
```

为了保存工人所在位置，使用 per_position 保存。初始在(5, 5)坐标位置。当然在绘制游戏时会根据地图信息修改工人所在位置 per_position。

```
  function Point(x,y)
  {
       this.x=x;
       this.y=y;
  }
  var per_position=new Point(5,5);
```

2. 绘制整个游戏区域图形

绘制整个游戏区域图形就是按照地图 level 存储图形代号，获取对应图像，显示到 canvas 上。全局变量 per_position 代表工人当前位置(x,y)，从地图 level 读取时如果是 4(工人值为 4)，则 per_position 记录当前位置。游戏中为了达到清屏效果，每次工人移动后重画屏幕前，用通道重画整个游戏区域，相当于清除原有画面后再绘制新的图案。

```
  InitMap: function() {           //全部画通道，平铺方块
     let context = this.ctx;
     for (var i = 0; i < CurLevel.length; i++) {
        for (var j = 0; j < CurLevel[i].length; j++) {
           context.drawImage(block, w * i, h * j, w, h); //通道图片
```

```
      }
    }
  },
  DrawMap: function(level) {  //画箱子、墙、人物、目的地
    let context = this.ctx;
    this.InitMap(); //画通道，平铺方块
    for (var i = 0; i < level.length; i++) //行号
    {
       for (var j = 0; j < level[i].length; j++) //列号
       {
          var pic = block;
          switch (level[i][j]) {
            case 0:
              pic = block; //通道图片
              break;
            case 1:
              pic = wall;
              break;
            case 2:
              pic = ball;
              break;
            case 3:
              pic = box;
              break;
            case 5:
              pic = redbox;
              break;
            case 4:
              pic = curMan;
              per_position.x = j;
              per_position.y = i;
              break;
          }
          context.drawImage(pic, w * j, h * i, w, h);
       }
    }
    context.draw();
  },
function DrawMap(level)//画箱子、墙、人物、目的地
  DrawMap: function(level) {
    let context = this.ctx;
    //context.clearRect ( 0 , 0 , w*16 , h*16 );
    this.InitMap(); //画通道，平铺方块
    for (var i = 0; i < level.length; i++) {      //行号
       for (var j = 0; j < level[i].length; j++) {   //列号
          var pic = block;
          switch (level[i][j]) {
            case 0:   //通道
              pic = block;
              break;
            case 1:  //墙
```

```
                pic = wall;
                break;
              case 2:  //目的地
                pic = ball;
                break;
              case 3:  //箱子
                pic = box;
                break;
              case 5:  //放到目的地的箱子
                pic = redbox;
                break;
              case 4:  //工人
               pic = curMan;
               per_position.x = j;  //per_position记录工人当前位置x, y
               per_position.y = i;
               break;
          }
          context.drawImage(pic, w * j, h * i, w, h);
      }
   }
   context.draw();
 },
```

3. 按键事件处理

游戏中采用 canvas 画布的手指触摸事件来处理工人移动方向。

如图 11-7 所示，假设 A 点为 touchstart 事件触摸点，坐标为 A(ax,ay)，然后手指向上滑动

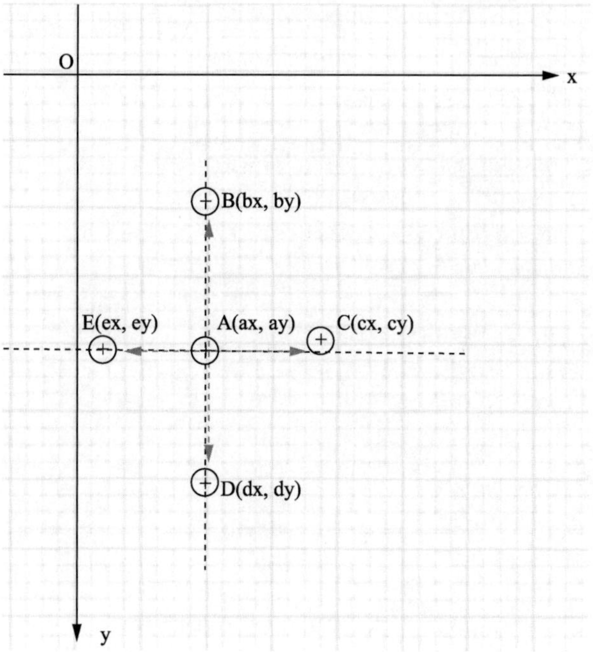

图 11-7 推箱子游戏界面

到点 B(bx,by)，就满足条件 by < ay; 同理，向右滑动到 C(cx,cy)，满足 cx > ax；向下滑动到 D(dx,dy)，满足 dy > ay；向左移动到 E(ex,ey)，满足 ex < ax。

由于玩家手指滑动移动时，可能 x 和 y 方向都有位移，此时比较哪个方向的位移量大，则认为玩家向此方向滑动。

根据用户的滑动方向，计算出工人移动趋势方向前两个方格位置坐标 p1 和 p2，将所有位置作为参数调用 TryGo(p1,p2)方法判断并进行地图更新。

```
//手指按下的坐标
var startx = 0;
var starty = 0;
//手指在canvas上移动时的坐标
var movex = 0;
var movey = 0;
var direction = '';
//偏移量
var x, y;
    //触屏事件
    touchStart: function(e) {
      startx = e.touches[0].x;
      starty = e.touches[0].y;
    },
    touchMove: function(e) {
      movex = e.touches[0].x;
      movey = e.touches[0].y;
      x = movex - startx;     //计算x和y方向的位移
      y = movey - starty;
    },
    touchEnd: function() { //判断用户滑动方向
      if (Math.abs(x) > Math.abs(y) && x > 0) {
          direction = 'right';//向右
      } else if (Math.abs(x) > Math.abs(y) && x < 0) {
          direction = 'left';//向左
      } else if (Math.abs(x) < Math.abs(y) && y < 0) {
          direction = 'up';//向上
      } else {
          direction = 'down';//向下
      }
      this.go(direction);
    },
  go: function(dir) {    //按方向移动工人
      var p1;
      var p2;
      switch (dir) {
        case "left":
          curMan = pleft; //人物图片为向左走的图片
          p1 = new Point(per_position.x - 1, per_position.y);
          p2 = new Point(per_position.x - 2, per_position.y);
```

```
            break;
        case "right":
            curMan = pright; //人物图片为向右走的图片
            p1 = new Point(per_position.x + 1, per_position.y);
            p2 = new Point(per_position.x + 2, per_position.y);
            break;
        case "up":
            curMan = pup; //人物图片为向上走的图片
            p1 = new Point(per_position.x, per_position.y - 1);
            p2 = new Point(per_position.x, per_position.y - 2);
            break;
        case "down":
            curMan = pdown; //人物图片为向下走的图片
            p1 = new Point(per_position.x, per_position.y + 1);
            p2 = new Point(per_position.x, per_position.y + 2);
            break;
    }
    if (TryGo(p1, p2)) //如果能够移动
    {
        MoveTimes++; //次数加1
        this.showMoveInfo(); //显示移动次数信息
    }
    this.DrawMap(curMap);
    if (CheckFinish()) {
        msg = "恭喜过关";
        console.log(msg);
        this.setData({
            msg: msg,
        })
        this.NextLevel(1); //开始下一关
    }
},
```

TryGo(p1,p2)方法是最复杂的部分，实现前面所分析的所有的规则和对应算法。

```
function TryGo(p1,p2) //判断是否可以移动
{
    //判断是否在游戏区域
    if(p1.x<0) return false;
    if(p1.y<0) return false;
    if(p1.y>=curMap.length) return false;
    if(p1.x>=curMap[0].length) return false;
    if(curMap[p1.y][p1.x]==1)return false;//如果是墙，不能通行
    if(curMap[p1.y][p1.x]==3 ||curMap[p1.y][p1.x]==5)
    //如果是箱子，继续判断前一格
    {
        if(curMap[p2.y][p2.x]==1 || curMap[p2.y][p2.x]==3 ||
                curMap[p2.y][p2.x]==5)//前一格如果是墙或箱子都不能前进
            return false;
```

```
            if(curMap[p2.y][p2.x]==0 || curMap[p2.y][p2.x]==2)//如果P2为通道
                                                                      或者目的地
            {
                oldMap = copyArray(curMap);//记录现在地图
                //箱子前进一格
                curMap[p2.y][p2.x]=3;
                //如果原始地图是目的地或者是放到目的地的箱子
                if(CurLevel[p2.y][p2.x]==2 ||CurLevel[p2.y][p2.x]==5)
                    curMap[p2.y][p2.x]=5;
            }
        }
        canReDo = true;
        //工人前进一格
        curMap[p1.y][p1.x]=4;
        //以下处理工人原来位置是否显示目的地还是通道平地
        var v=CurLevel[per_position.y][per_position.x];
        //获取工人原来位置原始地图信息
        if(v==2|| v==5) //如果原来是目的地
            curMap[per_position.y][per_position.x]=2
        else
            curMap[per_position.y][per_position.x]=0;//显示通道平地

        per_position=p1;//记录位置
        return true;
    }
```

CheckFinish()判断是否完成本关。如果原始地图目标位置上没放上箱子（也就是此位置不是放到目的地的箱子 curMap[i][j]!=5），则表明有没放好的箱子，游戏还未成功，否则成功。

```
    function CheckFinish()//验证是否过关
    {
       for(var i=0;i<curMap.length;i++)//行号
       {
           for(var j=0;j<curMap[i].length;j++)//列号
           {    //如果原始地图的目标位置上没放上箱子，则还没结束
                if(CurLevel[i][j]==2 && curMap[i][j]!=5 || CurLevel[i][j]==5 &&
curMap[i][j]!=5)
                    return false;
           }
       }
       return true;
    }
```

4. 显示帮助和提示信息

```
    DoHelp:function () {
       this.setData({
          msg1: "  移动小人，把箱子全部推到小球的位置即可过关。
```

```
                箱子只可向前推，不能往后拉，并且小人一次只能推动一个箱子。",
      })
    },
    showMoveInfo:function() {
      msg = "第" + (iCurLevel + 1) + "关移动次数：" + MoveTimes;
      this.setData({
        msg: msg,
      })
    },
```

5. 撤销功能

游戏中oldMap保存每次移动前的地图信息，完成撤销时就是把oldMap恢复到当前地图curMap中即可。同时根据地图中记录的信息找到工人位置，修改per_position记录的工人位置信息，最后重新绘制整个游戏屏幕就可以恢复到上一步的状态。

```
var canReDo = false;
  Redo: function() {
    if (canReDo == false) //不能撤销
      return;
    //恢复上次地图
    curMap = copyArray(oldMap);
    for (var i = 0; i < curMap.length; i++) { //行号
      for (var j = 0; j < curMap[i].length; j++) { //列号
        if (curMap[i][j] == 4) //如果此处是人
          per_position = new Point(j, i);
      }
    }
    MoveTimes--; //次数减1
    canReDo = false;
    this.showMoveInfo(); //显示移动次数信息
    this.DrawMap(curMap); //画箱子、墙、人物、目的地信息
  },
```

6. 选关功能

游戏中有“下一关”“重玩本关”两个选关功能，这两个选关功能的实现方法是一样的。参数i如果是1，则是“下一关”；参数i如果是0，则是“重玩本关”；当然参数i如果是–1，则是“上一关”（本游戏没使用此功能）。选关时主要根据关卡号iCurLevel，调用initLevel()初始化本关地图，并在屏幕上画出箱子、墙、人物、目的地信息。

```
NextLevel0:function()  {  //重玩本关
  this.NextLevel(0);
},
NextLevel1: function ()  {  //下一关
  this.NextLevel(1);
},
NextLevel: function(i)  { //初始化下i关
```

```
    iCurLevel = iCurLevel + i;
    if (iCurLevel < 0) {
        iCurLevel = 0;
        return;
    }
    var len = levels.length;
    if (iCurLevel > len - 1) {
        iCurLevel = len - 1;
        return;
    }
    this.initLevel();
    UseTime = 0;
    MoveTimes = 0;
    canReDo = false;   //本关初始化时不能撤销
    this.showMoveInfo();
},
```

至此就完成了经典的推箱子游戏。读者可以考虑一下多关推箱子游戏如何开发，例如，把 10 关游戏地图信息实现存储在 map.txt 文件里，需要时从文件中读取下一关数据即可。

第 12 章

五子棋游戏

12.1 五子棋游戏简介

五子棋是一种家喻户晓的棋类游戏，它的多变吸引了无数的玩家。本章首先实现单机五子棋游戏（两人轮流下），而后改进成人机对战版。整个游戏棋盘为15×15，单击触屏落子，黑子先落。在每次下棋子前，程序先判断该处有无棋子，有则不能落子，超出边界不能落子。任何一方有达到横向、竖向、斜向、反斜向连到五个棋子则胜利。本章五子棋游戏运行界面如图12-1所示。

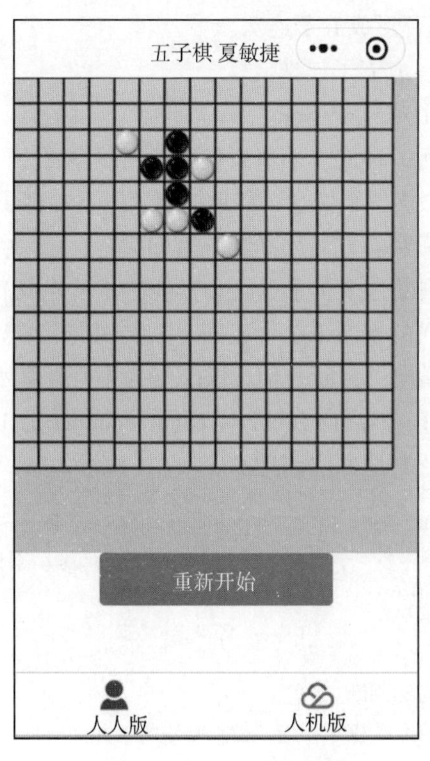

图 12-1 五子棋游戏运行界面

12.2 五子棋设计思想

在下棋过程中，为了保存下过的棋子的信息，使用数组 chessData。chessData[x][y]存储棋盘(x,y)处棋子信息，用 1 代表黑子，2 代表白子，0 为无棋子。

整个游戏运行时，在触屏单击事件中判断单击位置是否合法，即不能在已有棋的位置单击，也不能超出游戏棋盘边界，如果合法则将此位置信息加入 chessData，同时调用 judge(x, y, chess)判断游戏的输赢。

12.3 关 键 技 术

12.3.1 判断输赢的算法

本游戏关键技术是判断输赢的算法。对于算法具体实现大致分为以下几部分。

（1）判断 x=y 轴上是否形成五子连珠。

（2）判断 x=-y 轴上是否形成五子连珠。

（3）判断 x 轴上是否形成五子连珠。

（4）判断 y 轴上是否形成五子连珠。

以上四种情况只要任何一种成立，那么就可以判断输赢。

判断输赢实际上不用扫描整个棋盘，如果能得到刚下的棋子位置(x, y)，就不用扫描整个棋盘，而仅在此棋子附近横竖斜方向均判断一遍即可。

judge(x, y, chess)函数判断这个棋子是否和其他的棋子连成五子即输赢判断。它是以(x,y)为中心横向、纵向、斜方向的判断来统计相同个数实现的。

例如，以水平方向（横向）判断为例，以(x, y)为中心计算水平方向棋子数量时，首先向左统计，相同则 count1 加 1。然后向右统计，相同则 count1 加 1。统计完成后如果 count1≥5 则说明水平方向连成五子。其他方向同理。

```
function judge(x, y, chess) {//判断该局棋盘是否赢了
    var count1 = 0;        //保存共有相同颜色的多少个棋子相连
    var count2 = 0;
    var count3 = 0;
    var count4 = 0;
    //左右判断，横向的判断
    //判断横向是否有五个棋子相连，特点是纵坐标相同，即chessData[x][y]中y
    //值是否相同
    for (var i = x; i >= 0; i--) {   //向左统计
```

```
        if (chessData[i][y] != chess) {
            break;
        }
        count1++;
    }
    for (var i = x + 1; i < 15; i++) {//向右统计
        if (chessData[i][y] != chess) {
            break;
        }
        count1++;
    }
    //上下判断，纵向的判断
    for (var i = y; i >= 0; i--) {
        if (chessData[x][i] != chess) {
            break;
        }
        count2++;
    }
    for (var i = y + 1; i < 15; i++) {
        if (chessData[x][i] != chess) {
            break;
        }
        count2++;
    }
    //左上右下判断
    for (var i = x, j = y; i >= 0, j >= 0; i--, j--) {
        if (chessData[i][j] != chess) {
            break;
        }
        count3++;
    }
    for (var i = x + 1, j = y + 1; i < 15, j < 15; i++, j++) {
        if (chessData[i][j] != chess) {
            break;
        }
        count3++;
    }
    //右上左下判断
    for (var i = x, j = y; i >= 0, j < 15; i--, j++) {
        if (chessData[i][j] != chess) {
            break;
        }
        count4++;
    }
    for (var i = x + 1, j = y - 1; i < 15, j >= 0; i++, j--) {
        if (chessData[i][j] != chess) {
            break;
        }
        count4++;
    }
    if (count1 >= 5 || count2 >= 5 || count3 >= 5 || count4 >= 5){
        if (chess == 1)
```

```
                console.log("白棋赢了");
            else
                console.log("黑棋赢了");
            isWell = true;//设置该局棋盘已经赢了，不可以再走了
        }
    }
```

程序中 judge(x, y, chess)函数判断四种情况下是否连成五子从而判断出输赢。本程序中每下一步棋子，调用 judge(x, y, chess)函数判断是否已经连成五子，如果已经连成五子，显示输赢结果对话框。

12.3.2 图形上色

如果想要给图形上色，有两个重要的属性可以做到：fillStyle 和 strokeStyle。

fillStyle = color

strokeStyle = color

strokeStyle 是用于设置图形轮廓的颜色，而 fillStyle 用于设置填充颜色。color 可以是表示 CSS 颜色值的字符串。默认情况下，线条和填充颜色都是黑色(CSS 颜色值#000000)。

下面的例子都表示同一种颜色。

```
//这些 fillStyle 的值均为橙色
ctx.fillStyle = "orange";
ctx.fillStyle = "#FFA500";
ctx.fillStyle = "rgb(255,165,0)";
ctx.fillStyle = "rgba(255,165,0,1)";
```

本游戏中棋盘的背景色采用了 yellow。

```
context.fillStyle = " yellow";
context.fillRect(0,0, 15 * W, 15 * W);
```

12.3.3 调用模块代码

微信小程序支持将一些公共代码放在一个独立的 JS 文件中，作为一个公共模块可以被其他 JS 文件调用。注意，模块只能通过 export 或者 module export 对外提供接口。

例如，在根目录下新建 utils 文件夹并创建公共 JS 文件 common.js。

```
//common.js
function sayHello(name) {
  console.log('Hello'+name)
}
function sayGoodbye(name) {
  console.log('Goodbye'+name)
}
module.exports.sayHello = sayHello  //推荐使用这种
exports.sayGoodbye = sayGoodbye
```

上述代码创建了两个自定义函数 sayHello 和 sayGoodbye，且都带有参数 name。这两个自定义函数通过 export 或者 module export 暴露给外界。

在需要调用的页面 JS 中使用 require 引用 common.js 文件，此后就可调用其中暴露的函数。

```
var com = require('../../utils/common.js') //目前暂时不支持绝对路径地址
Page({
  hello: function() {
    com.sayHello('2019')
  },
  goodbye: function() {
    com.sayGoodbye('2018')
  }
})
```

12.4　程序设计的步骤

12.4.1　游戏视图 index.wxml

游戏布局很简单，就是一个画布<canvas>和一个重新开始的<button>按钮组件。调用 drawRect()绘制棋盘，从而开始游戏。

```
<!--index.wxml-->
<canvas canvas-id="myCanvas"
  style="width:100%;height:80%;background-color:#ccc"
  bindtouchstart="play" >
</canvas>
<button bindtap="newGame">重新开始</button>
```

12.4.2　设计脚本 index.js

1. 初始化棋盘数组

定义两个棋子图片对象 img_b 和 img_w，初始化棋盘数组 chessData，0 为没有走过的，1 为白棋走的，2 为黑棋走的；所以最初都是 0。

```
var isWhite = false; //设置是否该轮到白棋
var isOver = false; //设置该局棋盘是否赢了，如果赢了就不能再走了
var img_b = "/images/w.png"; //白棋图片
var img_w = "/images/b.png"; //黑棋图片
var W = 20;
var chessData = new Array(15); //这个为棋盘的二维数组用来保存棋盘信息
          //初始化0为没有走过的，1为白棋走的，2为黑棋走的
```

2. 绘制棋盘

页面加载完毕时调用 drawRect()函数，在页面上绘制 15×15 五子棋棋盘。

```
drawQipan: function(context) { //页面加载完毕调用函数，初始化棋盘
  context.fillStyle = "yellow";
  context.fillRect(0, 0, 15 * W, 15 * W);
  context.fillStyle = "#000000";
  for (var i = 0; i <= 15 * W; i += W) { //绘制棋盘的线
     context.beginPath();
    context.moveTo(0, i);
    context.lineTo(15 * W, i);
    context.closePath();
    context.stroke();
    context.beginPath();
    context.moveTo(i, 0);
    context.lineTo(i, 15 * W);
    context.closePath();
    context.stroke();
  }
},
```

3. 走棋函数

触屏单击事件中判断单击位置是否合法，即不能在已有棋的位置单击，也不能超出游戏棋盘边界，如果合法则将此位置信息记录到 chessData（数组）中，最后是本游戏关键——输赢判断。程序中调用 judge(x, y, chess)函数判断输赢。判断四种情况下是否连成五子，得出谁赢。

```
play: function(e) { //触屏
      var startx = e.touches[0].x;
      var starty = e.touches[0].y;
      //计算触屏单击的区域，如果单击了（65, 65），那么就是单击了（3, 3）的位置
      var x = Math.floor(startx / W);
      var y = Math.floor(starty / W);
      if (chessData[x][y] != 0) { //判断该位置是否下过棋了
         console.log("你不能在这个位置下棋");
         return;
      }
      var chess=0;
      if (isWhite) {         //是否白棋
         chess = 1;
         this.drawChess(1, x, y); //绘制白棋
         isWhite = false; ;   //换下一方走棋
      } else {
         chess = 2;
         this.drawChess(2, x, y); //绘制黑棋
         isWhite = true;    //换下一方走棋
      }
      judge(x, y, chess);   //判断输赢
```

```
        this.drawQipan(this.ctx);  //绘制棋盘
        //重新绘制所有棋子
        for (var x = 0; x < 15; x++) {
            for (var y = 0; y < 15; y++) {
                if (chessData[x][y]== 1) {
                    this.ctx.drawImage(img_w, x * W, y * W, W, W); //绘制白棋
                } else if (chessData[x][y] == 2) {
                    this.ctx.drawImage(img_b, x * W, y * W, W, W); //绘制黑棋
                }
            }
        }
        this.ctx.draw();
        if (isOver == true) {
            console.log("已经结束了，如果需要重新玩，请重新开始");
            return;
        }
    },
```

4. 画棋子函数

drawChess(chess, x, y)函数中参数 chess 为棋（1 为白棋，2 为黑棋），(x, y)为棋盘，即数组位置。

```
drawChess: function(chess, x, y) { //参数为棋（1为白棋，2为黑棋），数组位置
  if (x >= 0 && x < 15 && y >= 0 && y < 15) {
      if (chess == 1) {
          chessData[x][y] = 1;
      } else {
          chessData[x][y] = 2;
      }
  }
},
```

至此完成两个人轮流下的五子棋游戏。

12.5　人机五子棋游戏的开发

前面开发的五子棋游戏仅能够实现两个人轮流下棋，如果改进成人机五子棋对弈则更具有挑战性。人机五子棋对弈需要人工智能技术，棋类游戏实现人工智能的算法通常有以下三种。

1. 遍历式算法

遍历式算法的原理是：按照游戏规则，遍历当前棋盘布局中所有可以下棋的位置，然后假设在第一个位置下棋，得到新的棋盘布局，再进一步遍历新的棋盘布局。如果遍历到最后也不能战胜对手，则退回到最初的棋盘布局，重新假设在第二个位置下棋，继续遍历新的棋盘布局，这样反复地遍历，直到找到能最终战胜对手的位置。这种算法可使计算机棋艺非常高，每一步都能找出最关键的位置。然而这种算法的计算量非常大，对 CPU 的要求很高。

2. 思考式算法

思考式算法的原理是：事先设计一系列的判断条件，根据这些判断条件遍历棋盘，选择最佳的下棋位置。这种算法的程序往往比较复杂而且只有本身棋艺很高的程序员才能制作出“高智商的计算机”。

3. 棋谱式算法

棋谱式算法的原理是：事先将常见的棋盘局部布局存储成棋谱，然后在走棋之前只对棋盘进行一次遍历，依照棋谱选择关键的位置。这种算法的程序思路清晰，计算量相对较小，而且只要棋谱足够多，也可以使计算机的棋艺达到一定的高度。

本实例采用棋谱式算法实现人工智能。为此设计 Computer 类，实现计算机（白方）落子位置的计算。首先使用数组 Chess 存储棋谱，其中，黑棋（B）、白棋（W）、无棋（N）及需要下棋位置（S）的形式如下：

```
//一个棋子的情况
[   N,  N,  N,  S,  B   ],
…
//两个棋子的情况
…
//三个棋子的情况
[   N,  S,  B,  B,  B   ],
[   B,  B,  B,  S,  N   ],
[   N,  B,  B,  B,  S   ],
[   N,  B,  S,  B,  B   ],
…
//四个棋子的情况
[   S,  B,  B,  B, B ],
[   B,  S,  B,  B, B ],
[   B,  B,  S,  B, B   ],
[   B,  B,  B,  S,  B   ],
[   B,  B,  B,  B,  S   ],
[   S,  W,  W,  W,  W ],
[   W,  S,  W,  W,  W   ],
…
```

数组中行数越多，表明该行棋谱中 S 位置越重要，则计算机走最重要的位置。

例如，棋谱[N,S,B,B,B]表示玩家（人）的黑棋（B）已有三子连线了，计算机必须在此附近下棋，其中 S 需要计算机下子的位置，N 为空位置。棋谱[S, B, B, B, B]表示玩家（人）的黑棋（B）已有四子连线了。当然棋谱[S, B, B, B, B]级别高于棋谱[N,S,B,B,B]。

有了棋谱后就是遍历棋盘的信息是否符合某个棋谱，判断时从级别高的棋谱判断到级别低的棋谱（即数组中行数最高 Chess.length–1 开始判断）。如果符合某个棋谱，则按棋谱指定的位置存储到（m_nCurRow，m_nCurCol），如果所有棋谱都不符合，则随便找一个空位置。

实现人工智能的算法的 computerAI.js 脚本如下。

```
var KONG = 0;       //空位置KONG
var BLACK = 2;      //黑色棋子
var WHITE = 1;      //白色棋子
var N = 0;          //空位置
var B = 2;          //有黑色棋子（人的棋）
var W = 1;          //有白色棋子（计算机的棋）
var S = 3;          //需要下子的位置
//数组Chess存储棋谱
var Chess  =  [
    //一个棋子的情况
    [ N,N,N,S,B ],
    [ B,S,N,N,N ],
    [ N,N,N,S,B ],
    [ N,B,S,N,N ],
    [ N,N,S,B,N ],
    [ N,N,B,S,N ],
    [ N,N,N,S,W ],
    [ W,S,N,N,N ],
    [ N,N,N,S,W ],
    [ N,W,S,N,N ],
    [ N,N,S,W,N ],
    [ N,N,W,S,N ],
    //两个棋子的情况
    [ B,B,S,N,N ],
    [ N,N,S,B,B ],
    [ B,S,B,N,N ],
    [ N,N,B,S,B ],
    [ N,B,S,B,N ],
    [ N,B,B,S,N ],
    [ N,S,B,B,N ],
    [ W,W,S,N,N ],
    [ N,N,S,W,W ],
    [ W,S,W,N,N ],
    [ N,N,W,S,W ],
    [ N,W,S,W,N ],
    [ N,W,W,S,N ],
    [ N,S,W,W,N ],
    //三个棋子的情况
    [N,S,B,B,B ],
    [B,B,B,S,N ],
    [N,B,B,B,S ],
    [N,B,S,B,B ],
    [B,B,S,B,N ],
    [N,S,W,W,W ],
    [W,W,W,S,N ],
    [N,W,W,W,S ],
    [N,W,S,W,W ],
    [W,W,S,W,N ],
    //四个棋子的情况
```

```
    [S, B,  B,  B,  B],
    [B, S,  B,  B,  B],
    [B,  B,  S,B,  B ],
    [B,  B,  B, S,  B ],
    [B,  B,  B,  B,  S],
    [S,  W,  W,  W,  W],
    [W, S,  W,  W,  W],
    [W,  W,  S, W,  W],
    [W,  W,  W, S,  W],
    [W,  W,  W,  W,  S]];
var m_nCurCol = -1;//计算机落子位置的列号
var m_nCurRow = -1;//计算机落子位置的行号
function Point(x,y)
{
   this.x=x;
   this.y=y;
}
//获取计算机下子位置
function GetComputerPos()//Point
{
  return  new Point(m_nCurCol,m_nCurRow);
}
//计算机根据输入参数grid（棋盘），计算出落子位置（m_nCurRow, m_nCurCol）
function Input(grid){//grid是Array
  var rowSel,colSel,nLevel;
  var index,nLevel;
  var j;
  m_nCurCol = -1;//存储临时的选择位置
  m_nCurRow = -1;
  nLevel = -1;//存储临时选择的棋谱级别
  var bFind;//是否符合棋谱的标志
  for (var row = 0; row < 15; row ++)
  {//遍历棋盘的所有行
     for (var col = 0; col < 15; col ++)
     {//遍历棋盘的所有列
        for (var i = Chess.length - 1; i >= 0; i --)
        {//遍历所有级别的棋谱
        //查看从当前棋子开始的横向五个棋子是否符合该级别的棋谱
          if ( col + 4 < 15 )
          {
             rowSel = -1;
             colSel = -1;
             bFind = true;
             for ( j = 0; j < 5; j ++)
             {
               index = grid[col + j][row];
               if ( index == KONG )
               {//如果该位置没有棋子，对应的棋谱位置上只能是S或N
                  if (Chess[i][j] == S)
```

```
                {//如果是S，则保存位置
                    rowSel = row;
                    colSel = col + j;
                }
                else if ( Chess[i][j] != N )
                {//不是S也不是N，则不符合这个棋谱，结束循环
                    bFind = false;
                    break;
                }
            }
            if ( index == BLACK && Chess[i][j] != B )
            {//如果是黑色棋，对应的棋谱位置上应是B，否则结束循环
                bFind = false;
                break;
            }
            if ( index == WHITE && Chess[i][j] != W )
            {//如果是白色棋，对应的棋谱位置上应是W，否则结束循环
                bFind = false;
                break;
            }
        }
        if ( bFind && i > nLevel )
        {//如果符合此棋谱，且该棋谱比上次找到棋谱的级别高
            nLevel = i;//保存级别
            m_nCurCol = colSel;//保存位置
            m_nCurRow = rowSel;
            break;//遍历其他级别的棋谱
        }
    }

    //查看从当前棋子开始的纵向五个棋子是否符合该级别的棋谱
    if ( row + 4 < 15 )
    {
        rowSel = -1;
        colSel = -1;
        bFind = true;
        for (j = 0; j < 5; j ++)
        {
            index = grid[col][row + j];
            if ( index == KONG )
            {//如果该位置没有棋子，对应的棋谱位置上只能是S或N
                if (Chess[i][j] == S)
                {//如果是S，则保存位置
                    rowSel = row + j;
                    colSel = col;
                }
                else if ( Chess[i][j] != N )
                {//不是S也不是N，则不符合这个棋谱，结束循环
                    bFind = false;
                    break;
```

```
                }
            }
            if ( index == BLACK )
            {//如果是黑色棋，对应的棋谱位置上应是B，否则结束循环
                if (Chess[i][j] != B)
                {
                    bFind = false;
                    break;
                }
            }
            if ( index == WHITE && Chess[i][j] != W )
            {//如果是白色棋，对应的棋谱位置上应是W，否则结束循环
                bFind = false;
                break;
            }
        }
        if ( bFind && i > nLevel )
        {//如果符合此棋谱，且该棋谱比上次找到棋谱的级别高
            nLevel = i;//保存级别
            m_nCurCol = colSel;//保存位置
            m_nCurRow = rowSel;
            break;//遍历其他级别的棋谱
        }
    }

    //查看从当前棋子开始的斜45°向下的五个棋子是否符合该级别的棋谱
    if ( col - 4 >= 0 && row + 4 < 15 )
    {
        rowSel = -1;
        colSel = -1;
        bFind = true;
        for (j = 0; j < 5; j ++)
        {
            index = grid[col - j][row + j];
            if ( index == KONG )
            {//如果该位置没有棋子，对应的棋谱位置上只能是S或N
                if (Chess[i][j] == S)
                {//如果是S，则保存位置
                    rowSel = row + j;
                    colSel = col - j;
                }
                else if ( Chess[i][j] != N )
                {//不是S也不是N，则不符合这个棋谱，结束循环
                    bFind = false;
                    break;
                }
            }
            if ( index == BLACK && Chess[i][j] != B )
            {//如果是黑色棋，对应的棋谱位置上应是B，否则结束循环
                bFind = false;
```

```
                break;
            }
            if ( index == WHITE && Chess[i][j] != W )
            {//如果是白色棋，对应的棋谱位置上应是W，否则结束循环
                bFind = false;
                break;
            }
        }
        if ( bFind && i > nLevel )
        {//如果符合此棋谱，且该棋谱比上次找到棋谱的级别高
            nLevel = i;//保存级别
            m_nCurCol = colSel;//保存位置
            m_nCurRow = rowSel;
            break;//遍历其他级别的棋谱
        }
    }

    //斜135°的五个棋子
    if ( col + 4 < 15 && row + 4 < 15 )
    {//查看从当前棋子开始的斜135°向下的五个棋子是否符合该级别棋谱
        rowSel = -1;
        colSel = -1;
        bFind = true;
        for (j = 0; j < 5; j ++)
        {
            index = grid[col + j][row + j];
            if ( index == KONG )
            {//如果该位置没有棋子，对应的棋谱位置上只能是S或N
                if (Chess[i][j] == S)
                {//如果是S，则保存位置
                    rowSel = row + j;
                    colSel = col + j;
                }
                else if ( Chess[i][j] != N )
                {//不是S也不是N，则不符合这个棋谱，结束循环
                    bFind = false;
                    break;
                }
            }
            if ( index == BLACK && Chess[i][j] != B )
            {//如果是黑色棋，对应的棋谱位置上应是B，否则结束循环
                bFind = false;
                break;
            }
            if ( index == WHITE && Chess[i][j] != W )
            {//如果是白色棋，对应的棋谱位置上应是W，否则结束循环
                bFind = false;
                break;
            }
        }
```

```
                    if ( bFind && i > nLevel )
                    {//如果符合此棋谱，且该棋谱比上次找到棋谱的级别高
                        nLevel = i;//保存级别
                        m_nCurCol = colSel;//保存位置
                        m_nCurRow = rowSel;
                        break;//遍历其他级别的棋谱
                    }
                }
            }
        }
    }
    if ( m_nCurRow != -1 )
    {//如果选择了一个最佳位置
        grid[m_nCurCol][m_nCurRow]= WHITE ;
        return true;
    }
    //如果所有棋谱都不符合,则随便找一个空位置
    while(true)
    {
     var col;
     var row;
     col=int(Math.random()*15);  //随便找一个位置
     row=int(Math.random()*15);
     if (grid[col][row] == KONG)
     {
         grid[col][row] = WHITE ;
         m_nCurCol = col;
         m_nCurRow = row;
         return true;
     }
    }
    return false;
}
```

文件最后注意用 module.exports 把其他 JS（例如 index.js 游戏页面）可以使用的函数给暴露出来。

```
module.exports = {
 Input: Input,
 GetComputerPos: GetComputerPos,
}
```

在游戏页面中，由于使用上面的 computerAI.js 脚本（此文件放到 utils 文件下），所以微信小程序需要引入此外部 computerAI.js 文件。在游戏页面 index.js 获取 computerAI.js 应用实例后可以使用 computerAI.js 脚本里的函数。

```
//获取应用实例
var imageUtil = require('../../utils/computer.js');
```

由于不再轮流下子，所以对单击事件响应函数 play(e)进行修改，玩家（黑棋）落子后，

判断此时玩家（黑棋）是否赢了。如果赢了则游戏结束，否则直接由计算机（白方）自动计算落子，计算机（白方）自动落子是调用 Input(chessData)实现计算白子位置，GetComputerPos()获取计算机落子位置 P，获取计算机落子位置后，在位置 P 显示白子并判断此时计算机是否赢了。

```
//人机对战版
play: function(e) { //玩家单击时发生
    var startx = e.touches[0].x;
    var starty = e.touches[0].y;
    //计算触屏单击的区域，如果单击了（65，65），那么就是单击了（3，3）的位置
    var x = Math.floor(startx / W);
    var y = Math.floor(starty / W);
    if (chessData[x][y] != 0) { //判断该位置是否下过棋了
        console.log("你不能在这个位置下棋");
        return;
    }
    //画黑棋（玩家）
    this.drawChess(2, x, y);
    judge(x, y, 2); //判断玩家（黑方）是否赢
    if (isOver == true) {
        this.showInfo("黑方赢，如果需要重新玩，请重新开始");
        console.log("已经结束了，如果需要重新玩，请重新开始");
        return;
    }
    //轮到计算机（白方）走
    imageUtil.Input(chessData);
    var p = imageUtil.GetComputerPos(); //获取计算机落子位置P
    this.drawChess(1, p.x, p.y);
    judge(p.x, p.y, 1); //判断计算机（白方）是否赢
    this.drawQipan(this.ctx);
    for (var x = 0; x < 15; x++) {
        for (var y = 0; y < 15; y++) {
            if (chessData[x][y] == 1) {
                this.ctx.drawImage(img_w, x * W, y * W, W, W); //绘制白棋
            } else if (chessData[x][y] == 2) {
                this.ctx.drawImage(img_b, x * W, y * W, W, W); //绘制黑棋
            }
        }
    }
    this.ctx.draw();
    if (isOver == true) {
        this.showInfo("白方赢，如果需要重新玩，请重新开始");
        console.log("白方赢，如果需要重新玩，请重新开始");
        return;
    }
},
```

为了界面友好，对输赢提示采用模式对话框实现，如果用户单击“确定”按钮则重新开始游戏。

```
  //显示输赢提示
  showInfo: function (m) {
    var that=this;
    wx.showModal({
    title: '提示',
    content: m,
    success: function (res) {
     if (res.confirm) {
        console.log('用户单击确定')
        that.newGame(); //重新开始
     } else if (res.cancel) {
       console.log('用户单击取消');
     }
   }
 });
 },
```

最后设置 app.json 中的 tabBar 属性使得窗口底部有 tab 栏可以切换页面，详见第 1 章。

本文实现经典的五子棋游戏基本功能，并且能够判断输赢，并将系统改进成人机对战版，使得游戏更具挑战性，从而更吸引玩家。

第 13 章

黑白棋游戏

13.1 黑白棋游戏介绍

黑白棋，又叫反棋（Reversi）、奥赛罗棋（Othello）、苹果棋、翻转棋。黑白棋在西方和日本很流行。游戏通过相互翻转对方的棋子，最后以棋盘上谁的棋子多来判断胜负。黑白棋的棋盘是一个有 8 × 8 方格的棋盘。下棋时将棋下在空格中间，而不是像围棋一样下在交叉点上。开始时在棋盘正中有两白两黑四个棋子交叉放置，黑棋总是先下子。

下子规则：把自己颜色的棋子放在棋盘的空格上，而当自己放下的棋子在横、竖、斜八个方向内有一个自己的棋子，则被夹在中间的全部翻转会成为自己的棋子。并且，只有在可以翻转棋子的地方才可以下子。如果玩家在棋盘上没有地方可以下子，则该玩家对手可以连下。

胜负判定条件：双方都没有棋子可以下时棋局结束，以棋子数目来计算胜负，棋子多的一方获胜。

在棋盘还没有下满时，如果一方的棋子已经被对方吃光，则棋局也结束。将对手棋子吃光的一方获胜。

本章开发黑白棋游戏程序。游戏运行界面如图 13-1 所示。该游戏具有显示执棋方可以落棋子的位置提示功能和判断胜负功能。在游戏过程中，单击“下棋提示”按钮则显示执棋方可落子位置（图片表示可落子位置，如图 13-2 所示）。

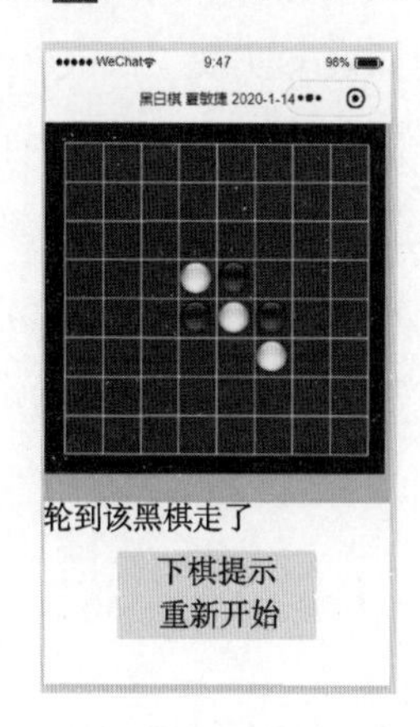

图 13-1 黑白棋游戏运行界面

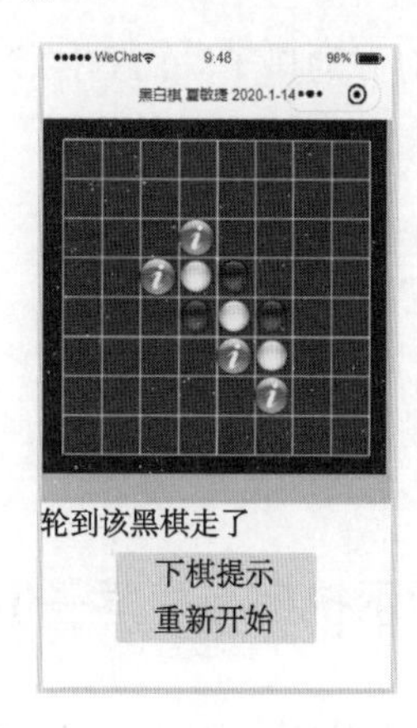

图 13-2 标有 i 的方格表示执棋方(黑方)可落子位置

13.2 黑白棋游戏设计的思路

13.2.1 棋子和棋盘

游戏开发时，需要事先准备黑白两色棋子和棋盘图片（如图 13-3 所示）。游戏最初显示时，棋盘上画上 4 个棋子。这里为了便于处理，采用一个 qizi 二维数组用来存储棋盘上的棋子。

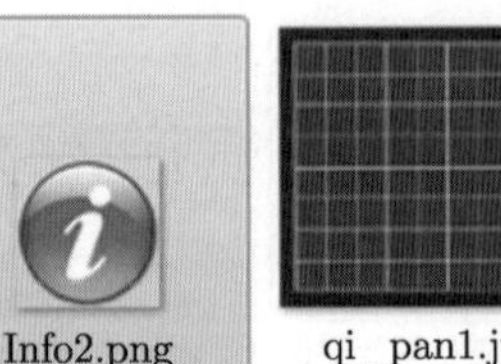

BlackStone.png Info2.png qi_pan1.jpg WhiteStone.png

图 13-3 黑白两色棋子

13.2.2 翻转对方的棋子

需要从自己落子(x1, y1)为中心的横、竖、斜八个方向上判断是否需要翻转对方的棋子，程序中由触屏开始的 touchStart 事件实现。在 touchStart 事件中，参数 e 对象含有单击位置像素坐标(e.touches[0].x,e.touches[0].y)，采用如下公式换算。

```
x1 = Math.floor((e.touches[0].x - w / 2) / w); //Math.floor向下取整
y1 = Math.floor ((e.touches[0].y - w / 2) / w);
```

经过换算转换为棋盘坐标（x1，y1）。例如，如果触屏单击（65，65）像素坐标位置，那么就是单击（3，3）的棋盘位置。

最后从左、左上、上、右上、右、右下、下、左下八个方向上调用过程 DirectReverse(x1, y1, dx, dy)翻转对方的棋子。而具体棋子的翻转由 FanQi(x, y)实现。FanQi(x, y)修改数组 qizi 的(x, y)处保存棋盘上的棋子信息。

```
function FanQi(x, y) {
   if (qizi[x][y] == BLACK)
       qizi[x][y] = WHITE;
   else
       qizi[x][y] = BLACK;
}
```

13.2.3 显示执棋方可落子位置

Can_go(x1,y1)从左、左上、上、右上、右、右下、下、左下八个方向上调用函数 CheckDirect(x1,

y1, dx, dy)判断某方向上是否形成夹击之势，如果形成且中间无空子则返回 true，表示(x1,y1)可以落子。(x1,y1)处可以落子则用图片显示。

13.2.4 判断胜负功能

qizi[][]二维数组保存棋盘上的棋子信息，其中元素保存 1，表示此处为黑子；元素保存 2，表示此处为白子；元素保存 0，表示此处为无棋子。通过对 qizi 数组中各方棋子数统计，在棋盘无处可下时，根据各方棋子数判断出输赢。

13.3 黑白棋游戏设计的步骤

13.3.1 游戏页面视图 WXML

```
<!--index.wxml-->
<canvas canvas-id="myCanvas"  style="background-color:
    #ccc"bindtouchstart="touchStart" >
</canvas>
<text>轮到{{info}}</text>
<button bindtap="showCanPosition">下棋提示</button>
<button bindtap="newGame">重新开始</button>
```

其样式文件 index.wxss 如下。

```
canvas {
  width: 100%;
  height: 800rpx;
  margin: 0 auto;
}
```

13.3.2 设计脚本 index.js

1. 常量定义

游戏中定义常量，其中，BLACK 黑棋为 1，WHITE 白棋为 1，KONG 无棋为 0。

```
//常量
const BLACK = 1;
const WHITE = 2;
const KONG = 0;
var w = 20; //棋盘格子大小
var qizi = new Array(); //构造一个qizi[][]二维数组用来存储棋子
var curQizi = BLACK; //当前走棋方
var context;
var message_txt = "黑方先走"; //提醒文字
```

```
var width; //游戏区域大小
var isOver = false; //游戏结束标志
```

以下是定义用来存储落子信息的数组，以及用到的提醒文字、游戏区域大小和当前走棋方等变量。

```
var w = 20;                          //棋盘格子大小
var qizi = new Array();              //构造一个qizi[][]二维数组用来存储棋子
var curQizi = BLACK;                 //当前走棋方
var context;                         //上下文对象
var message_txt = "黑方先走";        //提醒文字
var width;                           //游戏区域大小
var isOver = false;                  //游戏结束标志
```

2. 初始化游戏界面

游戏开始，监听页面加载完成时，获取屏幕尺寸换算出棋盘格子宽度大小(w,h)。调用 init() 对保存棋盘上的棋子信息的 qizi 数组初始化，同时在棋盘上显示初始的 4 个棋子。

```
/**
 * 生命周期函数——监听页面加载
 */
onLoad: function(options) {
  var m1 = wx.getSystemInfoSync().screenWidth; //获取屏幕尺寸
  var m2 = wx.getSystemInfoSync().screenHeight;
  w = Math.floor(m1 / 9);   //由于棋盘两侧有边，所以棋盘按9×9大小计算
  width = w * 9;            //棋盘宽度
  //创建画布上下文
  context = wx.createCanvasContext('myCanvas')
  console.log("绘制初始化画面");
  this.init();
},
init: function() {
  this.initLevel(); //棋盘上初始4个棋子
  this.showMoveInfo(); //当前走棋方信息
},
initLevel: function() {
  //初始化界面
  var i, j;
  for (i = 0; i < 8; i++) {
    qizi[i] = new Array();
    for (j = 0; j < 8; j++) {
      qizi[i][j] = KONG;
    }
  }
  //棋盘上初始4个棋子
  //1为黑，2为白，0为无棋子
```

```
    qizi[3][3] = WHITE;    qizi[4][4] = WHITE;
    qizi[3][4] = BLACK;    qizi[4][3] = BLACK;
    this.DrawMap(); //画棋盘和所有棋子
    context.draw(); //绘制显示到屏幕
  curQizi = BLACK; //当前走棋方
    message_txt = "该黑棋走子";
   },
```

DrawMap 画棋盘和所有棋子。注意微信小程序对程序中用到的图片有大小要求，用到的本地图片要小于 10KB 才能顺利地在真机上显示。同时，图片地址对英文字母大小写敏感，必须确认大小写一致。

```
  DrawMap: function() {
    context.clearRect(0, 0, width, width);
    context.drawImage("/images/qi_pan1.jpg", 0, 0, width, width);
    //绘制背景棋盘
    var i, j;
    for (i = 0; i < qizi.length; i++) //列号
    {
      for (j = 0; j < qizi[i].length; j++) //行号
      {
        var pic;
        switch (qizi[i][j]) {
          case KONG: //0
            break;
          case BLACK: //1
            //绘制黑棋图片
            context.drawImage("/images/blackstone.png", w * i + w / 2, w
                * j + w / 2, w, w);
            break;
          case WHITE: //2
            //绘制白棋图片
            context.drawImage("/images/whitestone.png", w * i + w / 2, w
                 * j + w / 2, w, w);
            break;
        }
      }
    }
  },
```

showMoveInfo()显示轮到哪方走棋。

```
  //提示信息
  showMoveInfo: function() {
    if (curQizi == BLACK) //当前走棋方是黑棋
      message_txt = "该黑棋走子";
    else
      message_txt = "该白棋走子";
    //更新提示信息
```

```
    this.setData({
      info: message_txt,
    })
  },
```

index.wxml 文件中对 canvas 添加触屏事件的侦听。如果 canvas 被触屏则执行 touchStart(e) 函数完成走棋功能。

3. 走棋过程

如果是棋盘被单击，则此位置像素信息(e.touches[0].x,e.touches[0].y)可以转换成棋盘坐标(x1,y1)，然后判断当前位置(x1,y1)是否可以放棋子（符合夹角之势），如果可以则此位置显示自己棋子图形，调用 FanALLQi(i,j)从左、左上、上、右上、右、右下、下、左下八个方向翻转对方的棋。最后判断对方是否有棋可走，如果对方可以走棋则交换走棋方。如果对方不可以走棋，则自己可以继续走棋，直到双方都不能走棋，显示输赢信息。

```
  touchStart: function(e) { //触屏
    var startx = e.touches[0].x - w / 2;
    var starty = e.touches[0].y - w / 2;
    //计算触屏单击的区域，如果单击（65，65），那么就是单击（3，3）的位置
    var x1 = Math.floor(startx / w);
    var y1 = Math.floor(starty / w);
    console.log(String.fromCharCode(x1 + 65) + ":" + (y1 + 1) + "下棋");
    if (qizi[x1][y1] != 0) { //判断该位置是否下过棋了
      console.log("你不能在这个位置下棋");
      return;
    }
    if (isOver == true) {
      console.log("已经结束了，如果需要重新玩，请重新开始");
      return;
    }
    var x1, y1;
    if (Can_go(x1, y1)) { //判断当前位置是否可以放棋子
      qizi[x1][y1] = curQizi;
      FanALLQi(x1, y1);//从左、左上、上、右上、右、右下、下、左下方向翻转对方的棋
      this.DrawMap();
      context.draw(); //绘制显示到屏幕
      //判断对方是否有棋可走，如有交换走棋方
      if (curQizi == WHITE && checkNext(BLACK) || curQizi == BLACK &&
           checkNext(WHITE)) {
        if (curQizi == WHITE) {
          curQizi = BLACK;
          message_txt = "该黑棋走子";
        } else {
          curQizi = WHITE;
          message_txt = "该白棋走子";
        }
      } else if (checkNext(curQizi)) {
```

```
        //判断自己是否有棋可走，如有，给出提示
        message_txt = "对方无棋可走，请继续";
      } else { //双方都无棋可走，游戏结束，显示输赢信息
        this.isLoseWin(); //统计双方的棋子数量，显示输赢信息
      }
    } else {
      message_txt = "不能落子!";
    }
    //更新提示信息
    this.setData({
      info: message_txt,
    })
  },
```

4. 可否落子判断

Can_go(x1,y1)从左、左上、上、右上、右、右下、下、左下八个方向判断(x1,y1)处可否落子。

```
  function Can_go( x1,  y1){
     //从左、左上、上、右上、右、右下、下、左下八个方向判断
     if (CheckDirect(x1, y1, -1, 0) == true) {
        return true;
     }
     if (CheckDirect(x1, y1, -1, -1) == true) {
        return true;
     }
     if (CheckDirect(x1, y1, 0, -1) == true) {
        return true;
     }
     if (CheckDirect(x1, y1, 1, -1) == true) {
        return true;
     }
     if (CheckDirect(x1, y1, 1, 0) == true) {
        return true;
     }
     if (CheckDirect(x1, y1, 1, 1) == true) {
        return true;
     }
     if (CheckDirect(x1, y1, 0, 1) == true) {
        return true;
     }
     if (CheckDirect(x1, y1, -1, 1) == true) {
        return true;
     }
     return false;
  }
```

CheckDirect()判断某方向上是否形成夹击之势，如果形成且中间无空子则返回 True。

```
  function CheckDirect( x1,  y1,  dx,  dy){
     var x,y;
```

```
    var flag= false;
    x = x1 + dx;
    y = y1 + dy;
    while (InBoard(x, y) && !Ismychess(x, y) && qizi[x][y] != 0) {
        x += dx;
        y += dy;
        flag = true;//构成夹击之势
    }
    if (InBoard(x, y) && Ismychess(x, y) && flag == true) {
        return true;//该方向落子有效
    }
    return false;
}
```

checkNext(i)验证参数代表的走棋方是否还有棋可走。

```
/**
 * 验证参数代表的走棋方是否还有棋可走
 * @param i    代表走棋方，1为黑方，2为白方
 * @return true/false
 */
function checkNext(i){
      old=curQizi;
      curQizi=i;
      if ( Can_Num()>0) {
            curQizi=old;
            return true;
      }
      else {
          curQizi=old;
          return false;
      }
  }
```

Can_Num()统计可以落子的位置数。

```
function Can_Num() {//统计可以落子的位置数
  var i, j, n = 0;
  for (i = 0; i <8; i++) {
      for (j = 0; j < 8; j++) {
          if (Can_go(i, j)) {
              n = n + 1;
          }
      }
  }
  return n;//可以落子的位置个数
}
```

5. 翻转对方的棋子

FanALLQi(int x1, int y1)从左、左上、上、右上、右、右下、下、左下八个方向翻转对方

的棋子。

```
function FanALLQi(x1, y1) {
    //从左、左上、上、右上、右、右下、下、左下八个方向翻转
    if (CheckDirect(x1, y1, -1, 0) == true) {
        DirectReverse(x1, y1, -1, 0);
    }
    if (CheckDirect(x1, y1, -1, -1) == true) {
        DirectReverse(x1, y1, -1, -1);
    }
    if (CheckDirect(x1, y1, 0, -1) == true) {
        DirectReverse(x1, y1, 0, -1);
    }
    if (CheckDirect(x1, y1, 1, -1) == true) {
        DirectReverse(x1, y1, 1, -1);
    }
    if (CheckDirect(x1, y1, 1, 0) == true) {
        DirectReverse(x1, y1, 1, 0);
    }
    if (CheckDirect(x1, y1, 1, 1) == true) {
        DirectReverse(x1, y1, 1, 1);
    }
    if (CheckDirect(x1, y1, 0, 1) == true) {
        DirectReverse(x1, y1, 0, 1);
    }
    if (CheckDirect(x1, y1, -1, 1) == true) {
        DirectReverse(x1, y1, -1, 1);
    }
}
```

DirectReverse()针对已形成夹击之势某方向上的对方棋子进行翻转。

```
function DirectReverse(x1, y1, dx, dy) {
    var x, y;
    var flag= false;
    x = x1 + dx;
    y = y1 + dy;
    while (InBoard(x, y) && !Ismychess(x, y) && qizi[x][y] != 0) {
        x += dx;
        y += dy;
        flag = true;//构成夹击之势
    }
    if (InBoard(x, y) && Ismychess(x, y) && flag == true) {
        do {
            x -= dx;
            y -= dy;
            if ((x != x1 || y != y1)) {
                FanQi(x, y);
            }
        } while ((x != x1 || y != y1));
    }
}
```

FanQi(int x, int y)将存储(x, y)处棋子信息 qizi[x][y] 进行反色处理。

```
function FanQi(x, y) {
    if (qizi[x][y] == BLACK)
        qizi[x][y] = WHITE;
    else
        qizi[x][y] = BLACK;
}
```

InBoard()判断(x,y)是否在棋盘界内，如果在界内则返回真，否则返回假。

```
//InBoard()判断（x,y）是否在棋盘界内，如果在界内则返回真，否则返回假
function InBoard(x,y ){
   if (x >= 0 && x <= 7 && y >= 0 && y <= 7) {
      return true;
   } else {
      return false;
   }
}
```

6. 显示执棋方可落子位置

“走棋提示”按钮单击事件函数是 showCanPosition()，它显示可以落子的位置提示。其中用图片显示可以落子的位置。

```
//显示可以落子的位置
showCanPosition: function() {
  this.DrawMap(); //画棋盘和所有棋子
  var i, j;
  var n = 0; //可以落子的位置数量统计
  for (i = 0; i <= 7; i++) {
    for (j = 0; j <= 7; j++) {
      if (qizi[i][j] == 0 && Can_go(i, j)) {
        n = n + 1;
        //绘制提示图形
        context.drawImage("/images/info2.png", w * i + w / 2, h * j +
                 w / 2, w, w);;
      }
    }
  }
  context.draw();
},
```

7. 判断胜负功能

isLoseWin()统计双方的棋子数量，显示输赢信息。

```
//显示输赢信息
isLoseWin: function() {
  var whitenum = 0;
  var blacknum = 0;
  var n = 0,x, y;
```

```
    for (x = 0; x < 8; x++) {
      for (y = 0; y < 8; y++) {
        console.log(qizi[x][y]);
        if (qizi[x][y] != 0) {
          n = n + 1;
          if (qizi[x][y] == 2) {
              whitenum += 1;
          }
          if (qizi[x][y] == 1) {
              blacknum += 1;
          }
        }
      }
    }
    if (blacknum > whitenum) {
      message_txt = "游戏结束黑方胜利,黑方:" + String(blacknum) + "白方:" +
                    String(whitenum);
    }
    if (blacknum < whitenum) {
      message_txt = "游戏结束白方胜利, 黑方:" + String(blacknum) + "白方:"
                   + String(whitenum);
    } else {
      message_txt = "游戏结束平局, 黑方:" + String(blacknum) + "白方:" +
                   String(whitenum);
    }
    //更新提示信息
    this.setData({
      info: message_txt,
    })
  },
```

至此就完成黑白棋游戏设计了。

第 14 章

拼图游戏

14.1 拼图游戏介绍

拼图游戏将一幅图片分割成若干拼块并将它们随机打乱顺序。当将所有拼块都放回原位置时，就完成了拼图（游戏结束）。

本游戏是 3 行 3 列拼图游戏，拼块以随机顺序排列，玩家单击空白块四周的拼块来交换它们的位置，直到所有拼块都回到原位置。拼图游戏运行结果如图 14-1 所示。

图 14-1 拼图游戏运行界面

14.2　程序设计的思路

将人物图片分割成相应的 3 行 3 列的拼块图片，并按顺序编号。为了降低程序的难度，这里预先在 images 文件夹下准备 woman_1.jpg，woman_2.jpg，…，woman_9.jpg 的拼块图片。其中，woman_9.jpg 替换成空白图。程序中生成一个大小 3 × 3 的数组 num，存放 1 ~ 9 的数字，每个数字代表一个拼块（例如 3 × 3 的游戏拼块编号如图 14-2 所示）。

游戏开始时，随机打乱数组num，假如num[0]是5则在左上角显示编号是5的拼块。根据玩家单击的拼块和空白块所在位置，来交换该num数组对应元素，最后根据元素排列顺序来判断是否已经完成游戏。

图 14-2　拼块编号示意图

这里为了便于读者理解，首先开发数字拼图游戏，也就是显示的是数字而不是显示图片。游戏运行结果如图 14-3 所示。其中，A 代表空白块。

图 14-3　数字拼图游戏运行界面

14.3 数字拼图游戏程序设计的步骤

14.3.1 游戏页面

```
<!--pages/pintu2/pintu2.wxml-->
<text>数字拼图</text>
<view class="container">
  <view class="row" wx:for="{{num}}" wx:for-item="item" wx:for-index=
"index" wx:key="index">
    <button class="btn" catchtap='onMoveTap' data-item="{{item}}"
data-index="{{index}}">
      {{item == 9?'A':item}}
    </button>
  </view>
</view>
```

在页面中使用 wx:for 来创建 9 个数字按钮。数字 9 的按钮显示的文字是 A。

代码{{item == 9?'A':item}}就是判断 item 的元素值是否为 9，如果是 9 则表达式值为'A'，否则还是本身。这里使用数组 num 提供数字按钮上的数字。

同时绑定 catchtap 事件，被单击后传递两个数据：被单击块（按钮）的对应数组下标 index 和块中的数字 item。

为了达到 3 行 3 列的显示效果，需要设置样式文件：

```
/* pages/pintu2/pintu2.wxss */
.container {
  display: flex;
  flex-direction:row;
  font-size:30pt;
  flex-wrap:wrap;
}
.row {
  display: flex;
  flex-direction: row;
  background-color:blue;
  margin: 5px;
  width:30%;
  align-items:center;
  justify-content:center;
}
.row>button {
  display: flex;
  margin: 5px;
  align-items:center;
  box-sizing:border-box;
  justify-content:center;
```

```
  font-size:30pt;
}
```

整个容器采用 flex 布局，主方向是 row 即行布局。

flex-wrap 属性规定 flex 容器是单行或者多行，同时横轴的方向决定了新行堆叠的方向。这里 flex-wrap:wrap 规定 flex 容器是多行，从而形成 3 行。

对于按钮所在<view>的 width:30%，从而形成 3 列。

14.3.2 pintu2.js 文件

游戏初始化的时候将数字 1~8 存放在数组中，随机打乱后拼接一个 9(代表空白块 A)，这样让空白块初始化的时候永远处于最后一位。

```
Page({
  /**
   * 页面的初始数据
   */
  data: {
    num: ['★', '★', '★', '★', '★', '★', '★', '★', '★'],
         //初始化前
  },
  /**
   * 生命周期函数——监听页面加载
   */
  onLoad: function(options) {
    this.init();
  },
  init: function() {
    this.setData({
      num: this.sortArr([1, 2, 3, 4, 5, 6, 7, 8]).concat([9])
    })
  },
  //随机打乱数组
  sortArr: function(arr) {
    return arr.sort(function() {
      return Math.random() - 0.5
    })
  },
```

如果不需要把空白块放在最后，可以这样处理：

num: this.sortArr([1, 2, 3, 4, 5, 6, 7, 8,9])

给每个块添加单击 tap 事件函数 onMoveTap。判断空白块相对其所在位置的方向，进行相应的上、下、左、右、移动。

```
onMoveTap: function(e) {//给每个块添加单击事件onMoveTap
  var index = e.currentTarget.dataset.index;
              //当前数字拼块对应数组元素的下标
```

```
    console.log(index);
    var item = e.currentTarget.dataset.item;     //当前数字拼块对应数字
    if (this.data.num[index + 3] == 9) {
      this.move(index, index + 3); //向下this.down(e);
    }
    if (this.data.num[index - 3] == 9) {
      this.move(index, index - 3); //向上this.up(e);
    }
    if (this.data.num[index + 1] == 9 && index != 2 && index != 5) {
      this.move(index, index + 1); //向右this.right(e);
    }
    if (this.data.num[index - 1] == 9 && index != 3 & index != 6) {
      this.move(index, index - 1); //向左this.left(e);
    }
  },
```

move(index1, index2)根据索引号(index1,index2)对这两个按钮上数字互换在数组中的位置。最后判断数组中元素是不是[1,2,3,4,5,6,7,8,9]，是则游戏成功。

```
  move: function(index1, index2) {
    //var index = e.currentTarget.dataset.index; //当前数字下标
    var temp = this.data.num[index1];
    this.data.num[index1] = this.data.num[index2]
    this.data.num[index2] = temp;
    this.setData({
      num: this.data.num
    })
    //这里把数组转换成字符串做比较
    if (this.data.num.toString() == [1, 2, 3, 4, 5, 6, 7, 8, 9].
        toString()) {
      this.success();
    }
  },
```

游戏成功时弹出模式对话框，提示成功并开始新的一局。

```
  //游戏成功:
  success: function() {
    var that = this;
    wx.showToast({
      title: '闯关成功',
      icon: 'success',
      success: function() {
        that.init();
      }
    })
  },
```

至此完成数字拼图游戏的设计。

14.4　人物拼图游戏程序设计的步骤

前面数字拼图游戏已经实现，而开发人物拼图游戏需要使用图片，所以这里使用 image 图片组件替换前面的 button 按钮组件，这样可以显示拼块图片。

```
    <view class="container">
      <view class="row" wx:for="{{num}}" wx:for-item="item" wx:for-index=
"index" wx:key="index">
        <image class="btn" catchtap='onMoveTap' data-item="{{item}}"
data-index="{{index}}"
        src="/images/woman_{{item}}.jpg" >
          {{item == 9?'A':item}}
        </image>
      </view>
    </view>
```

可见使用 image 图片组件替换前面的 button 按钮组件，src="/images/woman_{{item}}. jpg" 属性指定图片的地址。{{item}}实际上就是前面数字按钮上的数字。

样式文件中增加一行样式：

```
    .btn{
        width:100px;
        height:125px;
    }
```

用于设置 image 图片组件大小。

而 JS 文件不需修改，至此完成人物拼图游戏的设计。人物拼图游戏运行结果如图 14-1 所示。读者可以根据此思路，将游戏改成 4 行 4 列的人物拼图游戏。

视频讲解

14.5　图片组件拓展案例——翻牌游戏

翻牌游戏主要考查玩家记忆力。游戏桌面上有 16 张牌，游戏开始前先让玩家记忆几秒，若玩家翻到两张相同扑克牌，则固定显示这两张牌面，否则又恢复到背面图案。游戏时统计玩家单击次数以及总用时，翻牌游戏运行效果如图 14-4(a)所示，游戏成功后出现如图 14-4 (b) 所示排行榜。

设计翻牌游戏时，游戏桌面上的每张牌采用两个<image>组件，其中一个显示牌面，另外一个显示背面。通过控制<image>组件的样式 display 属性值决定显示哪个<image>组件从而达到显示牌面或背面。

每张牌是一个对象，有两个属性：src（牌图片）和 state（状态信息，为 1 时显示牌面图片,为 0 时显示牌背面，为 2 时已完成配对）。通过每张牌的 state 属性控制<image>组件的样式

display 属性值。

游戏排行榜采用微信缓存数据方法，将排行信息数组存入缓存数据 maxscore 中。

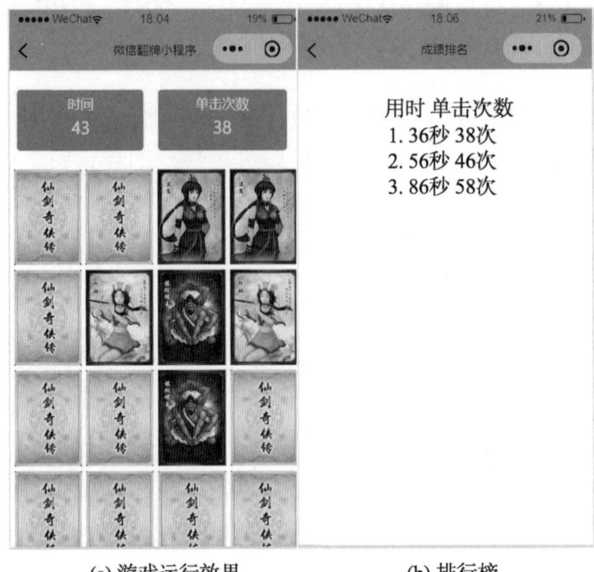

(a) 游戏运行效果　　(b) 排行榜

图 14-4　翻牌游戏

14.5.1　游戏页面

game.wxml 视图文件。设计时每张牌采用两个<image>组件（分别显示牌面和背面图片）。其样式 display 属性值取 none，则此<image>组件不显示，取 block 则此<image>组件显示。

```
<view class="score">
   <view class="scoredetail">
   <view class="scoredesc">时间</view>
   <view class="scorenumber">{{useTime}}</view>
</view>
   <view class="scoredetail">
       <view class="scoredesc">单击次数</view>
       <view class="scorenumber">{{clickNum}}</view>
   </view>
</view>
<view class="">
  <view class="board" >
    <view class="rows" wx:for="{{cards}}" wx:for-index="idx"
wx:for-item="row">
         <view wx:for="{{row}}" class="cols"  wx:for-index="idy"
wx:for-item="card">
              <view  class="" data-ix="{{idx}}"  data-iy="{{idy}}"
bindtap="onTap">
                  <image class="card" style="display:{{card.state==0? 'none' :
'block'}}" mode="scaleToFill" src= "{{card.src}}" data-card= "{{card}}">
</image>
```

```
                <image class="card back" style="display:{{card.state!=0?
'none': 'block'}}" mode="scaleToFill" src= "{{backImage}}" ></image>
              </view>
           </view>
        </view>
     </view>
   </view>
   <modal class="modal" hidden="{{modalHidden}}" bindconfirm="modalComfirm"
bindcancel="modalCancel" cancelText="查看排名">
     <view>游戏结束，重新开始吗？</view>
   </modal>
```

game.js 逻辑文件。allCard 存储所有牌（实际是牌面图片名），backCardImage 存储牌背面图片名。

```
   //获取应用实例
   var app = getApp()
   var allCard = ['card1', 'card2', 'card3', 'card4', 'card5', 'card6', 'card7',
             'card8', 'card9', 'card10', 'card11', 'card12', 'card13',
             'card14', 'card15', 'card16', 'card17', 'card18', 'card19',
             'card20', 'card21', 'card22', 'card23', 'card24', 'card25',
             'card26', 'card27', 'card28', 'card29', 'card30', 'card31',
             'card32', 'card33', 'card34', 'card35', 'card36', 'card37',
             'card38', 'card39', 'card40', 'card41', 'card42'];
   var backCardImage = "../images/cardbg.jpg"  //牌背面图片
   Page({
    data: {
     clickNum: 0,                          //单击次数
     useTime: 0,                           //游戏时间
     checked: 0,                           //已匹配牌数
     allCard: allCard,                     //全部卡牌数组
     backImage: backCardImage,             //牌背面图片
     modalHidden: true,                    //游戏完成提示是否显示
     firstX: -1,                           //单击的第一张卡牌的坐标
     firstY: -1,
     cards: [],                            //随机挑选出来的牌
     size: 8,                              //界面显示的牌数=size×2
     clickable: false,                     //当前是否可单击
     timer: ''                             //游戏计时的定时器
    },
```

startGame()是游戏开始时完成从整个牌里抽取 size × 2 张（16 张）牌。抽取时先打乱牌的顺序，抽取前 size 张牌。然后将 size 张牌复制一份后合并，得到 size × 2 张牌，再打乱顺序。最后将牌放入 cards 二维数组中。

每张牌对象有两个属性：src（牌图片）和 state（状态信息，state 为 1 时显示牌面图片，为 0 时显示牌背面，为 2 时已完成配对）。由于每张牌对象的 state 属性初始值为 1，所以游戏

开始所有牌显示牌面。

```
startGame: function () {  //开始游戏
  var data = this.data;
  var that = this;
  var tmp = this.data.allCard.sort(
    function (a, b) { return Math.random() > .5 ? -1 : 1; })
    //打乱牌顺序
  tmp = tmp.splice(0, Math.floor(data.size));  //挑出前size张牌
  tmp = tmp.concat(tmp).sort(
    //挑出size张牌复制一份后合并，得到size×2张牌，再打乱顺序
    function (a, b) { return Math.random() > .5 ? -1 : 1; });

  //生成二维数组展示
  var cards = [];
  var ix = -1,iy = 0;
  for (var i in tmp) {
    if (i % 4 == 0) {
      cards.push([]);   //增加一行元素
      ix++; iy = 0;
    }
    cards[ix].push({
      src: '../images/' + tmp[i] + '.jpg',   //牌面图片
      state: 1   //为1时显示图片,为0时显示牌背面
    });
  }

 //初始化游戏数据
 this.setData({
   cards: cards,                  //存储每张牌图片和显示状态的二维数组
   clickNum: 0,                   //单击次数
   useTime: 0,                    //游戏时间
   checked: 0,                    //已匹配牌数
   modalHidden: true,             //游戏完成提示是否显示
   firstX: -1,                    //单击的第一张卡牌的坐标，-1表示没有
   clickable: false               //当前是否可单击
});
```

将牌放入 cards 二维数组后，采用 setTimeout()实现 1s 后所有的牌翻到背面，并开始游戏时间计时。

```
 var that = this;
 setTimeout(function () {
   that.turnAllBack();          //所有的牌翻到背面
   console.log('turn all back');
   data.clickable = true;     //开始计时了才让单击牌
   if (data.timer === '') {
     data.timer = setInterval(function () {
```

```
          data.useTime++;
          that.setData({ useTime: data.useTime });
        }, 1000); //游戏开始计时
      } else {
        that.setData({ useTime: 0 });
      }
    }, 1000);   //游戏开始前先让玩家记忆1000ms
  },
```

onTap(event)是用户单击牌事件处理代码。牌所在 view 容器<view class=""data-ix= "{{idx}}" data-iy="{{idy}}" bindtap="onTap" >绑定的附加数据 idx、idy 可以识别是哪个位置(ix,iy)的牌被单击，从而从二维数组 cards[ix][iy]获取对应牌信息。

data.firstX 和 data.firstY 存储被单击第一张牌位置信息，ix 和 iy 存储当前被单击牌位置信息。判断这两个位置牌的 src 属性是否相同，相同则修改两张牌的 state 为 2，完成配对操作。不相同则修改两张牌的 state 为 0，恢复到牌背面状态，注意这里采用 setTimeout()达到半秒后恢复到牌背面状态。

```
  onTap: function (event) {
    var that = this;
    var data = this.data;
    var ix = event.currentTarget.dataset.ix;    //获取单击对象的坐标
    var iy = event.currentTarget.dataset.iy;
    console.log('onTap ' + ix + ' ' + iy);
    //单击的是已翻过来的牌或者现在不让单击直接跳过
    if (data.cards[ix][iy].state != 0 || !data.clickable)
      return;
    that.setData({
        clickNum: ++data.clickNum    //单击数加1
    });
    // 1. 检测是翻过来的第几张牌
    if (data.firstX == -1) {
      // 1.1 第一张修改状态为 1
      data.cards[ix][iy].state = 1;
      data.firstX = ix; data.firstY = iy;       //记下坐标
      that.setData({ cards: data.cards });     //通过setData让界面变化
    } else {
      // 1.2 前面已经有张牌翻过来了
      data.cards[ix][iy].state = 1;            //当前被单击牌翻过来
      that.setData({ cards: data.cards });
      if (data.cards[data.firstX][data.firstY].src === data.
          cards[ix][iy].src) {
        // 1.2.1.1 两张牌相同，修改两张牌的state为2完成配对
        data.cards[data.firstX][data.firstY].state = 2;
        data.cards[ix][iy].state = 2;
        data.checked += 1;    //完成配对数++
        data.firstX = -1;     //准备下一轮匹配
```

```
        // 1.2.1.2 检查是否所有牌都已经翻过来,都已翻过来提示游戏结束
        if (data.checked == data.size) { //所有牌都配对成功了
          this.setData({ modalHidden: false });
          clearInterval(this.data.timer);    //暂停计时
          this.data.timer = '';
          this.saveScore({ 'time': data.useTime, 'click': data.
               clickNum }) //保存成绩
        }
      } else {  // 1.2.2 两张牌不同，修改两张牌的state为0，恢复到牌背面状态
        data.cards[data.firstX][data.firstY].state = 0;
        data.cards[ix][iy].state = 0;
        data.firstX = -1;
        data.clickable = false;
        setTimeout(function () {
          that.setData({ cards: data.cards, clickable: true });
        }, 500);    //过半秒再翻回去
      }
    }
    console.log(this.data.cards);
  },
```

turnAllBack()函数将所有牌翻到背面状态。就是修改 state 为零，图片组件渲染时，style="display:{{card.state == 0 ? 'none' : 'block'}}"根据 card.state 是否为零从而决定是否显示牌面。display:'none'意味着上层的牌面不显示，从而下层牌背面图片显示出来。

```
  turnAllBack: function () {
    for (var ix in this.data.cards)
      for (var iy in this.data.cards[ix])
        this.data.cards[ix][iy].state = 0;
    this.setData({ cards: this.data.cards });
  },
```

saveScore()函数将保存分数。wx.getStorageSync('maxscore')获取缓存数据 maxscore，将本次成绩 score 对象加入 maxscore 数组中。每次成绩 score 对象包含用时和单击次数，根据用时对 maxscore 数组排序，最终把排序后的 maxscore 数组再次存入缓存里。

```
  saveScore: function (score) { //保存分数
    var maxscore = wx.getStorageSync('maxscore');
    if (maxscore == undefined || maxscore == '')
      maxscore = [];
    maxscore.push(score);
    maxscore = maxscore.sort(function (a, b) {
      if (a.time < b.time)
        return -1;
      else if (a.time == b.time && a.click < b.click)
        return -1;
      else return 1;
    });
    wx.setStorageSync('maxscore', maxscore);    //存入缓存里
```

```
  }
  onLoad: function () {
    this.startGame();
    console.log(this.data.cards);
  },
  modalComfirm: function () {
    this.startGame();
  },
  modalCancle: function () {
    this.setData({
      modalHidden: true,
    })
    wx.navigateTo({     //导航到成绩排行榜页面
      url: '../logs/logs'
    })
  },
  onReady: function () {
    console.log("onReady")
  },
  onShow: function () {
    console.log("onShow");
    if (this.data.checked == this.data.size)
      this.startGame()
  },
  onHide: function () {
    console.log("onHide")
  },
})
```

14.5.2　查看排行榜页面

游戏页面视图使用循环渲染将 logs 数组（每次完成秒数和单击次数）显示在<text>组件中。

```
<!--logs.wxml-->
<view class="container log-list">
<text class="log-item">用时单击</text>
<block wx:for="{{logs}}" wx:for-item="log" wx:key="*this">
    <text class="log-item">{{index + 1}}. {{log.time}}秒 {{log.click}}次
    </text>
    </block>
</view>
```

逻辑文件 logs.js 调用 wx.getStorageSync('maxscore') API 获取本地缓存成绩数据 maxscore，赋予 logs 数组。

```
//logs.js
var util = require('../../utils/util.js')
Page({
  data: {
```

```
    logs: []
  },
  onLoad: function () {
    this.setData({
      logs: (wx.getStorageSync('maxscore') || [])
    })
  }
})
```

至此完成翻牌游戏设计。

第 15 章

Flappy Bird游戏

15.1 Flappy Bird 游戏介绍

Flappy Bird（又称笨鸟先飞）是一款来自 iOS 平台的小游戏，该游戏是由一名越南游戏制作者独自开发而成，玩法极为简单，游戏中玩家必须控制一只胖乎乎的小鸟，跨越由各种不同长度水管所组成的障碍。上手容易，但是想通关并不简单。

本章的这款 FlappyBird 游戏中，玩家需要不断控制小鸟的飞行高度和降落速度，让小鸟顺利地通过画面右端的通道，如果小鸟不小心碰到了水管，游戏便宣告结束。手指点击屏幕，小鸟就会往上飞，手指不断点击就会不断地往高处飞。手指移开则会快速下降。小鸟安全穿过一个柱子且不撞上得 1 分。当然撞上就直接结束游戏。游戏运行初始界面、游戏过程和结束画面如图 15-1 所示。

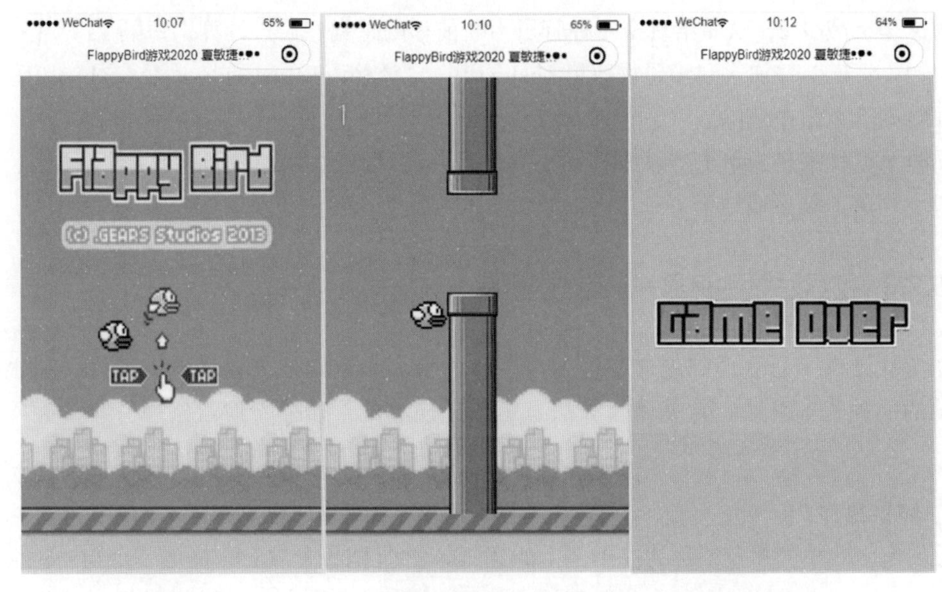

(a) 初始界面　　(b) 游戏过程界面　　(c) 游戏结束界面

图 15-1　Flappy Bird 游戏运行过程界面

15.2 Flappy Bird 游戏设计的思路

15.2.1 游戏素材

游戏程序中用到背景（bg.png）、小鸟（bird.png）、上下管道（obs.png）、游戏结束画面和游戏开始画面的图片等，分别如图 15-2 所示。

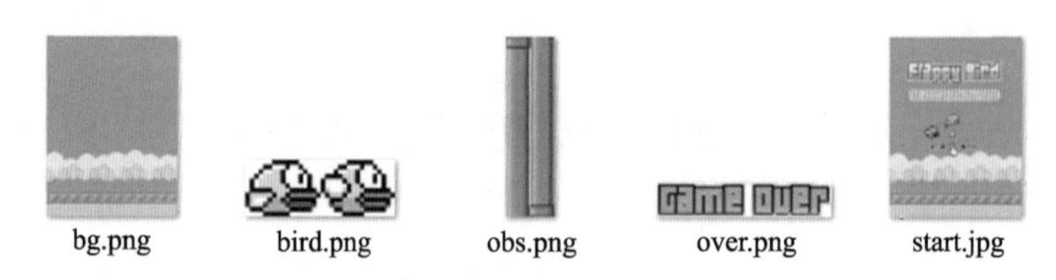

图 15-2 Flappy Bird 素材图片

15.2.2 游戏实现原理

游戏设计中采用类似雷电飞机射击游戏方法，背景障碍物（管道）在不断左移，小鸟位置 x 坐标不变，仅能上下移动。为了简化游戏难度，我们将上下管子的间距设置成同样大小。

采用定时器完成游戏画面和游戏逻辑（碰撞及触屏检测）。在每隔 20ms 重画游戏界面时，根据障碍物数组 obsList 绘制游戏界面上存在的各个障碍物。由于每次重画时，obsList 中各个障碍物 x 坐标减少 2，从而给玩家一种管子不断前移的感觉。通过计算，每隔 2s 产生一个新的障碍物（管道）并加入到障碍物数组 obsList 中。当数组 obsList 首个元素 obsList[0]移出游戏画面时则从数组中删除。

同时根据玩家是否单击屏幕来移动小鸟位置并通过碰撞检测判断是否碰到了水管，如果碰到或小鸟落地则游戏结束。

15.2.3 游戏关键技术——碰撞检测

在游戏开发中总会遇到这样那样的碰撞，并且会很频繁地去处理这些碰撞，这也是游戏开发的一种基本算法。常见碰撞算法有矩形碰撞、圆形碰撞、像素碰撞。矩形碰撞用得最多。

1. 矩形碰撞

假如把游戏中的角色统称为一个一个的 Actor，并且把每个 Actor 框成一个与角色大小相等的矩形框，那么在游戏中每次的循环检查就是围绕每个 Actor 的矩形框之间是否发生了交错。为了简单起见，我们就拿一个主角与一个 Actor 来分析，其他的类似。

一个主角与一个 Actor 的碰撞其实就是两个矩形的检测，判断是否发生了交集。

1）第一种方法

可以通过检测一个矩形的 4 个顶点是否在另外一个矩形的内部来完成。简单地设定一个 Actor 类：

```
var Actor = function (x, y, w,h) {
    this.x = x;
    this.y = y;
    this.w = w;   //宽度
    this.h = h;   //高度
}
```

检测的处理为：

```
Actor.prototype. isCollidingWith = function ( px , py){
     if(px >this.x&& px < g this.x + this.w&& px >this.y&& px<this.y+ this.h)
     return true;
else
     return false;
}
Actor.prototype. isCollidingWith = function ( another) {
    //another 是另一个Actor
    if(isCollidingWith(another.x,another.y)
      ||isCollidingWith(another.x+ another.w,another.y)
      ||isCollidingWith(another.x,another.y+another.h)
      ||isCollidingWith(another.x+another.w,another.y+another.h) )
          return true;
     else
          return false;
   }
```

以上处理运行应该是没有什么问题的，但是没有考虑到运行速度，而游戏中需要大量的碰撞检测工作，所以要求碰撞检测要尽量得快。

2）第二种方法

从相反的角度考虑，以前是想什么时候相交，现在处理什么时候不会相交，可以处理四条边，a 矩形的右边界在 b 矩形的左边界以外，同理，a 的上边界需要在 b 的下边界以外，四边都判断，则可以知道 a 是否与 b 相交，示意图见图 15-3。

图 15-3　矩形检查

代码如下。

```
/**
* ax —— a 矩形左上角 x 坐标
* ay —— a 矩形左上角 y 坐标
* aw —— a 矩形宽度
* ah —— a 矩形高度
* bx —— b 矩形左上角 x 坐标
* by —— b 矩形左上角 y 坐标
* bw —— b 矩形宽度
* bh —— b 矩形高度
*/
function isColliding( ax, ay, aw, ah,  bx,  by,  bw,  bh){
        if(ay > by + bh || by > ay + ah
             || ax > bx + bw || bx > ax + aw)
         return false;
       else
        return true;
}
```

此方法比第一种简单且运行快。本游戏采用此方法检测。

3）第三种方法

这种方法其实可以说是第二种方法的一个变异，可以保存两个矩形的左上和右下两个坐标的坐标值，然后通过对两个坐标的对比就可以得出两个矩形是否相交。这应该比第二种方法更优越一点儿。

```
/*
* rect1[0]: 矩形 1 左上角 x 坐标
* rect1[1]: 矩形 1 左上角 y 坐标
* rect1[2]: 矩形 1 右下角 x 坐标
* rect1[3]: 矩形 1 右上角 y 坐标
* rect2[0]: 矩形 2 左上角 x 坐标
* rect2[1]: 矩形 2 左上角 y 坐标
* rect2[2]: 矩形 2 右下角 x 坐标
* rect2[3]: 矩形 2 右上角 y 坐标
*/
function IsRectCrossing ( rect1[],  rect2[])  {
   if (rect1[0] > rect2[2]) return false;
   if (rect1[2] < rect2[0]) return false;
   if (rect1[1] > rect2[3]) return false;
   if (rect1[3] < rect2[1]) return false;
   return true;
}
```

这种速度应该很快，推荐使用这种。

2. 圆形碰撞

现在介绍一种测试两个对象边界是否重叠的方法。可以通过比较两个对象间的距离和两个对象半径的和的大小，很快实现这种检测。如果它们之间的距离小于半径的和，就说明产生了碰撞。

为了计算半径，就可以简单地取高度或者宽度的一半作为半径的值。

代码如下。

```
function isColliding( ax, ay, aw,  ah,  bx,  by,  bw,  bh){
     var r1 = (Math.max(aw, ah)/2 + 1);
     var r2 = (Math.max(bw, bh)/2 + 1);
     var rSquard = r1 * r1;
     var anrSquard = r2 * r2;
     var disX = ax - bx;
     var disY = ay - by;
     if((disX * disX) + (disY * disY) < (rSquard + anrSquard))
       return true;
     else
       return false;
 }
```

这种方法类似于圆形碰撞检测。两个圆的碰撞处理就可以用这种方法。

3. 像素碰撞

由于游戏中的角色大小往往是以一个刚好能够将其包围的矩形区域来表示的，如图 15-4 所示，虽然两个卡通人物并没有发生真正的碰撞，但是矩形碰撞检查的结果是它们发生了碰撞。

图 15-4　矩形检查

如果使用像素检查，就往往把精灵的背景颜色设置为相同的颜色而且是最后图片里面很少用到的颜色，然后碰撞检查的时候就仅判断两个图片除了背景色外的其他像素区域是否发生了重叠的情况，如图 15-5 所示。虽然两个图片的矩形发生了碰撞，但是两个卡通人物并没有发生真正的碰撞，这就是像素检查的好处，但是其缺点就是计算复杂，浪费大量的系统资源，因此一般如果没有特殊要求，都尽量使用矩形检查碰撞。

以上只是总结了几种简单的方法，当然其实在游戏中熟练的运用才是最好的，在游戏中差不多以上几种方法就够了，它不需要太精密的算法，当然可能有些需要比以上更复杂，例如，如果一个对象速度足够快，可能只经历一步就穿越了一个本该和它发生碰撞的对象，如果要考虑这种情况，就要根据它的运动路径来处理。还有可能碰到不同的边界发生不同的行为，这就要具体地对碰撞行为进行解剖，然后具体处理。

图 15-5　像素检查

15.3　Flappy Bird 游戏设计的步骤

游戏使用三个类：Bird 类、Obstacle 类、FlappyBird 类（游戏运行的主要函数）。

15.3.1　设计 Bird 类（小鸟类）

小鸟飞行是由两帧组成的图片，分别对应 up 和 down 两种状态。

```
//设计Bird类（小鸟类）
function Bird(x, y, image) {
  this.x = x;
  this.y = y;
  this.width = 39;   //小鸟的宽度
  this.height = 28;
  this.draw = function(context, state) {
    if (state === "up")
      context.drawImage(image, 0, 0, this.width, this.height, this.x,
         this.y, this.width, this.height); //绘制向上飞up状态帧（第1帧）
    else {
      context.drawImage(image, this.width, 0, this.width, this.height,
          this.x, this.y, this.width, this.height);
          //绘制向下飞down状态帧（第2帧）
    }
  }
};
```

15.3.2　设计 Obstacle 类（管道障碍物类）

管道障碍物是由两帧组成的图片，分别是管道头向上 up 和头向下 down 两种状态。

```
//设计Obstacle类（管道障碍物类）
function Obstacle(x, y, h, image) {
  this.x = x;
  this.y = y;
  this.width = 54;  //管道障碍物宽度
  this.height = h;
  this.flypast = false; //没被小鸟飞过
  this.draw = function (context, state) {
    if (state === "up") {
      context.drawImage(image, 0, 0, this.width, this.height, this.x,
           this.y, this.width, this.height);
            //绘制管道头向上帧（一对管道中的下管道）
    } else {
      context.drawImage(image, this.width, 400 - this.height, this.
            width, this.height, this.x, this.y, this.width, this.height);
           //绘制管道头向下帧（一对管道中的上管道）
    }
  }
};
```

15.3.3　设计 FlappyBird 类

FlappyBird 类包括游戏主要参数及运行时需要的函数。变化参数可以改变游戏难度。FlappyBird 类的函数功能如下。

- CreateMap: function()：绘制画布。
- CreateObs: function()：创造障碍物。
- DrawObs: function()：绘制障碍物。
- CountScore: function()：判断是否启动记分器。
- ShowScore: function()：显示分数。
- CanMove: function()：判断是否可以移动及游戏结束。
- CheckTouch: function()：判断是否触摸。
- ClearScreen: function()：清屏。
- ShowOver: function()：显示游戏结束。

具体代码如下。

```
function FlappyBird(ctx) {
  this.bird= null;            //小鸟
  this.bg= null;              //背景图
  this.obs= null;             //障碍物
  this.obsList= [];           //管道障碍物数组
  this.mapWidth= 340;         //画布（游戏画面）宽度
  this.mapHeight= 453;        //画布（游戏画面）高度
  this.startX= 90;            //小鸟起始位置
```

```
this.startY= 90;
this.obsDistance= 100;     //上下障碍物距离，也就是小鸟可以飞过的空隙
this.obsSpeed= 2;          //障碍物移动速度
this.obsInterval= 2500;    //制造障碍物间隔ms
this.upSpeed= 4;           //上升速度
this.downSpeed= 2;         //下降速度
this.line= 56;             //地面高度
this.score= 0;             //得分
this.touch= false;         //是否触摸屏幕
this.gameOver= false;      //游戏结束标志
this.ctx = ctx;
```

CreateMap()函数绘制游戏的画面，画面由背景、小鸟和障碍物组成。由于管道障碍物是成对出现的，每次生成两个管道 obs1 和 obs2，并加入管道障碍物数组 obsList[]。

```
this.CreateMap = function() { //绘制画布（游戏画面）
  //背景图片
  this.bg = "/img/bg.png";
  var startBg = "/img/start.jpg";
  //绘制开始的图像
  this.ctx.drawImage(startBg, 0, 0, this.mapWidth, this.mapHeight);
  //小鸟
  var image = "/img/bird.png";
  this.bird = new Bird(this.startX, this.startY, image);

  //管道障碍物
  this.obs = "/img/obs.png";
  var h = 100;   //默认第一障碍物上管道高度为100
  var h2 = this.mapHeight - h - this.obsDistance;
  var obs1 = new Obstacle(this.mapWidth, 0, h, this.obs);
  var obs2 = new Obstacle(this.mapWidth, this.mapHeight - h2, h2 -
           this.line, this.obs);
  this.obsList.push(obs1);   //将一对管道加入obsList数组
  this.obsList.push(obs2);
}
```

CreateObs()函数每次生成两个管道 obs1（上管道）和 obs2（下管道），并加入管道障碍物数组 obsList[]。如果障碍物已经出了画面则从数组中删除，这样重新绘制时就不会显示。

```
this.CreateObs= function() {
  //随机产生障碍物上管道高度
  var h = Math.floor(Math.random() * (this.mapHeight - this.obsDistance
       - this.line));
  var h2 = this.mapHeight - h - this.obsDistance;
  var obs1 = new Obstacle(this.mapWidth, 0, h, this.obs);   //上管道
  var obs2 = new Obstacle(this.mapWidth, this.mapHeight - h2, h2 -
           this.line, this.obs);    //下管道
```

```
    this.obsList.push(obs1);
    this.obsList.push(obs2);
    //移除越界障碍物
    if (this.obsList[0].x < -this.obsList[0].width)
        //如果障碍物已经出了画面
      this.obsList.splice(0, 2);   //从数组中删除
  }
```

CreateObs()函数绘制障碍物。

```
this.DrawObs= function() { //绘制障碍物
    for (var i = 0; i < this.obsList.length; i++) {
      this.obsList[i].x -= this.obsSpeed;
      if (i % 2)
        this.obsList[i].draw(this.ctx, "up");    //下管道
      else
        this.obsList[i].draw(this.ctx, "down"); //上管道
    }
}
```

CountScore()函数计算得分，由于小鸟 x 位置固定（即 this.startX=90），每 2s 产生一个新障碍物，而每 20ms 前一个障碍物就移动两个像素，所以障碍物之间间隔为 200 像素。小鸟 x 坐标位置是 90，所以当新的障碍物移到小鸟位置时，前一个障碍物移到–110 位置（已经出了画面），所以已从数组中删除了。到小鸟跟前的总是 obsList[0]。

```
this.CountScore= function() { // 计分
    if (this.obsList[0].x + this.obsList[0].width < this.startX
        && this.obsList[0].flypast == false) {
        //小鸟坐标超过obsList[0]障碍物
      this.score += 1;//得分
      this.obsList[0].flypast = true;// obsList[0]障碍物被飞过了
    }
  }
  this.ShowScore=function() { //显示分数
    var c=this.ctx;
    c.strokeStyle = "#000000";
    c.fillStyle = "#ffffff"
    c.setFontSize(30);
    c.fillText(this.score, 10, 50);
    c.strokeText(this.score, 10, 50);
}
```

CanMove()函数实现小鸟与管道的碰撞检测。这里使用矩形碰撞检测原理，判断小鸟所在图形矩形与所有管道障碍物矩形是否碰撞。

```
this.CanMove=function() { //碰撞检测
    if (this.bird.y < 0 || this.bird.y > this.mapHeight - this.bird.heigh
        t - this.line) {
      this.gameOver = true;
    } else {
```

```
      var boundary = [{
        x: this.bird.x,
        y: this.bird.y
      }, {
        x: this.bird.x + this.bird.width,
        y: this.bird.y
      }, {
        x: this.bird.x,
        y: this.bird.y + this.bird.height
      }, {
        x: this.bird.x + this.bird.width,
        y: this.bird.y + this.bird.height
      }];   //小鸟所在图形矩形的四个顶点坐标
      for (var i = 0; i < this.obsList.length; i++) {//所有管道障碍物
        for (var j = 0; j < 4; j++)
          if (boundary[j].x >= this.obsList[i].x && boundary[j].x <=
            this.obsList[i].x + this.obsList[i].width && boundary[j].y >
            =this.obsList[i].y && boundary[j].y <= this.obsList[i].y +
            this.obsList[i].height)   //碰撞
          {
            this.gameOver = true;     //游戏结束为真
            break;
          }
        if (this.gameOver)
          break;
      }
    }
}
```

CheckTouch()函数实现检测触屏动作。如果触屏则绘制向上飞 up 状态帧（第 1 帧），否则绘制向下飞 down 状态帧（第 2 帧）。

```
  this.CheckTouch=function () { //检测触屏
    if (this.touch) {
      this.bird.y -= this.upSpeed;
      this.bird.draw(this.ctx, "up");      //绘制向上飞up状态帧（第1帧）
    } else {
      this.bird.y += this.downSpeed;
      this.bird.draw(this.ctx, "down");    //绘制向下飞down状态帧（第2帧）
    }
  }
  this.ClearScreen=function () { //清屏
      this.ctx.drawImage(this.bg, 0, 0,this.mapWidth,this.mapHeight);
      //绘制背景达到清屏
  }
```

ShowOver()函数绘制游戏结束画面的图片。

```
this.ShowOver=function() {
    var overImg = "/img/over.png";    //游戏结束画面的图片
    var overImgwidth = 270;
```

```
    var overImgheight = 50;
    console.log(overImg.width)
    this.ctx.drawImage(overImg,(this.mapWidth-overImgwidth)/2,
        (this.mapHeight - overImgheight)/2);
}
```

15.3.4　主程序

```
var game; //= new FlappyBird(ctx);
var Speed = 20; //背景移动速度即更新速度，20ms
var IsPlay = false;
var GameTime = null;
var btn_start;
```

游戏运行函数 RunGame(speed)产生定时器 updateTimer 实现游戏逻辑。定时器实现障碍物前移，检测是否碰撞，如果碰撞游戏结束；检测触屏动作，是则 y 坐标减少且显示向上飞图片，否则 y 坐标增加且显示向下飞图片。最后显示游戏得分。

通过计算时间实现每 2s 产生新障碍物（一对管道）。

```
function RunGame(speed) {//游戏运行函数
  var updateTimer = setInterval(function () {
    game.CanMove();              //检测是否碰撞，如果碰撞游戏结束
    if (game.gameOver) {
      game.ShowOver();           //游戏结束画面
      game.ctx.draw();
      clearInterval(updateTimer);//清除定时器
      return;
    }
    game.ClearScreen();          //清屏后显示背景图片
    game.DrawObs();              //障碍物前移两个像素后重画
    //检测触屏单击，是则y坐标减少且显示向上飞图片，否则y坐标增加且显示向下飞图片
    game.CheckTouch();           //绘制不同状态小鸟
    game.CountScore();           //若小鸟通过障碍物记分
    game.ShowScore();            //显示分数
    game.restTime -= speed;  //计算产生新障碍物剩余时间
    if (game.restTime <= 0)  //产生新障碍物剩余时间小于0
    {
      game.CreateObs();          //产生新障碍物（一对管道）
      game.restTime = game.obsInterval //2s
    }
    game.ctx.draw();
  }, speed);                     //背景移动速度即更新速度，20ms
}
```

游戏页面加载后执行 InitGame()，添加触屏按下、松开、滑动（move）事件。如果用户滑动则调用 RunGame(Speed)开始游戏。

使用小程序提供的 wx.getSystemInfo()可以获取当前设备的系统信息，通过获取当前的设备尺寸，来换算所需要设置的 canvas 尺寸，从而使得 canvas 绘图可以适用于所有设备。

```
Page({
  InitGame: function() {
    //创建画布上下文
    this.ctx = wx.createCanvasContext('myCanvas')
    game = new FlappyBird(this.ctx);
    wx.getSystemInfo({
      //获取系统信息成功，将当前设备窗口的宽高赋给设置canvas尺寸的页面的宽高
      success: function (res) {
        game.mapWidth = res.windowWidth
        game.mapHeight = res.windowHeight
      }
    })
    game.CreateMap();    //游戏开始画面
    this.ctx.draw();
  },
  //触屏事件
  touchStart: function (e) {
    game.touch=true;
    if (!IsPlay) {                          //没有开始游戏
      IsPlay = true;
      GameTime = RunGame(Speed);    //开始游戏
    }
  },
  touchMove: function (e) {         //滑动（move）事件
  },
  touchEnd: function (e) {
    game.touch = false;
  },
  /**
   * 生命周期函数——监听页面加载
   */
  onLoad: function(options) {
      this.InitGame();
  },
})
```

15.3.5 游戏页面视图文件

1. index.wxml 文件

```
<!--index.wxml-->
<canvas  canvas-id='myCanvas' style="width:100%;height:100%;
    background-color:#ccc" bindtouchstart="touchStart"
    bindtouchmove="touchMove" bindtouchend="touchEnd">
</canvas>
```

2. index.wxss 文件

```
/**index.wxss**/
page {
  width: 100%;
  height: 100%;
}
```

至此完成 Flappy Bird 游戏的开发。

第 16 章

摇一摇变脸游戏

16.1　摇一摇变脸游戏介绍

小程序运行后出现一张脸谱画面，单击这张脸谱画面时，画面随机产生另一张脸谱，当摇晃手机时，先是弹出一个消息框，同时画面也随即产生一张脸谱，从而实现变脸功能。本游戏初始界面如图 16-1(a)所示，摇晃手机时游戏运行界面如图 16-1(b)所示。

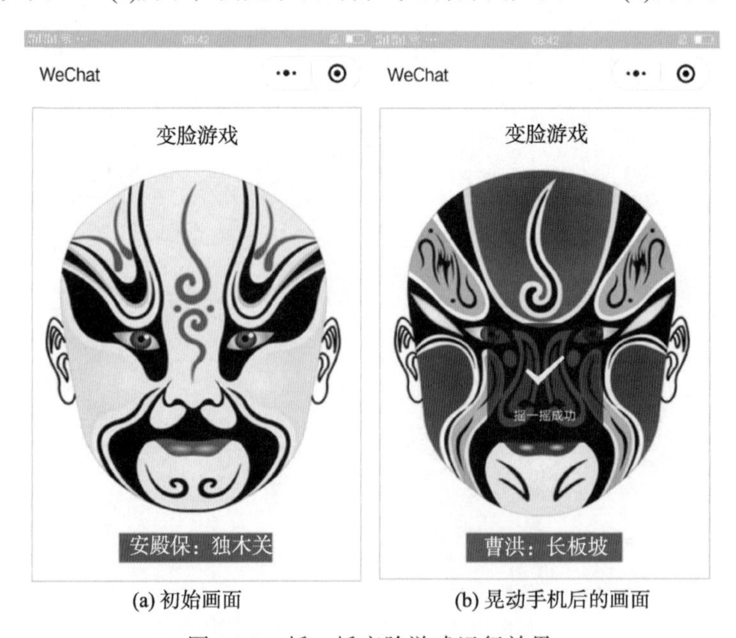

(a) 初始画面　　(b) 晃动手机后的画面

图 16-1　摇一摇变脸游戏运行效果

16.2　程序设计的思路

首先准备游戏素材，把游戏需要的图片存放到 images 文件夹下，然后把文件夹复制到项目文件夹中。

游戏中出现多张脸谱图片，小程序使用数组存放脸谱图片文件。代码通过 image 组件显示一个脸谱，其 src 属性通过{{imagesrc}}绑定图片数组，其 bindtap 属性绑定单击脸谱图片事件函数 changeFace，其 mode 属性为 widFix，缩放模式，宽度不变，高度自动变化。

摇晃手机的检测采用监听手机加速度的变化实现。

16.3　关键技术

16.3.1　小程序的加速度计 API

1. 开启加速度数据监听

小程序使用 wx.startAccelerometer(OBJECT)开始监听加速度数据，该接口从基础库 1.1.0 开始支持，低版本需做兼容处理。OBJECT 参数如表 16-1 所示。

表 16-1　OBJECT 参数

参　数	类　型	必　填	说　明
interval	String	否	监听加速度数据回调函数的执行频率（最低版本 2.1.0）
success	Function	否	接口调用成功的回调函数
fail	Function	否	接口调用失败的回调函数
complete	Function	否	接口调用结束的回调函数（调用成功与否都执行）

其中，interval 的有效值如下。

- game：适用于更新游戏的回调频率，在 20 毫秒/次左右。
- ui：适用于更新 UI 的回调频率，在 60 毫秒/次左右。
- normal：普通的回调频率，在 200 毫秒/次左右。

由于不同设备的机型性能、当前 CPU 与内存的占用情况均有所差异，interval 的设置与实际回调函数的执行频率会有一些出入。

2. 结束加速度数据监听

小程序使用 wx.stopAccelerometer(OBJECT)结束监听加速度数据，其 OBJECT 参数与 wx.startAccelerometer 除 interval 以外参数相同，如表 16-2 所示。

表 16-2　OBJECT 参数

参　数	类　型	必　填	说　明
success	Function	否	接口调用成功的回调函数
fail	Function	否	接口调用失败的回调函数
complete	Function	否	接口调用结束的回调函数（调用成功与否都执行）

3. 监听加速度数据

小程序使用 wx.onAccelerometerChange(CALLBACK)监听加速度数据，频率为 5 次/秒，接口调用后会自动开始监听，可使用 wx.stopAccelerometer 停止监听。

其中，CALLBACK 返回参数如下。

- x：Number 类型，表示 x 轴方向加速度。
- y：Number 类型，表示 y 轴方向加速度。
- z：Number 类型，表示z 轴方向加速度。

16.3.2 加速度计 API 的简单应用

1. 使用加速度计 API 返回 x、y、z 轴的偏移值

这里使用 wx.onAccelerometerChange()监听实现，其可以获取当前加速度信息。JS 代码如下。

```
wx.onAccelerometerChange(function (res) {
  console.log(res.x)
  console.log(res.y)
  console.log(res.z)
})
```

2. 使用加速计实现摇一摇功能

JS 代码如下。

```
//开启监听
wx.startAccelerometer({
  success: function (res) {
    console.info(res);
  }
});
//监听距离
wx.onAccelerometerChange(function (res) {
  if (res.x >1) { //偏移量为1时触发
    wx.showModal({
      title: '提示',
      content: '触发摇一摇',
      success: res => {
        wx.navigateTo({
          url: '../index/index2',
        })
      }
    })
  }
});
```

16.4　程序设计的步骤

16.4.1　游戏页面视图 WXML

游戏页面视图主要放置一个 image 组件，并绑定单击 tap 事件。

```
<!--pages/ index/index.wxml-->
<view class='box'>
<view class='title'>变脸游戏</view>
<view>
<image src="{{imgArr[index]}}" bindtap="changeFace" mode='widthFix'>
   </image>
</view>
</view>
```

其样式文件 index.wxss 如下。

```
/* pages/index/index.wxss */
image {
  margin: 10px;
}
```

使用 image 样式设置图片的边距。

16.4.2　设计脚本 index.js

定义产生随机数的全局函数 createRandomIndex()，产生 0 ~ 9 的随机整数。

```
function createRandomIndex() {              //定义产生随机数的全局函数
  return Math.floor(Math.random() * 10); //产生0~9的随机整数
}
```

在 data 中定义脸谱图片数组，index 记录当前显示脸谱图片的索引号。index 初始值为 0，表示小程序首先显示第一张图片，以后根据产生的随机数下标值确定显示哪张图片。

```
Page({
  data: {
    index: 0, //初始化脸谱图片数组下标为0
    imgArr: [ //脸谱图片数组
      '../images/01.jpg',
      '../images/02.jpg',
      '../images/03.jpg',
      '../images/04.jpg',
      '../images/05.jpg',
      '../images/06.jpg',
```

```
        '../images/07.jpg',
        '../images/08.jpg',
        '../images/09.jpg',
        '../images/10.jpg',
      ],
    },
```

changeFace()是单击脸谱图片事件函数，其调用全局函数 createRandomIndex()产生 0 ~ 9 的随机数，由于图片组件的 src 属性为"{{imgArr[index]}}"，视图层绑定数组下标 index，从而实现该下标图片的显示。

```
  changeFace: function() {
   this.setData({
     index: createRandomIndex() //调用全局函数产生随机数
   })
  },
```

小程序生命周期函数 onShow()测试在某个坐标轴方向偏移量达到数值 0.5 以上，就认为用户晃动手机。调用 wx.showToast()弹出消息提示框，并调用 changeFace()函数进行变脸。

```
    onShow: function() { //生命周期函数，界面显示时调用
     var that = this;
     wx.onAccelerometerChange(function(res) { //加速度变化监听函数
       if (res.x > 0.5 || res.y > 0.5 || res.z > 0.5) {
         //设置加速度在某个坐标轴方向达到的数值
         wx.showToast({ //消息提示框函数
           title: '摇一摇成功', //消息框标题
           icon: 'success', //消息框图标
           duration: 2000 //消息框显示的时间
         })
         that.changeFace() //调用函数进行变脸
       }
     })
   }
  })
```

至此完成变脸游戏设计。

第 17 章

视频讲解

抽奖小游戏

17.1　抽奖小游戏介绍

小程序运行后出现一个圆盘和指针，单击“开始抽奖”按钮后，圆盘开始旋转，最终指针指向哪个奖励就是几等奖。游戏可以进行三次抽奖。游戏开始画面如图 17-1(a)所示，抽奖结果画面如图 17-1(b)所示，三次抽奖结束后可以获取玩家最高奖项。

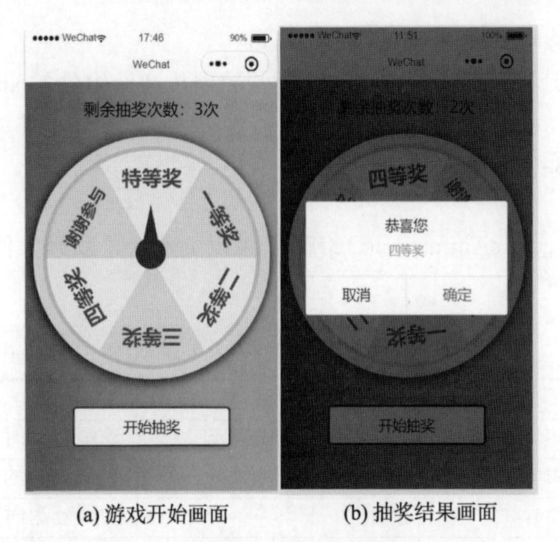

(a) 游戏开始画面　　(b) 抽奖结果画面

图 17-1　抽奖小游戏运行效果

17.2　程序设计的思路

首先准备游戏素材，把游戏需要的图片（如图 17-2 所示）存放到 images 文件夹下，然后把文件夹复制到项目文件夹中。

游戏中使用转盘图片组件 animation 属性来显示转盘旋转效果，而箭头一直固定不动，利用转盘旋转的角度计算出几等奖。每次抽奖等级与记录在 data.score 中获奖等级比较，让

data.score 保存最高获奖等级。三次抽奖结束后，根据 data.score 的数字显示几等奖。

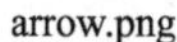

arrow.png

plate.png

图 17-2 抽奖小游戏图片素材

17.3 关 键 技 术

小程序组件拥有 animation 属性来显示动画，其动画效果实现需要以下三个步骤。

（1）创建动画实例。

（2）通过调用动画实例的方法来描述动画。

（3）通过动画实例的 export 方法导出动画数据传递给组件的 animation 属性。

17.3.1 动画实例

小程序使用 wx.createAnimation(OBJECT)可以创建一个动画实例 animation。其 OBJECT 参数说明如表 17-1 所示。

表 17-1 OBJECT 参数

参 数	类 型	必 填	默 认 值	说 明
duration	Integer	否	400	动画持续时间，单位为 ms
timingFunction	String	否	"linear"	定义动画的效果
delay	Integer	否	0	动画延迟时间，单位为 ms
transformOrigin	String	否	"50% 50% 0"	设置 transform-origin

其中，timingFunction 有效值如下。

- linear：动画从头到尾的速度是相同的。
- ease：动画以低速开始，然后加快，在结束前变慢。
- ease-in：动画以低速开始。
- ease-in-out：动画以低速开始和结束。
- ease-out：动画以低速结束。
- step-start：动画第一帧就跳至结束状态直到结束。

● step-end：动画一直保持开始状态，最后一帧跳到结束状态。

wx.createAnimation(OBJECT)示例代码如下。

```
var animation = wx.createAnimation({
  duration: 2000,
  timingFunction: "ease-in"
})
```

上述代码表示动画持续时间为2s，且低速开始。

17.3.2 动画描述

动画实例可以调用animation对象的相关方法来描述，调用结束后会返回自身。

animation对象的方法可以分为6类，分别用于控制组件的样式、旋转、缩放、偏移、倾斜和矩阵变形。

控制组件样式的方法说明如表17-2所示。

表17-2 animation对象控制组件样式的方法

方 法	参 数	说 明
opacity	value	透明度，参数范围为 0~1
backgroundColor	color	颜色值
width	length	长度值，如果传入Number则默认使用px，可传入其他自定义单位的长度值
height	length	长度值，如果传入Number则默认使用px，可传入其他自定义单位的长度值
top	length	长度值，如果传入Number则默认使用px，可传入其他自定义单位的长度值
left	length	长度值，如果传入Number则默认使用px，可传入其他自定义单位的长度值
bottom	length	长度值，如果传入Number则默认使用px，可传入其他自定义单位的长度值
right	length	长度值，如果传入Number则默认使用px，可传入其他自定义单位的长度值

例如：

```
animation.backgroundColor('red'). step()
```

上述代码表示将组件在指定的时间内将背景颜色更新为红色。

控制组件旋转的方法说明如表17-3所示。

例如：animation.rotate(90).step()就是顺时针旋转90° 。

控制组件缩放的方法说明如表17-4所示。

例如：animation.scale (2,2).step()就是x轴、y轴同时缩放2倍数。

控制组件倾斜的方法说明如表17-5所示。

表 17-3　animation 对象控制组件旋转的方法

方　法	参　数	说　明
rotate	deg	deg 的范围为-180~180，从原点顺时针旋转一个 deg 角度
rotateX	deg	deg 的范围为-180~180，在 x 轴旋转一个 deg 角度
rotateY	deg	deg 的范围为-180~180，在 y 轴旋转一个 deg 角度
rotateZ	deg	deg 的范围为-180~180，在 z 轴旋转一个 deg 角度

表 17-4　animation 对象控制组件缩放的方法

方　法	参　数	说　明
scale	sx,[sy]	一个参数时，表示在 x 轴、y 轴同时缩放 sx 倍数；两个参数时表示在 x 轴缩放 sx 倍数，在 y 轴缩放 sy 倍数
scaleX	sx	在 x 轴缩放 sx 倍数
scaleY	sy	在 y 轴缩放 sy 倍数
scaleZ	sz	在 z 轴缩放 sy 倍数
scale3d	(sx,sy,sz)	在 x 轴缩放 sx 倍数，在 y 轴缩放 sy 倍数，在 z 轴缩放 sz 倍数

表 17-5　animation 对象控制组件倾斜的方法

方　法	参　数	说　明
skew	ax,[ay]	参数范围为-180~180；一个参数时，y 轴坐标不变，x 轴坐标沿顺时针倾斜 ax°；两个参数时，分别在 x 轴倾斜 ax°，在 y 轴倾斜 ay°
skewX	ax	参数范围为-180~180；y 轴坐标不变，x 轴坐标沿顺时针倾斜 ax°
skewY	ay	参数范围为-180~180；x 轴坐标不变，y 轴坐标沿顺时针倾斜 ay°

控制组件偏移的方法说明如表 17-6 所示。

表 17-6　animation 对象控制组件偏移的方法

方　法	参　数	说　明
translate	tx,[ty]	一个参数时，表示在 x 轴偏移 tx；两个参数时，表示在 x 轴偏移 tx，在 y 轴偏移 ty
translateX	tx	在 x 轴偏移 tx
translateY	ty	在 y 轴偏移 tx
translateZ	tz	在 z 轴偏移 tx
translate3d	(tx,ty,tz)	在 x 轴偏移 tx，在 y 轴偏移 ty，在 z 轴偏移 tz

例如：animation. translate(50,100).step()就是在 x 轴偏移 50，y 轴同时轴偏移 100。

控制组件矩阵变形的方法说明如表 17-7 所示。

表 17-7　animation 对象控制组件矩阵变形的方法

方　法	参　数	说　明
matrix	(a,b,c,d,tx,ty)	同 CSS transform-function matrix
matrix3d		同 CSS transform-function matrix3d

animation 对象允许将任意多个动画方法追加在同一行代码中，表示同时开始这一组动画内容，调用动画操作方法后还需要调用 step()来表示一组动画完成。

例如：

```
animation.scale(5).backgroundColor('red').rotate(150).step()
```

上述代码表示将组件在指定的时间内同时做到：①放大到原来的 5 倍；②背景颜色更新为红色；③顺时针旋转 150°。

若是希望多个动画按顺序依次执行，每组动画之间都需要使用 step()隔开。

例如，上述代码可修改为：

```
animation.scale(5).step().backgroundColor('red').step().
    rotate(150).step()
```

17.3.3　动画导出

在声明完 animation 对象并描述了动画方法后，还需要使用 export()将该对象导出到组件的 animation 属性中，方可使得组件进行动画效果。

以<view>组件为例，WXML 代码如下。

```
<view animation="{{animationData}}"></view>
```

JS 代码如下。

```
//1. 创建animation对象
var animation = wx.createAnimation()
//2. 描述动画
animation.scale(2).step()
//3. 导出至组件的动画属性
this.setData({animationData:animation.export()})
```

小程序也允许多次调用 export()方法导出不同的动画描述方法。

例如，刚才的 JS 代码可以更新为如下内容。

```
//1. 创建animation对象
var animation = wx.createAnimation()
//2. 描述第一个动画
animation.scale(2).step()
//3.导出至组件的动画属性
this.setData({animationData:animation.export()})
```

```
//4. 描述第二个动画
animation.rotate(180).step()
//5.导出至组件的动画属性
this.setData({animationData:animation.export()})
```

此时，一组动画完成后才会进行下一组动画，每次调用 export()后会覆盖之前的动画操作。

17.4　程序设计的步骤

17.4.1　游戏页面视图 WXML

游戏页面视图主要放置两个 image 组件，分别显示指针和圆盘；圆盘下方是一个“开始抽奖”按钮并绑定单击 tap 事件。

```
<!--index.wxml-->
<view>
    <view class="tips">剩余抽奖次数：{{lotteryNum}}次</view>
    <view class="imgLayout">
       <image src="/images/plate.png" class="imgbottom"
             animation="{{animation}}"></image>
       <image src="/images/arrow.png" class="imgtop"></image>
    </view>
    <view class="btnLayout">
      <button bindtap="rotate">开始抽奖</button>
    </view>
</view>
```

其样式文件 index.wxss 如下。

```
/**index.wxss**/
page {
  background-image: linear-gradient(to right,#007adf,#00ecbc);
}
.tips {
  text-align: center;
  margin: 20px auto;
  font-size: 20px;
}
.imgLayout{
  height: 300px;
  width: 300px;
  border-radius: 50%;
  box-shadow: 0 2px 15px 0 black;
  margin: auto;
}
.imgbottom{
  position: absolute;
  left: 10px;
```

```
  /* left: 50%; */
  margin: 0 auto;
  width: 300px;
  height: 300px;
}
.imgtop {
  position: absolute;
  width: 38px;
  height: 80px;
  z-index: 1;
  top: 150px;
  left: 140px;
}
.btnLayout{
  position: absolute;
  width: 200px;
  top: 400px;
  left: 60px;
}
button {
  border: 2px solid blue;
  box-shadow: 0 1px 10px 0 gray;
}
```

使用 imgbottom 样式设置圆盘的效果，imgtop 样式设置指针的效果，btnLayout 样式设置按钮的效果。

17.4.2　设计脚本 index.js

游戏设计时，data 中 lotteryNum 代表剩余抽奖次数，score 是获奖等级。为了便于等级比较，这里使用数字代表，其中特等奖用 0 表示，一等奖用 1 表示，二等奖用 2 表示，三等奖用 3 表示，四等奖用 4 表示，谢谢参与用 5 表示。

```
//index.js
var angel = 0;
Page({
  data: {
    lotteryNum:3,//抽奖次数
    score:5      //几等奖:特等奖0、一等奖1、二等奖2、三等奖3、四等奖4、谢谢参与5
  },
```

onReady()创建动画实例对象，并赋予圆盘的 animation 属性绑定的变量{{animation}}。

```
onReady: function() {
  this.animation = wx.createAnimation({
    duration: 2800,  //动画持续时间
    timingFunction: 'ease', //动画效果
    delay: 100   //动画延时
   })
},
```

“开始抽奖”按钮的单击事件函数 rotate()，用于判断抽奖次数是否还有，如果有抽奖次数则产生随机旋转角度，旋转动画完成后调用 result()判断是几等奖结果；如果没有抽奖机会则根据 this.data.score 的数字显示出几等奖文字。

```
rotate: function() {
  if (this.data.lotteryNum > 0) { //次数大于0
    angel = Math.abs(Math.random() * 720 + 1080)    //随机旋转角度
    this.animation.rotate(angel).step()             //旋转动画完成
    this.setData({
     animation: this.animation.export(), //导出动画数据给前台的动画组件
     lotteryNum:this.data.lotteryNum - 1
    })
   this.result()  //判断几等奖结果
  } else {
    var score = this.data.score
    var jiang= ' '
    if (score == 0) jiang = '特等奖'
    else if (score == 1) jiang = '一等奖'
    else if (score == 2) jiang = '二等奖'
    else if (score == 3) jiang = '三等奖'
    else if (score == 4) jiang = '四等奖'
    else if (score == 5) jiang = '没有获奖'
    wx.showToast({
      title: '暂无抽奖机会啦~，你最终是'+jiang,
      icon: 'none'
    })
  }
},
```

result()根据旋转的角度判断是几等奖结果。由于会旋转多圈，所以将 360 倍数的角度减去，或者直接对 360 取余也可以。此后就可以根据角度判断指针落在哪个获奖区域。最后和记录在 data.score 中的获奖等级比较，让 data.score 保存最高获奖等级。

```
result:function(e){
 do{
   angel = angel - 360
 }while(angel > 360)    //将360倍数角度减去
 var that=this
 setTimeout(function () {
   var score;
   if(angel <= 30 || angel > 330){
     wx.showModal({
       title:'恭喜您',
       content:'特等奖'
     })
     score = 0
   }else if(angel > 30 && angel <= 90){
```

```
        wx.showModal({
          title:'很遗憾',
          content:'您未中奖'
        })
        score = 5
      }else if(angel > 90 && angel <= 150){
        wx.showModal({
          title:'恭喜您',
          content:'四等奖'
        })
        score = 4
      }else if(angel > 150 && angel <= 210){
        wx.showModal({
          title:'恭喜您',
          content:'三等奖'
        })
        score = 3
      }else if(angel > 210 && angel <= 270){
        wx.showModal({
          title:'恭喜您',
          content:'二等奖'
        })
        score = 2
      }else if(angel > 270 && angel <= 330){
        wx.showModal({
          title:'恭喜您',
          content:'一等奖'
        })
        score = 1
      }
      if (score < that.data.score) {  //和以前的比较大小
        that.data.score = score
        console.log(score)
      }
    }, 3000)  //setTimeout用于延迟执行某方法或功能，在指定的毫秒数后调用函数或
              //计算表达式
  }
})
```

至此完成抽奖小游戏。

第 3 篇

提高篇

第 18 章

原生微信小游戏开发基础

18.1 微信小游戏的发展史

2017 年 12 月 28 日，微信更新的 6.6.1 版本开放了“微信小游戏”。微信启动页面还重点推荐了小游戏“跳一跳”。

2018 年 3 月下旬，微信小程序游戏类正式对外开放测试，但此时第三方小游戏还不能对外发布。

2018 年 4 月 4 日，第三方开发者推出的微信小游戏《征服喵星》已经通过审核。用户可以通过入口搜索到该游戏，依托微信 10 亿流量级平台，并可以体验游玩。

18.2 什么是微信小游戏

微信小游戏是小程序的一个类目，小游戏是微信开放给小程序的更多能力，让小程序开发者有了开发游戏的能力。微信小游戏是在小程序的基础上添加了游戏库 API。微信小游戏只能运行在小程序环境中，微信小游戏没有小程序中 WXSS、WXML、多页面等内容，所以微信小游戏开发时小程序的组件就无法使用；但增加了一些渲染、文件系统以及后台多线程的功能。

小游戏提供了 CommonJS 风格的模块 API，可以将一些公共的代码抽离成为一个单独的 JS 文件，作为一个模块。可以通过 module.exports 或者 exports 导出模块，通过 require 引入模块。其实开发者按正常的编码习惯编码就可以。

```
// common.js
function sayHello(name) {
  console.log('Hello' + name + '!')
}
function sayGoodbye(name) {
  console.log('Goodbye'+ name+'!')
}
module.exports.sayHello = sayHello          //提供对外的接口
```

```
module.exports.sayGoodbye = sayGoodbye    //提供对外的接口
```

在 game.js 中 require common.js，就可以调用 common 模块导出的接口。所有输出接口都会成为输入对象的属性。

```
var common = require('./js/libs/common.js')
common.sayHello('xmj')
common.sayGoodbye('xmj')
```

在模块化时，也可以使用 export default 命令和 import 命令。

使用 import 命令时用户需要知道所加载的变量或者函数名，否则无法加载，为了方便用户，使其不用预先知道就能加载模块，这时可以使用 export default 为模块指定默认输出。

```
// common2.js
export default function test() {  //当然也可以是一个类
  console.log("大家好");
};
```

导入时可以如下：

```
import t from './js/libs/common2.js'
t('xmj')
```

这时使用 import 导入时可以使用任意名称指定模块 JS 文件的导出方法 test()。本质上，export default 就是输出一个叫作 Default 的方法，只是系统允许为它任意取名。微信小游戏支持 ES6，所以开发时可以使用 export default class 定义各种类模块，例如，Bullet 子弹类、Sprite 精灵类、Enemy 敌人类模块，使用 import 导入类模块。

```
import Player from './player/index'
import Enemy from './npc/enemy'
```

小游戏并不能调用所有小程序的 API，但是能调用到大部分的 API。例如 wx.request、wx.chooseImage、wx.showToast 等 API，小游戏都可以调用到。更详细的 API 能力见微信官方 API 文档。

18.3 微信小游戏开发过程

微信小游戏开发过程与普通小程序开发过程一样，申请账号的流程、开发工具和发布的流程都是一样的。普通小程序的入口在 app.js，通过定义各个页面，然后在页面中给回调事件定义逻辑代码实现数据呈现。而小游戏入口在 game.js，不存在页面 page 的概念，通过 weapp-adapter.js 引进 canvas 实例。每个小游戏允许上传的代码包总大小为 4MB。

使用微信开发者工具新建项目，如图 18-1 所示，其中，左侧类别选择“小游戏”，右侧的项目名称是为此小游戏取的一个名字，项目目录是在本地存放小游戏项目代码的文件夹，AppID 是小游戏对应的 AppID。如果有，填入即可；如果没有，可以单击 AppID 输入框下方的“注册”链接进行注册，也可以选择使用测试账号。

单击“新建”按钮，就得到第一个小游戏了，如图 18-2 所示。这是微信开发者工具提供的飞机大战的游戏案例，单击“编译”按钮在微信开发工具里可以预览游戏效果。在微信开发者工具的工具栏上单击“预览”按钮，使用微信扫描二维码就可以在手机上体验了。

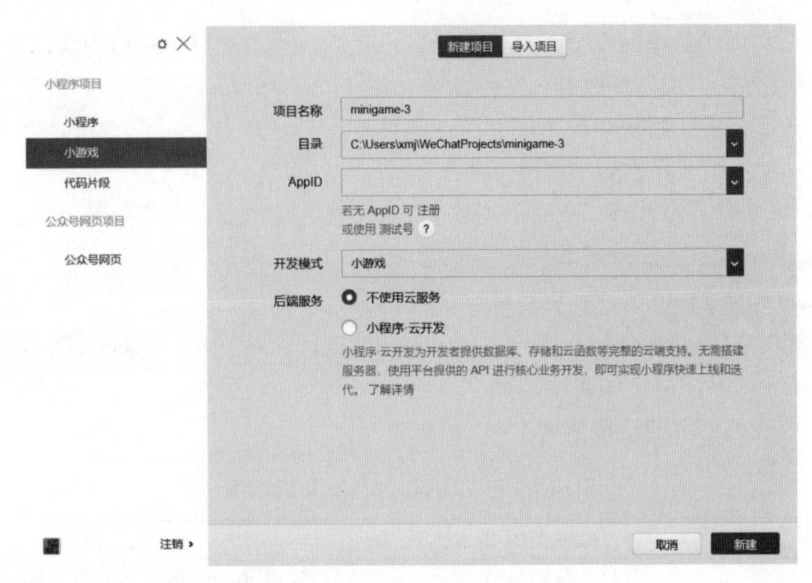

图 18-1　微信开发工具新建项目

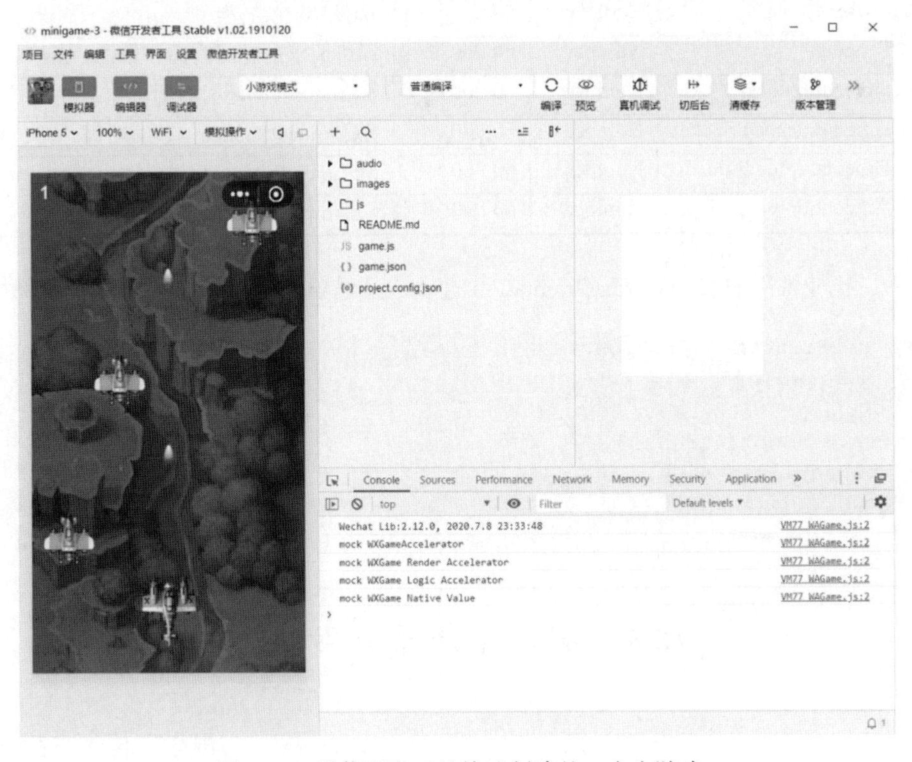

图 18-2　微信开发工具快速创建的一个小游戏

18.4　微信小游戏目录结构

在图 18-2 界面中的中间部分为文件结构区域。微信小游戏目录结构中有以下内容。

- audio 文件夹：用来存放音频文件，非必需。
- images 文件夹：用来存放图片文件，非必需。
- js 文件夹：用来存放脚本文件，非必需。
- .game.js 文件：游戏入口文件，必需。
- .game.json 文件：游戏配置文件，必需。
- .project.config.json 文件：项目配置文件，非必需。

微信小游戏根目录 game.json 文件用来对小游戏进行配置。开发工具和客户端需要读取这个配置，完成相关界面渲染和属性设置。

game.json 文件配置的选项如表 18-1 所示。

表 18-1　game.json 文件配置的选项

配 置 项	数据类型	默 认 值	说　明
deviceOrientation	String	portrait	屏幕方向，portrait 为竖屏，landscape 为横屏
showStatusBar	Boolean	false	是否显示状态栏
networkTimeout	Number	60 000	网络请求的超时时间，单位：ms
networkTimeout.request	Number	60 000	wx.request 的超时时间，单位：ms
networkTimeout.connectSocket	Number	60 000	wx.connectSocket 的超时时间，单位：ms
networkTimeout.uploadFile	Number	60 000	wx.uploadFile 的超时时间，单位：ms
networkTimeout.downloadFile	Number	60 000	wx.downloadFile 的超时时间，单位：ms

其中，比较常用的就是 deviceOrientation 这项，其他项保持默认即可。配置示例如下。

```
"deviceOrientation": "portrait"    //竖屏
"networkTimeout": {
  "request": 5000,
  "connectSocket": 5000,
  "uploadFile": 5000,
  "downloadFile": 5000
}
```

18.5　微信小游戏开发 API

小游戏的运行环境是一个绑定了一些方法的 JavaScript VM。与浏览器不同，这个运行环境没有 BOM 和 DOM API，只有 wx API。下面介绍如何用 wx API 来完成创建画布、绘制图形、显示图片的基础功能。

1. 创建 canvas

调用 wx.createCanvas()接口，可以创建一个 canvas 画布对象。

```
var canvas = wx.createCanvas()
```

此时创建的 canvas 是一个上屏 canvas，已经显示在屏幕上，且与屏幕等宽等高。

```
console.log(canvas.width, canvas.height);
```

注意：在 game.js 中测试此代码，可以先将 game.js 中已有的内容注释掉。

在整个小游戏代码中首次调用 wx.createCanvas()创建的是上屏 canvas，之后调用则创建的是离屏 canvas。

如果项目中使用了官方提供的 Adapter（适配器），即 weapp-adapter.js，那么此时创建的就是一个离屏 canvas。因为在 weapp-adapter.js 中已经调用了一次 wx.createCanvas()，并把返回的 canvas 作为全局变量暴露出来。

由于我们注释掉了 game.js 默认的内容，因此这里是一个上屏 canvas。

2. 在 canvas 上进行绘制

创建了一个 canvas 对象，但是并没有在 canvas 上面绘制任何内容，因此 canvas 是透明的。可以使用 2d 渲染上下文进行简单的绘制。

例如，在屏幕的左上角创建一个 100 × 100 的红色矩形。

```
var context = canvas.getContext('2d');
context.fillStyle = 'red';
context.fillRect(0,0,100,100);
```

3. 显示图片

通过 wx.createImage()接口可以创建一个 Image 对象。Image 对象可以加载图片。

当 Image 对象被绘制到 canvas 上时，图片才会显示在屏幕上。

```
var image = wx.createImage();
```

设置 Image 对象的 src 属性可以加载本地的一张图片或网络图片。当图片加载完毕时会执行注册的 onload 回调函数，此时可以将 Image 对象绘制到 canvas 上。

```
image.onload = function(){
      console.log(image.width, image.height);   //打印图片的宽高
      context.drawImage(image,0,0);
}
image.src='logo.png';                        //显示的图片
```

上面这段代码的作用是指定 image 的路径，并打印其宽高，同时将其显示在 canvas 中。

4. 创建多个 canvas

在整个小游戏运行期间，首次调用 wx.createCanvas()接口创建的是一个上屏 canvas。在这

个 canvas 上绘制的内容都将显示在屏幕上。而第二次、第三次等之后调用 wx.createCanvas 创建的都是离屏 canvas，在离屏 canvas 上绘制的内容只是绘制到了这个离屏 canvas 上，并不会显示在屏幕上。

```
var offScreenCanvas = wx.createCanvas();
var offContext = offScreenCanvas.getContext('2d');
offContext.fillStyle = 'green';
offContext.fiiRect(0,100,100,100);
```

在这种情况下并没有在屏幕的(0,100)位置绘制上一个 100 × 100 的绿色矩形。

为了让这个绿色的矩形显示在屏幕上，需要把离屏的 offScreenCanvas 绘制到上屏的 canvas 上。

添加代码如下。

```
context.drawImage(offScreenCanvas,0,0);
```

18.6　微信小游戏动画和触摸事件

1. 创建动画

动画的基本原理是：通过定时器不断清空画布，改变运动元素的状态，再重画所有元素。如此重复，就能看到页面上运动元素的动画效果了。

在 JavaScript 中，一般通过 setInterval、setTimeout、requestAnimationFrame 来实现动画效果。微信小游戏对这些 API 提供了支持。

```
setInterval()
setTimeout()
requestAnimationFrame()
clearInterval()
clearTimeout()
cancelAnimationFrame()
```

另外，还可以通过 wx.setPreferredFramesPersSecond()修改执行 requestAnimationFrame 回调函数的频率，以降低性能消耗。

2. 触摸事件

响应用户与屏幕的交互是游戏中必不可少的部分，小游戏提供了监听触摸事件的 API。

```
wx.onTouchStart()
wx.onTouchMove()
wx.onTouchEnd()
wx.onTouchCancel()
```

可以通过以下代码来体验一下各个事件。

```
wx.onTouchStart(function(e){
    console.log(e.touches);
})
```

```
wx.onTouchMove(function(e){
    console.log(e.touches);
})
wx.onTouchEnd(function(e){
    console.log(e.touches);
})
wx.onTouchCancel(function(e){
    console.log(e.touches);
})
```

这些和前面的微信小程序的功能的使用方法都是一致的。

触摸过程中 onTouchStart、onTouchEnd、onTouchCancel 执行一次，onTouchMove 每帧执行一次。

下面的示例实现让一张图片跟随着鼠标或者手指的移动而移动。

```
let ctx = canvas.getContext('2d')
let image = wx.createImage();
image.onload=function(){
    ctx.drawImage(image,0,0,53,33)
}
image.src = "images/hero.png"   //飞机图片

export default class Main{
  constructor(){
    this.TouchEvent();   //注册事件监听
  }
  TouchEvent(){
      wx.onTouchStart(function (e) {
      console.log(e.touches);
      console.log("移动开始"+e.touches[0].clientX +" "+e.touches[0].
        clientY)
  })
  wx.onTouchMove(function (e) {
      let x = e.touches[0].clientX;
      let y = e.touches[0].clientY;
      //每次清除一下画布
      ctx.clearRect(0, 0, canvas.width, canvas.height)
      //重新绘制一张图片并指定位置
      ctx.drawImage(image,x,y,53,33)
      console.log("移动中"+e.touches[0].clientX +" "+e.touches[0].clientY)
  })
  wx.onTouchEnd(function (e) {
      console.log(e.touches)//移动结束的时候触摸点列表长度为0
  })
  wx.onTouchCancel(function (e) {//移动取消的时候触摸点列表长度为0
      console.log("取消移动")
      console.log(e.touches)
  })
  }
```

```
}
new Main()
```

运行以后，可以看到 hero.png 飞机图片跟随鼠标或者手指的移动而移动。同时控制台如图 18-3 所示。

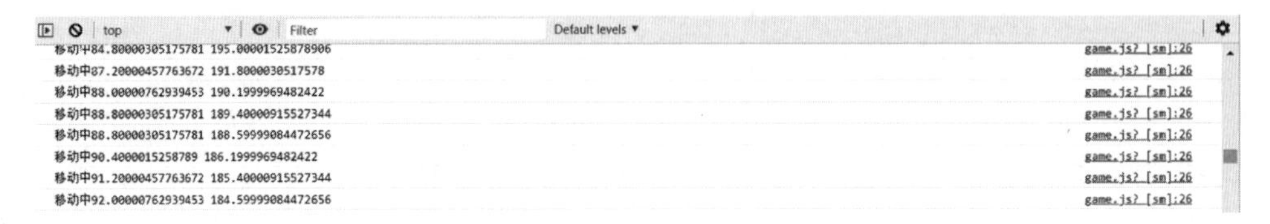

图 18-3 控制台显示鼠标的移动坐标

而以下代码可以判断是否单击了 hero.png 图片。

```
var canvas = wx.createCanvas()
var ctx =canvas.getContext("2d")
var img = wx.createImage()
var firstX =100
var firstY = 100
var imgW =100
var imgH = 100
img.src=" images/hero.png"
img.onload=function(){
    ctx.drawImage(img, firstX, firstY,imgW,imgH);
}
wx.onTouchStart(function(e){
   var touch = e.changedTouches[0]
   var clientX = touch.clientX
   var clienty = touch.clientY

    if((firstX<clientX&&clientX<(firstX+imgW))&&(firstY<clienty&&clienty
    <(firstY+imgH))){
        console.log("你被点中了")
    }
})
```

18.7 微信小游戏全局对象

在浏览器环境下 Window 是全局对象，但小游戏的运行环境中没有 BOM API，因此没有 window 对象。但是小游戏提供了全局对象 GameGlobal，所有全局定义的变量都是 GameGlobal 的属性。

```
console.log(GameGlobal.setTimeout === setTimeout);
console.log(GameGlobal.requestAnimationFrame ===
        requestAnimationFrame);
```

以上代码执行结果均为 true。

开发者可以根据需要把自己封装的类和函数挂载到 GameGlobal 上。

```
GameGlobal.render = function(){
    //具体的方法实现
}
render();
```

GameGlobal 是一个全局对象，本身也是一个存在循环引用的对象。

```
console.log(GameGlobal === GameGlobal.GameGlobal);
```

console.log 无法在真机上将存在循环引用的对象输出到 Console 中。

因此在真机调用的时候请注释 console.log(GameGlobal)这样的代码，否则会报如下错误：An object width circular reference cannot be logged。

18.8　微信小游戏 Adapter（适配器）

由于小游戏运行在 JavaScript Core 中，没有提供 DOM、BOM 接口。为了让基于 Web 环境开发的游戏引擎能够快速适配，微信小游戏提供了一个 Adapter（适配器），它的作用是基于小游戏接口做一层封装，在全局暴露一些 DOM、BOM 接口。目前，Adapter 会内置于小程序内，开发者无须自行引入。后续 Adapter 项目将不再内置于小程序内，开发者可以选择自行引入 Adapter 来适配，也可以完全基于小游戏平台提供 wx API 自行开发。

引入 Adapter（适配器）之后，会在全局暴露一个 canvas 对象，所有的绘图命令必须通过这个全局的 canvas 来发出。此外，还会暴露 window、document 等 DOM API，开发者可将其当作跟浏览器一样的环境来开发。

微信提供的飞机大战小游戏示例程序中：

```
import './js/libs/weapp-adapter'
import './js/libs/symbol'
```

以上代码就是导入 Adapter（适配器），就可以使用其中提供的 canvas、image 对象等。

```
const ctx = canvas.getContext('2d')
ctx.fillStyle = '#ffffff'
ctx.fillText('hello, world', 0, 0)
```

注意：Adapter 不是必须引入的模块，开发者可自行选择是否引入，也可以根据自己游戏的实际需要自行修改 Adapter。

第19章

视频讲解

微信小游戏——接宝石箱子游戏

19.1 接宝石箱子游戏介绍

接宝石箱子小游戏运行后底部出现主角工人，屏幕上方不断掉落宝石箱子，主角工人每接住一个箱子积分增加 1 分，玩家通过触碰屏幕左侧或者右侧控制工人移动方向。本游戏运行界面如图 19-1 所示。

图 19-1 接宝石箱子小游戏运行效果

19.2 程序设计的步骤

使用微信开发者工具新建项目，左侧类别选择“小游戏”，右侧的项目名称输入“接宝石箱子游戏”，单击“新建”按钮，新建一个新的小游戏。

在图 19-2 界面的中间部分，为文件结构区域。右击文件结构区域上方+号，在下拉菜单

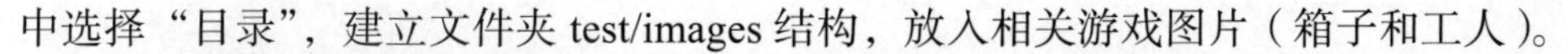
中选择“目录”，建立文件夹 test/images 结构，放入相关游戏图片（箱子和工人）。

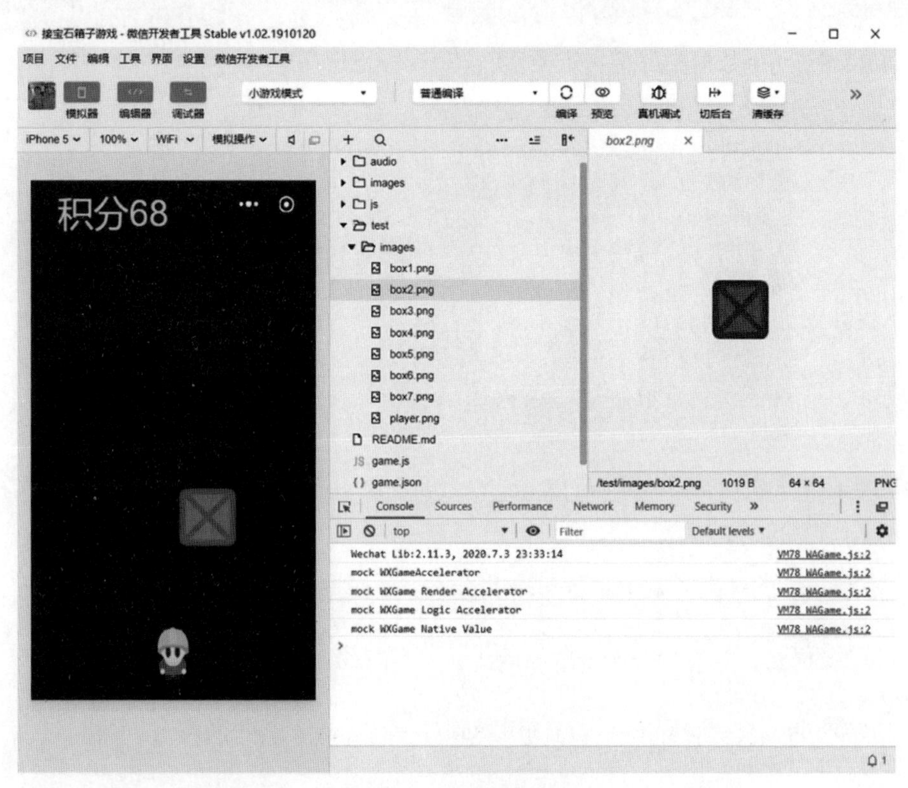

图 19-2　放入相关游戏图片

准备工作完成后，修改 game.js 文件。本游戏不使用 Adapter（适配器），使用微信 wx API 自行开发。

```
/*import './js/libs/weapp-adapter'
import './js/libs/symbol'
import Main from './js/main'
new Main()
*/
const DROP_SPEED = 8   //箱子下移速度
const MOVE_SPEED = 4   //人物左右移速度
const canvas = wx.createCanvas()
const context = canvas.getContext('2d')
context.fillStyle = "#ffff00"
context.font = "40px Arial"
```

加载工人图片，并设置位置坐标（imgX，imgY）。

```
const image = wx.createImage()   //人物图片
let imgX = canvas.width / 2 - 18 //人物位置
let imgY = canvas.height - 80
image.onload = function () {
  context.drawImage(image, imgX, imgY)
```

```
}
image.src = 'test/images/player.png'
```

drawRect(x, y)函数清空屏幕，重绘宝石箱子、人物和积分文字。

```
let score = 0
const { windowWidth, windowHeight } = wx.getSystemInfoSync()
    //屏幕宽度和高度
function drawRect(x, y) {
  context.clearRect(0, 0, windowWidth, windowHeight)
    //重绘清空屏幕
  context.drawImage(boxImage, x, y)          //画宝石箱子
  context.drawImage(image, imgX, imgY)       //画人物
  context.fillText("积分" + score, 30, 50)   //绘制积分文字
}
```

设置宝石箱子坐标初始位置(imgX,imgY)为屏幕顶端中央。调用 box(rectX,rectY)在指定位置(rectX, rectY)绘制箱子。

```
let rectX = canvas.width / 2 - 30    //宝石箱子坐标
let rectY = 0
const boxImage = wx.createImage()    //宝石箱子图片
box(rectX, rectY)
    //调用box(rectX, rectY)在指定位置(rectX, rectY)绘制箱子

function box(x, y) {
  // Math.ceil()  只要有小数总是向上取整数; 例如Math.ceil(1.1) 输出为2
  let number = Math.ceil(Math.random() * 7)  //随机产生1~7数字
  let box_src = 'test/images/box' + number + '.png'
  boxImage.onload = function () {
    context.drawImage(boxImage, x, y)
  }
  boxImage.src = box_src
}
```

以下为触摸（碰）事件处理。判断触碰位置在人物的左侧则移动方向 direction 值为−1，这样 x 坐标可以不断减少。触碰位置在人物的右侧则移动方向 direction 值为 1，这样 x 坐标可以不断增加。

```
var direction = 0
var touchX = imgX
var touchY = imgY
wx.onTouchStart(function (res) {//触碰事件
  touchX = res.changedTouches[0].clientX - 18
  if (touchX < imgX) {    //触碰位置在人物的左侧
    direction = -1        //向左移动
    console.log("left")
  } else {                //触碰位置在人物的右侧
    direction = 1         //向右移动
```

```
    console.log("right")
  }
})
```

loop()是用来实现游戏帧循环达到动画效果。首先判断工人达到屏幕两侧边界，如果判断工人的位置到达屏幕最左侧，则改向右；到达屏幕最右侧，则改向左。箱子 y 坐标不断增加，显示出下落效果，工人位置坐标根据移动方向不断修改，同时重新绘制箱子、工人、积分。

如果箱子到达底部区域，则判断与工人之间的距离，如果小于 50 则认为碰撞（即工人接到宝石箱子），进行加分处理。如果箱子出了屏幕底部，重新设置箱子图片并设置位于顶部。最后调用 requestAnimationFrame(loop);起到循环渲染效果。

```
function loop() {
  if (imgX <= 10) {  //人物位置到达屏幕最左侧，改向右
    direction = 1
  } else if (imgX >= canvas.width - 50) {//人物位置到达屏幕最右侧，改向左
    direction = -1
  }

  rectY += DROP_SPEED               //箱子下移DROP_SPEED
  imgX += direction * MOVE_SPEED  //改变人物位置坐标
  drawRect(rectX, rectY)           //重新绘制箱子、人物、积分
  if (rectY > canvas.height - 100 && rectY <= canvas.height)
      {//达到底部
    let range = Math.abs(rectX - imgX)  //与人物之间距离
    if (range <= 50) {    //检测碰撞
      rectY = canvas.height
      score++             //加分
    }
  }
  if (rectY > canvas.height) {
    rectY = 0
    let spwanX = Math.floor(Math.random() * (canvas.width - 80))
    box(spwanX, rectY) //重新设置箱子位于顶部
    rectX = spwanX
  }
  requestAnimationFrame(loop);  //循环渲染
}
loop()
```

19.3 游戏功能改进

19.3.1 增加炸弹功能

为了增加游戏难度，下落的宝石箱子中有炸弹，如果接到炸弹则减 10 分，玩家要注意避免接到炸弹。文件夹 test/images 中放入相关游戏炸弹图片，然后修改 game.js 文件。

```
var box_src;
function box(x, y) {
// Math.ceil()  只要有小数总是向上取整数; 例如Math.ceil(1.1) 输出为2
  let number = Math.ceil(Math.random() * 8)  //随机产生1~8数字
  if (number==8)
    box_src = 'test/images/candy.png'          //炸弹图片
  else
    box_src = 'test/images/box' + number + '.png' //宝石箱子图片
  boxImage.onload = function () {
    context.drawImage(boxImage, x, y)
  }
  boxImage.src = box_src
}
```

代码中判断随机产生 number 数字是否为 8，如果是 8 则显示炸弹图片。

在碰撞检测中，判断碰撞箱子图片 box_src 是不是炸弹，是则游戏积分减 10 分，否则加分。

```
 if (rectY > canvas.height - 100 && rectY <= canvas.height)
    {//达到底部
   let range = Math.abs(rectX - imgX)
   if (range <= 50) {    //检测碰撞
     rectY = canvas.height
     if (box_src == 'test/images/candy.png')  //是不是炸弹图片
       score-=10;
     else
        score++;          //加分
   }
 }
```

以上修改就可以实现炸弹减分功能。

19.3.2 增加游戏失败功能

如果工人漏接宝石箱子数达到一定数量，例如 10 个箱子落地则游戏失败。当然可以根据积分不断增加这个允许箱子落地的数量。

增加变量定义：

```
var losenum=0
var stop = false
```

如下修改 game.js 文件。

```
function loop() {
  …//
  if (rectY > canvas.height) {
    rectY = 0
    let spwanX = Math.floor(Math.random() * (canvas.width - 80))
    box(spwanX, rectY) //重新设置箱子位于顶部
```

```
    rectX = spwanX
    losenum+=1
    if (losenum>10)                                    //10个以上箱子落地
      wx.showModal({
        title: '游戏失败',
        content: '确定要重新开始游戏？',
        cancelText: "否",                              //默认是“取消”
        confirmText: "是",                             //默认是“确定”
        confirmColor: 'skyblue',                       //确定文字的颜色
        success: function (res) {
          if (res.cancel) {                            //单击否,默认隐藏弹框
             stop=true;
          } else {                                     //单击是
            score = 0;  rectY = 0;
            losenum = 0
            let spwanX = Math.floor(Math.random() * (canvas.width - 80))
            box(spwanX, rectY)                         //重新设置箱子位于顶部
            rectX = spwanX
          }
        },
      })
  }
  if(!stop)requestAnimationFrame(loop);  //循环渲染
}
```

19.3.3 增加背景音乐功能

以下是微信小游戏本身自带飞机大战示例中的音效管理器文件。

```
let instance
/**
 * 统一的音效管理器
 */
export default class Music {
  constructor() {
    if ( instance )
      return instance
    instance = this
    this.bgmAudio = new Audio ()
    this.bgmAudio.loop = true
    this.bgmAudio.src  = 'audio/bgm.mp3'        //背景音乐
    this.shootAudio     = new Audio()
    this.shootAudio.src = 'audio/bullet.mp3'   //发射子弹声音
    this.boomAudio     = new Audio()
    this.boomAudio.src = 'audio/boom.mp3'      //爆炸声音
    this.playBgm()                              //播放背景音乐
  }
```

```
  playBgm() {                                    //播放背景音乐
    this.bgmAudio.play()
  }
  playShoot() {                                  //播放发射子弹声音
    this.shootAudio.currentTime = 0
    this.shootAudio.play()
  }
  playExplosion() {                              //播放爆炸声音
    this.boomAudio.currentTime = 0
    this.boomAudio.play()
  }
}
```

本游戏使用 wx.createInnerAudioContext()接口播放背景音乐。

通过 wx.createInnerAudioContext()接口可以创建一个音频实例 innerAudioContext，通过这个实例可以播放音频。

```
var audio = wx.createInnerAudioContext();
audio.src = 'audio/bgm.mp3';
audio.play();
```

这里直接使用飞机大战的背景音乐。

在游戏期间，音频会被系统打断时触发音频中断事件。音频中断事件分为中断开始和中断结束事件，分别使用 wx.onAudioInterruptionBegin()和 wx.onAudioInterruptionEnd()来监听。

以下事件会触发音频中断开始事件：转到电话、闹钟响起、系统提醒、收到微信好友的语音/视频通话请求。被中断后，小程序内所有音频会被暂停，并在中断结束之前不能再播放成功。

中断结束之后，被暂停的音频不会自动继续播放，如果小游戏有背景音乐的话，需要监听音频中断结束事件，并在收到中断结束事件之后调用背景音乐继续播放。

```
wx.onAudioInterruptionEnd(function(){
    audio.play();
})
```

至此，一个完整的小游戏就完成了。

由于原生微信小游戏开发效率低下，实际上微信小游戏大多都是用游戏引擎开发。例如，最魔性的“跳一跳”微信小游戏就是基于 three.js 引擎开发的。第 20 章将学习使用 Cocos Creator 游戏引擎开发微信小游戏。

第 20 章

Cocos Creator游戏开发基础

Cocos Creator 是以内容创作为核心的游戏开发工具，它有游戏引擎、资源管理、场景编辑、游戏预览和发布等游戏开发所需的全套功能，并且将所有的功能和工具都整合在了一个统一的应用程序里。它包含轻量高效的跨平台游戏引擎，以及能让用户更快速开发游戏所需要的各种图形界面工具。Cocos Creator 目前支持发布游戏到 Web、iOS、Android、各类“小游戏”、PC 客户端等平台，真正实现一次开发，全平台运行。

20.1 Cocos Creator 介绍

20.1.1 Cocos Creator 安装和启动

在 Cocos Creator 产品首页 https://www.cocos.com/creator/下载 Cocos Creator 的安装包。下载完成后双击安装包即可。

Windows 版的安装程序是一个.exe 可执行文件，通常其命名会是 CocosCreator_v2.3.1_setup.exe，其中，v2.3.1 是 Cocos Creator 的版本号。Cocos Creator 安装需要的系统环境是 Mac OS X，所支持的最低版本是 OS X 10.9，Windows 所支持的最低版本是 Windows 7 64 位。

Cocos Creator 启动后，会进入 Cocos 开发者账号的登录界面。登录之后就可以享受公司为开发者提供的各种在线服务、产品更新通知和各种开发者福利。

如果之前没有 Cocos 开发者账号，可以使用登录界面中的“注册”按钮前往“Cocos 开发者中心”进行注册。或者直接打开下面的链接注册。

https://passport.cocos.com/auth/signup

注册完成后就可以回到 Cocos Creator 登录界面完成登录。

启动 Cocos Creator 并使用 Cocos 开发者账号登录以后，就会打开 Dashboard 界面，在这里可以新建项目、打开已有项目或者获得帮助信息。

图 20-1 是 Cocos Creator 的 Dashboard 界面，包括以下几个选项卡。

（1）最近打开项目：列出最近打开项目，第一次运行 Cocos Creator 时，这个列表是空的，会出现提示新建项目的按钮。

（2）新建项目：选择这个选项卡，会进入 Cocos Creator 新项目创建的指引界面。这里需要选择一个项目模板，项目模板会包括各种不同类型的游戏基本架构，以及学习用的范例资源和脚本，来帮助用户更快地进入创造性的工作当中。

（3）打开其他项目：如果需要打开的项目没有在最近打开的列表里，可以单击这个按钮来浏览文件夹和选择要打开的项目。

（4）教程：帮助信息，一个包括各种新手指引信息和文档的静态页面。

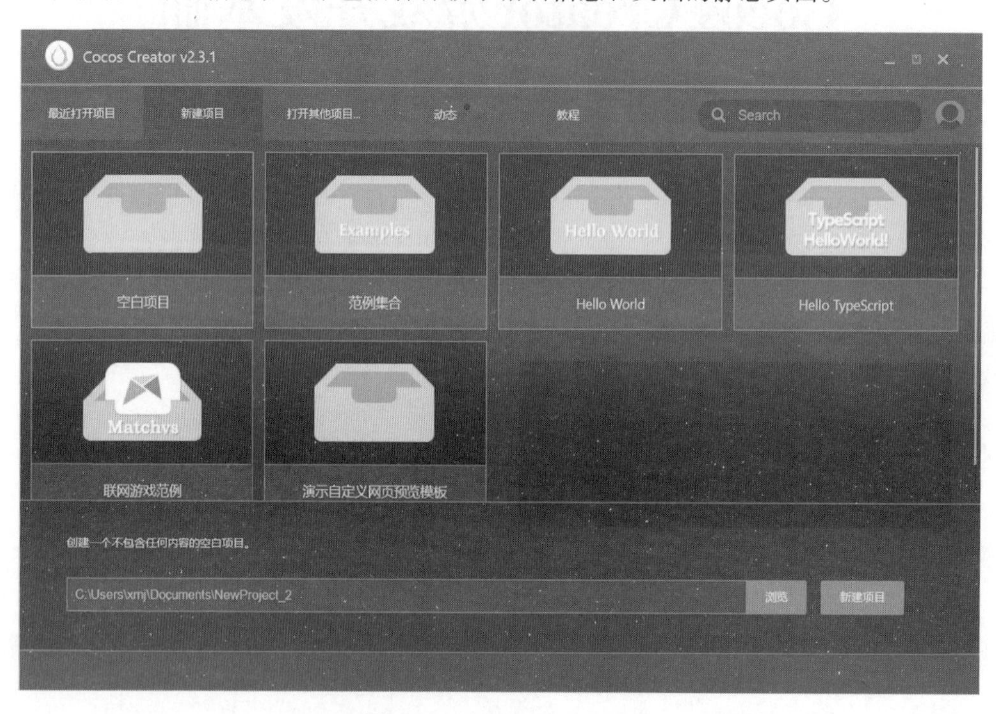

图 20-1　Dashboard 界面

20.1.2　Cocos Creator 发布到原生平台

1. 配置原生平台开发环境

除了内置的 Web 版游戏发布功能外，Cocos Creator 使用基于 Cocos 2d-x 引擎的 JSB 技术实现跨平台发布原生应用。在使用 Cocos Creator 打包发布到原生平台之前，需要先配置好相关的原生平台开发环境。

例如，要发布到 Android 平台，需要安装以下全部开发环境依赖。

（1）下载 Java SDK（JDK）。

（2）下载安装 Android Studio。

如果没有发布到 Android 平台的计划，或操作系统上已经有完整的 Android 开发环境，可以跳过这个部分。

下载安装好开发环境依赖后，回到 Cocos Creator 中配置构建发布原生平台的环境路径。

在 Cocos Creator 主界面中选择“文件”→“设置”，打开如图 20-2 所示设置窗口。本章要开发微信小游戏，所以设置 WebchatGame 的路径为“C:\Program Files (x86)\Tencent\微信 web 开发者工具”。

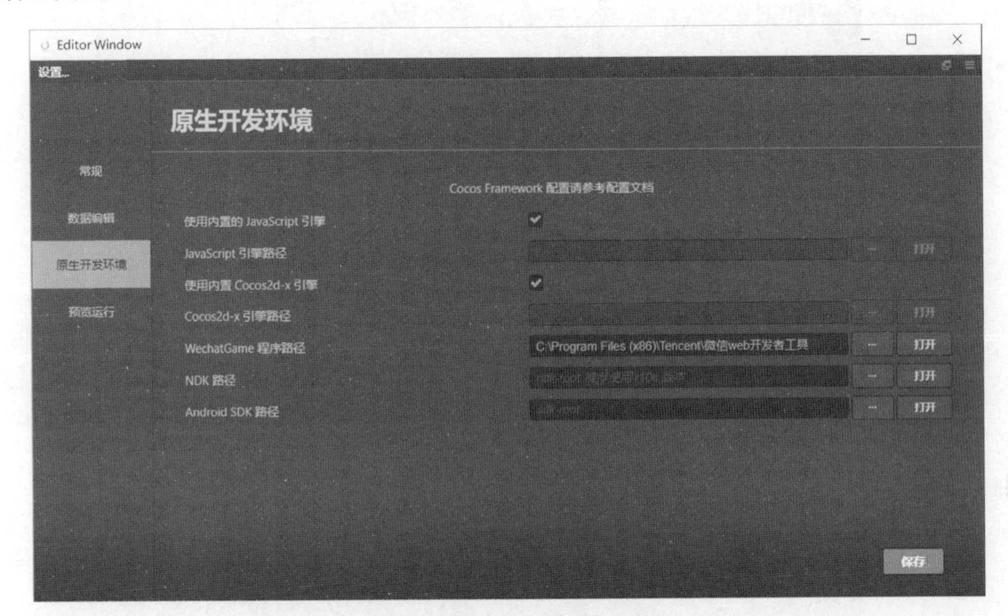

图 20-2　原生开发环境设置窗口

如果需要发布到 Android 平台运行，需要配置以下两个路径。

（1）NDK 路径：Android Studio 中的 Android SDK Location 路径下的 ndk-bundle 文件夹（NDK 是其根目录）。

（2）Android SDK 路径：Android SDK Location 路径（Android SDK 的目录下应该包含 build-tools、platforms 等文件夹）。

配置完成后单击“保存”按钮，保存并关闭窗口。

注意：这里的配置会在编译项目的时候生效。如果没有生效可能需要设置 COCOS_CONSOLE_ROOT、NDK_ROOT、ANDROID_SDK_ROOT 系统环境变量。

2. 打包发布到原生平台

在 Cocos Creator 主界面中选择“项目”→“构建发布”，打开如图 20-3 所示的“构建发布”窗口。

目前可以选择的原生平台主要包括 Android、iOS、Mac、Windows 和一些小游戏平台（百度、华为、小米、支付宝、Vivo、OPPO 和趣头条等）。例如，图 20-3 中选择发布平台为微信小游戏。选择发布平台后，设置了初始场景和 AppID，就可以开始构建微信小游戏了。单击右下角的“构建”按钮，开始构建原生项目。构建完成后，单击右下角的“运行”按钮，通过默认方式预览原生平台的游戏；或手动在相应平台的集成开发环境中打开构建好的原生项目（单击“发布路径”旁边的“打开”按钮，就会打开构建原生项目发布路径），进行进一步的预览、调试和发布。

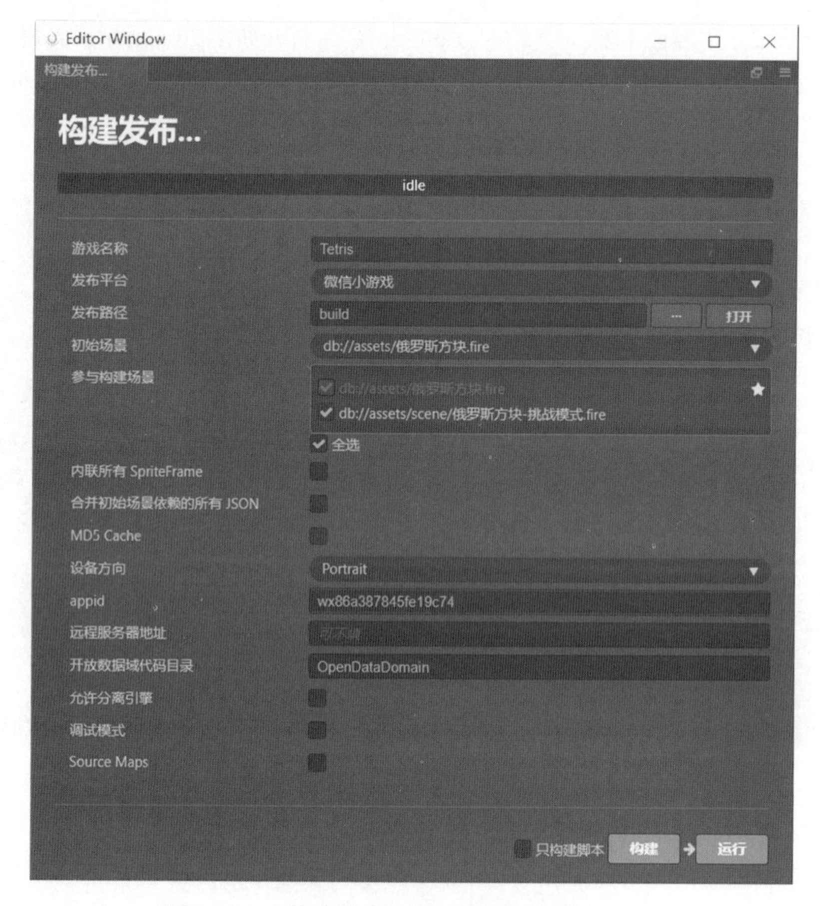

图 20-3 “构建发布”窗口设置原生平台

20.2 第一个 Hello 项目

在图 20-1 的 Dashboard 界面中，打开“新建项目”选项卡，选中“Hello World”项目模板。然后在下面的项目路径栏中指定一个新建项目存放路径，路径的最后一部分就是项目文件夹名称。填好路径后单击右下角的“新建项目”按钮，就会自动以“Hello World”项目模板创建项目并打开。图 20-4 是打开“Hello World”项目的 Cocos Creator 编辑器主窗口界面。一个项目中包括最基本的三个组成部分：场景、图片资源和脚本。

20.2.1 打开场景

Cocos Creator 的工作流程是以数据驱动和场景为核心的，初次打开一个项目时，默认不会打开任何场景，要看到 Hello World 模板项目中的内容，需要先打开场景资源文件。

Cocos Creator 中所有场景文件都以 作为图标。在“资源管理器”中双击 Scene 中箭头所指的 helloworld 场景文件，这时在场景预览和编辑区就可以看到本项目的场景。

图 20-4　Cocos Creator 编辑器主窗口界面

20.2.2　预览场景

要预览游戏场景，单击图 20-5 中场景编辑器窗口正上方的“预览游戏”按钮▶，Cocos Creator 会使用默认模拟器或浏览器运行当前游戏场景，效果如图 20-6 所示。

图 20-5　Cocos Creator 场景编辑器界面

图 20-6　场景预览效果

在“预览游戏”按钮右侧，可以看到编辑器自动启动一个服务，IP 地址为 192.168.0.103:7458，如图 20-7 所示，鼠标放到 IP 地址上会弹出二维码，手机扫描该二维码即可以预览游戏。

图 20-7 自动启动服务

20.2.3 项目结构

通过 Dashboard 创建一个 Hello World 项目，创建之后的项目有特定的文件夹结构。开发者的项目文件夹将会包括以下结构。

```
ProjectName（项目文件夹）
├───assets
├───library
├───local
├───packages
├───settings
├───temp
└───project.json
```

下面介绍每个文件夹的功能。

1. 资源文件夹（assets）

assets 将会用来放置游戏中所有的本地资源、脚本和第三方库文件。只有在 assets 目录下的内容才能显示在“资源管理器”中。assets 中的每个文件在导入项目后都会生成一个相同名字的 .meta 文件，用于存储该文件作为资源导入后的信息和与其他资源的关联。

2. 资源库（library）

library 是将 assets 中的资源导入后生成的，在这里文件的结构和资源的格式将被处理成最终游戏发布时需要的形式。

当 library 丢失或损坏的时候，只要删除整个 library 文件夹再打开项目，就会重新生成资源库。

3. 本地设置（local）

local 文件夹中包含该项目的本机上的配置信息，包括编辑器面板布局、窗口大小、位置等信息。开发者不需要关心这里的内容。

4. 扩展插件文件夹（packages）

packages 文件夹用于放置此项目的自定义扩展插件。如需手动安装扩展插件，可以手动创建此文件夹。如需卸载扩展插件，在 packages 中删除对应的文件夹即可。

5. 项目设置（settings）

在 settings 中保存项目相关的设置，如“构建发布”菜单里的包名、场景和平台选择等。

6. 临时文件夹（temp）

temp 是临时文件夹，用于缓存一些 Cocos Creator 在本地的临时文件。这个文件夹可以在关闭 Cocos Creator 后手动删除，开发者不需要关心这里面的内容。

7. project.json

project.json 文件和 assets 文件夹一起，作为验证 Cocos Creator 项目合法性的标志，只有包括这两个内容的文件夹才能作为 Cocos Creator 项目打开。开发者不需要关心里面的内容。

8. 构建目标（build）

在使用主菜单中的“项目”→“构建发布”命令使用默认发布路径发布项目后，编辑器会在项目路径下创建 build 目录，并存放所有目标发布平台的构建项目。

20.3 Cocos Creator 编辑器的使用

本节介绍 Cocos Creator 编辑器界面，熟悉组成编辑器的各个面板、菜单和功能按钮。Cocos Creator 编辑器由多个面板组成，面板可以自由移动、组合，以适应不同项目和开发者的需要。在这里将会以默认编辑器布局为例介绍各个面板的作用。

20.3.1 资源管理器

资源管理器里显示了项目资源文件夹（assets）中的所有资源，如图 20-8 所示。资源管理器会以树状结构显示文件夹并自动同步在操作系统中对项目资源文件夹内容的修改。用户可以将文件从项目外面直接拖曳进来，或使用菜单导入资源。

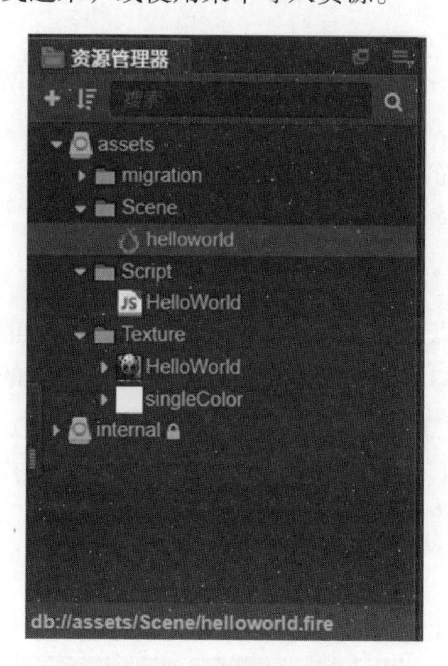

图 20-8 资源管理器

- 左上角的按钮是“创建”按钮，用来创建新资源。创建的资源有以下几类：文件夹、脚本文件、场景 Scene、动画剪辑（Animation Clip）、自动图集配置、艺术数字配置等。
- 右上的文本输入框可以用来搜索过滤文件名包含特定文本的资源。
- 右上角的放大镜图标的“搜索”按钮用来选择搜索的资源类型，例如节点还是组件。
- 面板主体是资源文件夹的资源列表，可以在这里用右键菜单或拖曳操作对资源进行增、删、修改操作。

文件夹前面的小三角用来切换文件夹的展开/折叠状态。除了文件夹之外，列表中显示的都是资源文件，资源列表中的文件会隐藏扩展名，而以图标指示文件或资源的类型，如HelloWorld 模板创建出的项目中包括以下三种核心资源。

- 图片资源：目前包括 jpg、png 等图像文件，图标会显示为图片的缩略图。
- JS脚本资源：程序员编写的 JavaScript 脚本文件，以 js 为文件扩展名。通过编辑这些脚本来添加组件功能和游戏逻辑。
- 场景资源：双击可以打开的场景文件，打开了场景文件后用户才能继续进行游戏内容创作。

20.3.2 场景编辑器

场景（Scene）编辑器是游戏内容创作的工作区域，如图 20-5 所示。用户将使用它选择和摆放场景图像、角色、特效、UI 等各类游戏元素。在这个工作区域里，用户可以选中并通过主窗口工具栏左上角的一系列“变换工具”修改节点的位置、旋转、缩放、尺寸等属性，并以所见即所得的方式编辑和布置场景中的可见元素。将鼠标悬浮到“变换工具”上方时会显示相关的提示信息。

1. 坐标网格

场景视图的背景会显示一组标尺和网格，场景中的标尺和网格是用户摆放场景元素位置的重要参考信息。读数为 (0,0)的点为场景中世界坐标系的原点。使用鼠标滚轮缩小视图显示时，每个刻度代表 100 像素的距离。根据当前视图缩放尺度的不同，会在不同刻度上显示代表该点到原点距离的数字，单位都是像素。

2. 选取节点

鼠标悬浮到场景中的节点上时，节点的约束框将会以灰色单线显示出来。此时单击鼠标，就会选中该节点，选中的节点周围将会有蓝色的线框提示节点的约束框。约束框的矩形区域表示节点的尺寸（size）属性大小。

选择节点是使用变换工具设置节点位置、旋转、缩放等操作的前提。

3. 变换工具布置节点

1）移动变换工具

移动变换工具是打开编辑器时默认处于激活状态的变换工具，之后这个工具也可以通过单击位于主窗口左上角工具栏 3D 中的第一个按钮来激活，或者在使用场景编辑器时按下快捷键 W，即可激活移动变换工具。

选中任何节点，就能看到节点中心（或锚点所在位置）上出现了由红绿两个箭头和蓝色方块组成的移动控制手柄（gizmo），如图 20-9 所示。

移动变换工具激活时，按住红色箭头（水平方向的箭头）拖曳鼠标，将在 x 轴方向上移动节点；按住绿色箭头（垂直方向的箭头）拖曳鼠标，将在 y 轴方向移动节点；按住蓝色方块拖曳鼠标，可以同时在两个轴向自由移动节点。

2）旋转变换工具

单击主窗口左上角工具栏中的第二个按钮，或在使用场景编辑器时按下 E 快捷键，即可激活旋转变换工具。

旋转变换工具的手柄主要是由一个箭头和一个圆环组成，如图 20-10 所示。箭头所指的方向表示当前节点旋转属性（rotation）的角度。拖曳箭头或圆环内任意一点就可以旋转节点，放开鼠标之前，可以在控制手柄上看到当前旋转属性的角度值。

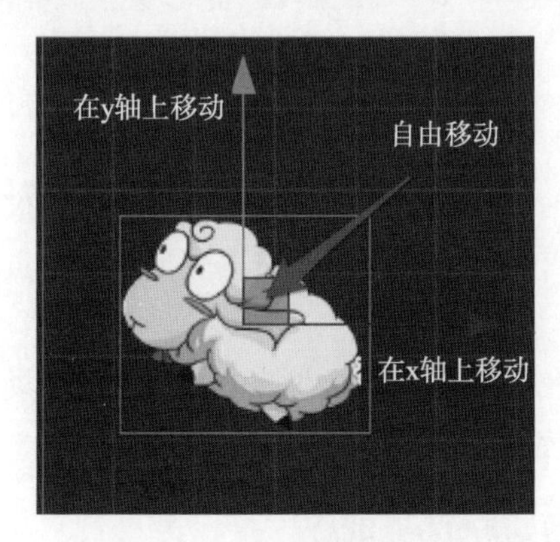

图 20-9　移动变换工具

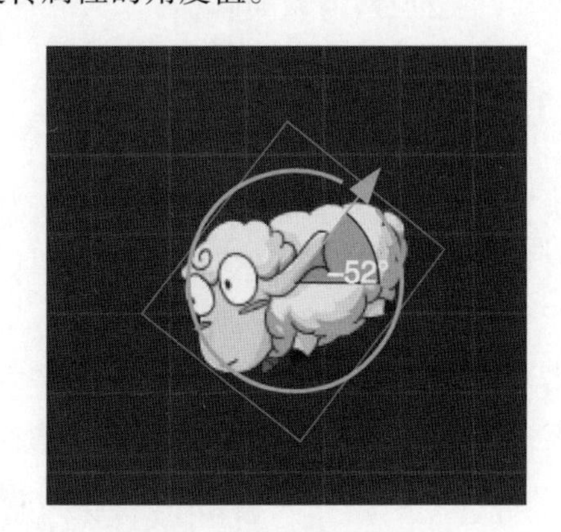

图 20-10　旋转变换工具

3）缩放变换工具

单击主窗口左上角工具栏中的第三个按钮，或在使用场景编辑器时按下 R 快捷键，即可激活缩放变换工具。

在图 20-11 中，按住红色方块拖曳鼠标，在 x 轴方向上缩放节点图像；按住绿色方块拖曳鼠标，在 y 轴方向上缩放节点图像；按住中间的黄色方块，在保持宽高比的前提下整体缩放节点图像。

缩放节点时，会同比缩放所有的子节点。

4）矩形变换工具

单击主窗口左上角工具栏中的第四个按钮，或在使用场景编辑器时按下 T 快捷键，即可激活矩形变换工具。

在图 20-12 中，拖曳控制手柄的任一顶点，可以在保持对角顶点位置不变的情况下，同时修改节点尺寸中的 width 和 height 属性。拖曳控制手柄的任一边，可以在保持对边位置不变的情况下，修改节点尺寸中的 width 或 height 属性。

在游戏界面元素的排版中，经常会需要使用矩形变换工具，直接精确控制节点四条边的位置和长度。而对于必须保持原始图片宽高比的图像元素，通常不会使用矩形变换工具来调整尺寸。

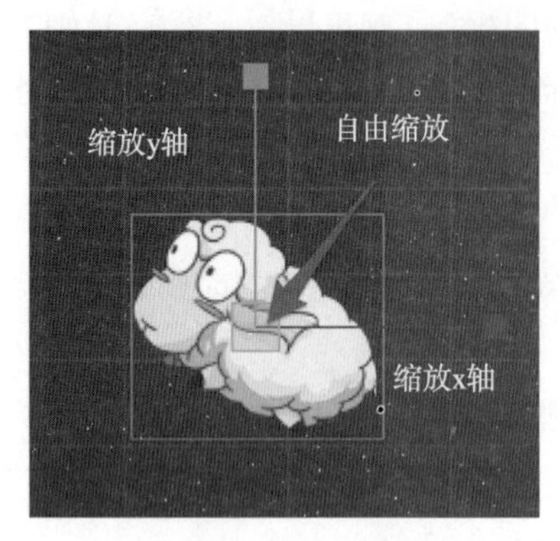

图 20-11　缩放变换工具

图 20-12　矩形变换工具

20.3.3　层级管理器

层级管理器中包括当前打开场景中的所有节点，不管节点是否包括可见的图像。用户可以在层级管理器里选择、创建和删除节点，也可以通过拖曳一个节点到另一个节点上面来建立节点父子关系，如图 20-13 所示。

单击选中某节点，被选中的节点会以蓝底色高亮显示。当前选中的节点会在场景编辑器中显示蓝色边框，并更新属性检查器中的属性内容。

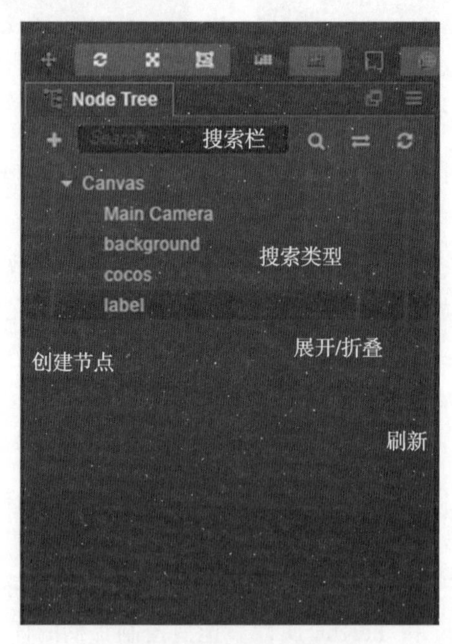

图 20-13　层级管理器

- 左上角的按钮是“创建”按钮，用来创建节点。
- “搜索”按钮用来过滤搜索的类型，分为节点、组件和引用 UUID 的节点三种类型。
- 上方的搜索栏可以根据搜索类型来搜索所需的节点或者组件等。当在“搜索”按钮中选择“节点”类型时，可在搜索栏中输入需要查找的节点名称搜索。当在“搜索”按钮中选择“组件”类型时，搜索栏中会出现“t:”的符号，在后面输入需要查找的组件名称即可（例如 t:cc.Camera）。
- 按钮可以切换层级管理器中节点的展开/折叠状态。

面板主体是节点列表，可以在这里用右键菜单或者拖曳操作对资源进行增删修改。

1. 创建节点

在层级管理器中有以下两种方法可以创建节点。

（1）单击左上角的按钮，或右键单击鼠标并选择右键菜单中的“创建节点”子菜单。在这个子菜单中，可以选择不同的节点类型，包括精灵（Sprite）、文字（Label）、按钮（Button）等有不同功能和表现的节点。

（2）从资源管理器中拖曳图片、字体或粒子等资源到层级管理器中，就能够用选中的资源创建出相应的图像渲染节点。

2. 建立和编辑节点层级关系

将节点 A 拖曳到节点 B 上，就使节点 A 成为节点 B 的子节点。和资源管理器类似，层级管理器中也通过树状视图表示节点的层级关系。单击节点左边的三角图标，即可展开或收起子节点列表。

3. 更改节点的显示顺序

除了将节点拖到另一个节点上，还可以继续拖曳节点上下移动，来更改节点在列表中的排列顺序。橙色的方框表示节点所属父节点的范围，绿色的线表示节点将会被插入的位置。

节点在列表中的排列顺序决定了节点在场景中的显示次序。在层级管理器中显示在下方的节点的渲染顺序是在上方节点的后面，即下方的节点是在上方节点之后绘制的，因而最下方的节点在场景编辑器中显示在最前面。

4. 锁定节点

将鼠标移到节点上，左侧会有一个“锁定”按钮，节点锁定后无法在场景编辑器内选中该节点。

20.3.4　属性检查器

属性检查器是查看并编辑当前选中节点、节点组件和资源的工作区域。在场景编辑器、层级管理器中选中节点或者在资源管理器中选中资源，就会在属性检查器中显示它们的属性，可供查询和修改，如图 20-14 所示。

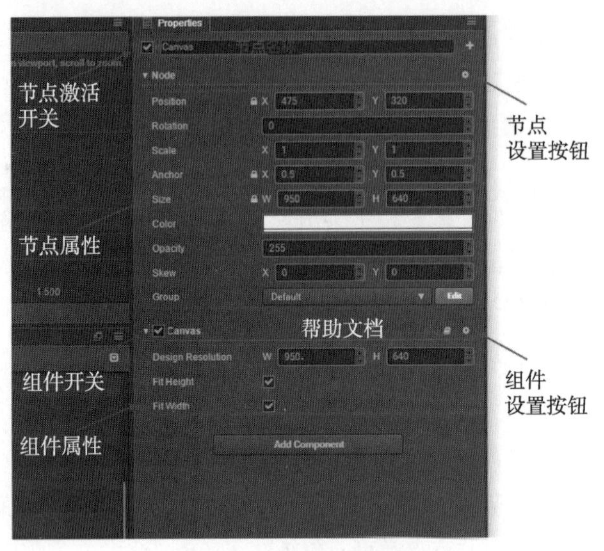

图 20-14 属性检查器

1. 节点名称和激活开关

左上角的复选框表示节点的激活状态。当节点处于非激活状态时，节点上所有图像渲染相关的组件都会被关闭，整个节点包括子节点就会被有效地隐藏。

节点激活开关右边显示的是节点的名称，和层级管理器中的节点显示名称一致。

2. 节点属性

节点的属性排列在 Node 标题的下面，单击 Node 可以将节点的属性折叠或展开。Node 标题右侧有一个节点设置按钮，可以重置节点属性或者所有组件属性的修改。

节点的属性除了位置（Position）、旋转（Rotation）、缩放（Scale）、尺寸（Size）等变换属性以外，还包括锚点（Anchor）、颜色（Color）、不透明度（Opacity）等。修改节点的属性通常可以立刻在场景编辑器中看到节点的外观或位置变化。

如果需要批量修改节点属性，可在层级管理器中按 Shift 键选中多个节点，然后在属性检查器中批量设置。

3. 组件属性

节点属性下面，会列出节点上挂载的所有组件和组件的属性。和节点属性一样，单击组件的名称就会切换该组件属性的折叠/展开状态。在节点上挂载了很多组件的情况下，可以通过折叠不常修改的组件属性来获得更大的工作区域。组件名称的右侧有帮助文档和组件设置的按钮。帮助文档按钮可以跳转到该组件相关的文档介绍页面，组件设置按钮可以对组件执行移除、重置、上移、下移、复制、粘贴等操作。

用户通过脚本创建的组件，其属性是由脚本声明的。不同类型的属性在属性检查器中有不同的控件外观和编辑方式。

注意节点和组件的概念。Cocos Creator 中，场景中显示的元素是节点，可以给节点添加各种组件（控件）并添加组件功能。但注意一个节点上只能添加一个渲染组件，渲染组件包括 Sprite（精灵）、Label（文字）、Particle（粒子）等。例如，给节点添加 Label 组件显示文字，添加 Sprite 组件显示图像，添加 AudioSource 组件播放音频，添加脚本组件实现逻辑控制。

20.3.5　控件库

控件库是一个可视化控件仓库，将这里列出的控件拖曳到场景编辑器或层级管理器中，可以快速完成控件的创建。通过主菜单的“面板”→“控件库”命令来打开控件库，并拖曳控件到编辑器中用户希望的任意位置，如图 20-15 所示。

图 20-15　控件库

目前控件库包括两个类别：内置控件和自定义控件。

1. 内置控件

如图 20-15 所示，通过拖曳这些控件到场景中，可以快速生成包括默认资源的精灵（Sprite）、包含背景图和文字标题的按钮（Button）以及已经配置好内容和滚动条的滚动视图（ScrollView）等。控件库里包含的控件内容和“节点”菜单里可添加的预设节点是一致的，但通过控件库创建新节点更加方便快捷。

2. 自定义控件

自定义控件是用户自己建立的预制资源（Prefab），方便重复多次创建和使用。

要添加自定义的预制控件，只需要从“资源管理器”中拖曳相应的预制资源（Prefab）到“自定义控件”分页，即可完成创建。之后用户就可以像使用内置控件一样，用拖曳的方式在场景中创建自定义的控件。

20.4　Cocos Creator 游戏开发入门

Cocos Creator 是由一个一个的游戏场景组成的，通过代码逻辑来控制场景跳转；游戏场景是一个树状结构，由父节点和孩子节点组成，Canvas 是默认的父节点。游戏中要显示的元素一般放置到 Canvas 父节点下，渲染时下方节点最后渲染。

cc.Node 就是场景树中的节点对象。在场景里面任何一个节点都是一个 cc.Node。代码中创建一个节点 new cc.Node()。

所有的组件都扩展自 cc.Component 类，每个 cc.Component 组件实例都有个成员 node，指向它的关联节点 cc.Node。

下面以 Hello 项目为例介绍 Cocos Creator 游戏开发中如何使用组件和事件处理。

20.4.1 使用组件（控件）

1. Label 组件

Label 是显示文字的组件。Label 组件属性面板有以下属性：String 文本显示的内容；Horizontal 水平方向对齐的方式，有左对齐、右对齐、居中对齐；Vertial 垂直方向对齐的方式；Font Size 字体大小；LineHeight 每行的高度；OverFlow 文字排版；Clamp 截断；Shank 自动缩放到节点大小；Resize Height 根据宽度自动折行； Font 字库文件；Font Family 使用系统的哪种字库。

修改 Label 组件的文字内容代码：

```
label.string = 'Hello!';
```

这里使用 Label 在 Hello 项目中显示计数效果。首先在层级管理器 Canvas 下面添加 Label 文字节点（如图 20-16 所示），选中此节点，在属性检查器中修改节点名字为 num 和相应坐标位置。然后，就可以开始写 JavaScript 脚本，把它挂到 Canvas 节点中。

图 20-16 层级管理器 Canvas 下面添加 Label 文字节点

在资源管理器中双击打开编辑 HelloWorld.js，用户也可以右击新建一个 JavaScript 文件。所有与界面节点关联的脚本都继承自 cc.Component，这里 properties 属性中声明一个 num 属性，用于关联场景界面中的 num 节点。cc.Component 定义了一系列生命周期方法，在节点不同生命周期会自动调用。cc.Component 定义的生命周期方法如下。

- onLoad: 在组件加载的时候调用。
- start: 组件第一次激活前，调用在第一次 update 之前。
- update(dt): 每次游戏刷新的时候调用。
- lateUpdate(dt): 在 update 之后调用。
- enabled:组件是否被启动。
- onEnable: 组件被允许的时候调用。
- onDisable: 组件不被允许的时候调用。

一个常见的与界面节点关联的脚本如下。

```
cc.Class({
    extends: cc.Component,
    properties: {
    },
    //组件在加载的时候运行，可以在onLoad里面访问场景的节点和数据
    //这个时候场景的节点和数据都已经准备好了
    //不会发生在调用onLoad的时候，还会出现场景节点没有出来的情况
    onLoad () {
        console.log("----onLoad----");
    },
    //组件在第一次update调用之前调用
    start () {
        console.log("----start----");
    },
    //每次游戏刷新的时候调用，dt是距离上一次刷新的时间
    update (dt) {
        //console.log("----update----", dt);
    },
    //刷新完之后调用
    lateUpdate: function (dt) {
        console.log("----lateUpdate----", dt);
    },
    //组件被激活的时候调用
    onEnable: function () {
        console.log("----onEnable----");
    },
    //组件被禁用的时候调用
    onDisable: function () {
        console.log("----onDisable----");
    },
    //组件实例销毁的时候调用
    onDestroy: function () {
        console.log("----onDestroy----");
    },
});
```

这里仅使用组件加载 onLoad()方法和每次游戏刷新 update()方法。

```
cc.Class({
    extends: cc.Component,
    properties: {
        label: {
            default: null,
            type: cc.Label
        },
        // defaults, set visually when attaching this script to the Canvas
        text: 'Hello, World!',
        num:{              //关联场景界面中的num节点
            default: null,
            type: cc.Label
        },
        _num:0,
    },
    //组件加载
    onLoad: function () {
        this.label.string = this.text;
    },
    //每次游戏刷新
    update: function (dt) {
        this._num += dt;
        this.num.string = Math.floor(this._num);
    },
});
```

这里黑体部分是新增的内容。声明 **cc.Label** 类型的 num 属性和一个初始为 0 的数字类型 **_num**；在 update()函数里面进行数字的修改和更新。

```
this.num.string = Math.floor(this._num);
```

在层级管理器 Canvas 中如何添加关联脚本呢？首先选中 Canvas 节点，在属性检查器中单击“添加组件”按钮，选择用户脚本组件中所列出的 JavaScript 脚本文件，如 HelloWorld 文件。在 HelloWorld 脚本文件中使用 num 组件，一定要将 num 组件拖入属性值中，如图 20-17 所示。

保存之后，单击场景编辑器上方的“播放”按钮，用浏览器或者模拟器看效果。

2. Button 组件

按钮是游戏中最常用的组件，单击然后响应事件。游戏界面往往需要“开始”按钮，这里以此为例介绍 Button 按钮组件。

游戏界面中添加按钮的方法如下。

（1）层级管理器 Canvas 中右击直接创建带 Button 组件的 UI 节点。

（2）层级管理器 Canvas 中先右击创建空节点，再在属性检查器中单击“添加组件”按钮添加组件。

按钮共有四种状态：普通状态、鼠标移动到按钮上、按下状态和禁用状态。状态之间的过渡效果有以下 4 种。

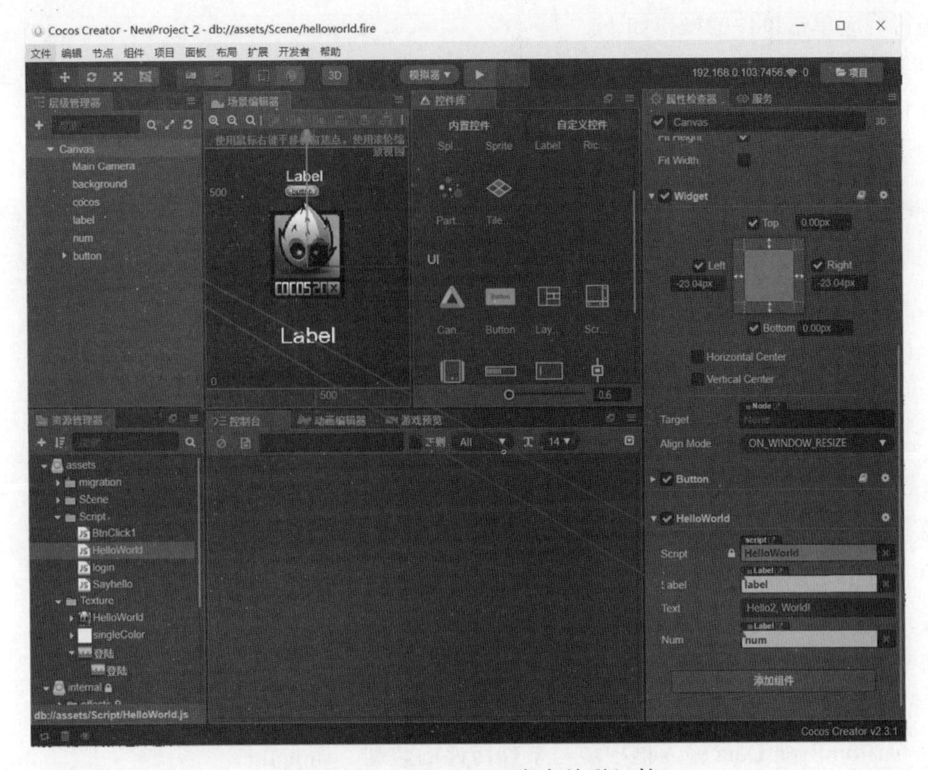

图 20-17　HelloWorld 脚本关联组件

（1）没有过渡 NONE，只有响应事件。

（2）颜色过渡 COLOR，过渡效果中使用颜色。

（3）精灵过渡 SPRITE，使用图片过渡。

（4）缩放过渡 SCALE，按钮大小发生变化。

如图 20-18 所示选择按钮组件过渡效果。图 20-19 是按钮组件精灵过渡效果设置，可以设置不同图片表示按钮普通状态、鼠标移动到物体上、按下状态和禁用状态。

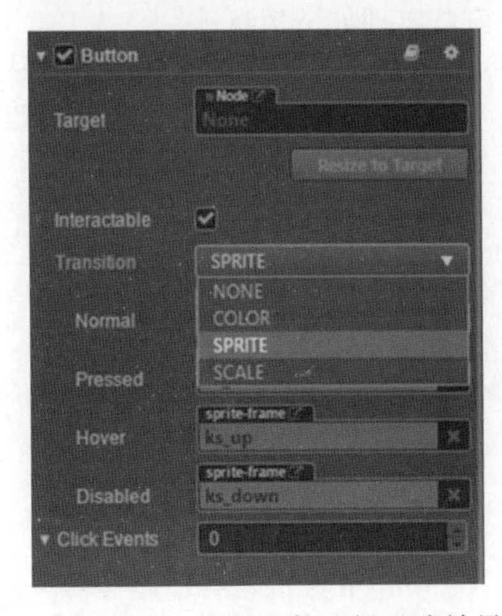

图 20-18　按钮组件选择过渡效果

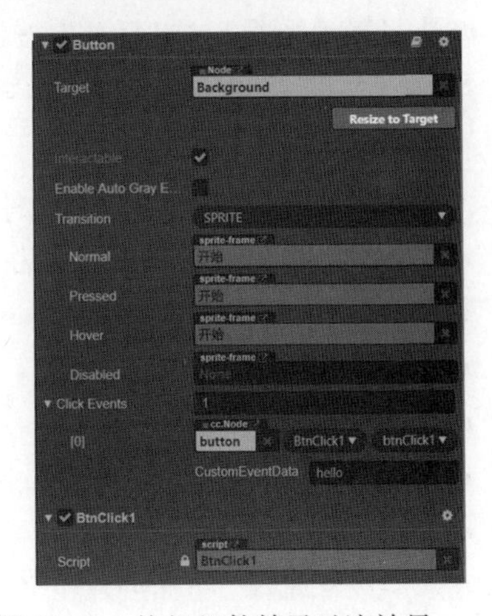

图 20-19　按钮组件精灵过渡效果

按钮响应单击事件的操作如下。

（1）在资源管理器中右键单击 Script 文件夹，创建 JavaScript 脚本 BtnClick1.js，其中增加 btnClick1 函数，然后拖放脚本 BtnClick1 到层级管理器 Canvas 节点中（记得拖放，否则下面步骤中将找不到对应的函数）。

```
btnClick1: function (event, customEventData) {
    //这里 event 是一个 Touch Event触摸事件对象，
    //通过 event.target 取到事件的发出节点
    var node = event.target;
    var button = node.getComponent(cc.Button);
    //这里的 customEventData 参数就等于customEventData设置的数据
    cc.log("node=", node.name, " event=", event.type, " data=",
      customEventData);
}
```

（2）按以下步骤在按钮组件的属性检查器上进行操作。

① 在 Click Events 中填上 1，然后编辑器自动生成下方的 cc.Node 属性。

② 将层级管理器 Canvas 节点拖动到 cc.Node 属性上。

③ 选择对应脚本 BtnClick1.js。

④ 选择对应处理函数 btnClick1。

⑤ CustomEventData 输入框中填写事件传递的数据，如 hello。

最终如图 20-20 所示。

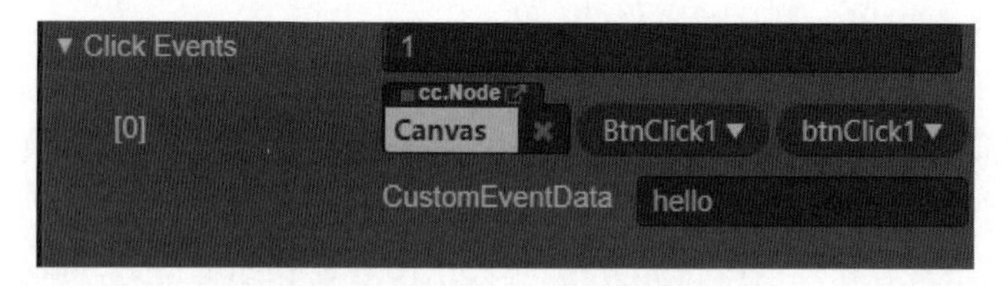

图 20-20　按钮组件精灵过渡效果

单击场景编辑器上方“播放”按钮，在控制台窗口出现如下信息。

Simulator: D/jswrapper (149): JS: node= button event= touchend data= hello

3. AudioSource 组件

AudioSource 组件是音频播放组件，用于发出声音和播放音乐、具有以下属性。

- Clip：声源播放的音频对象为 AudioClip、mp3、wav、ogg。
- Volume：音量大小。
- Mute：是否静音。
- Loop：是否循环播放。
- Play on Load：是否在组件加载的时候播放。
- Preload：是否预先加载。

在“层级管理器”里面创建一个空白节点，选中此空白节点，然后在属性检查器中单击“添加组件”按钮给节点添加 AudioSource 组件，如图 20-21 所示。

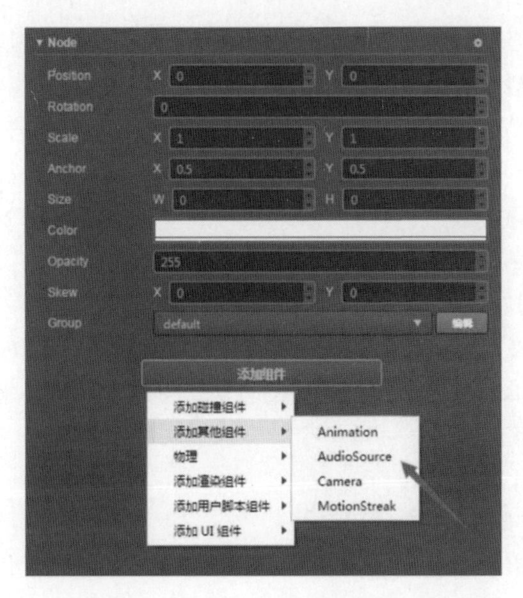

图 20-21　添加一个 AudioSource 组件

这里需要注意，一些组件并不在组件库中或层级管理器的右键菜单中，但可以在属性检查器下方的“添加组件”按钮菜单中找到。

接下来把资源管理器目录下的音频文件拖到 AudioSource 的 Clip 属性上，如图 20-22 所示。

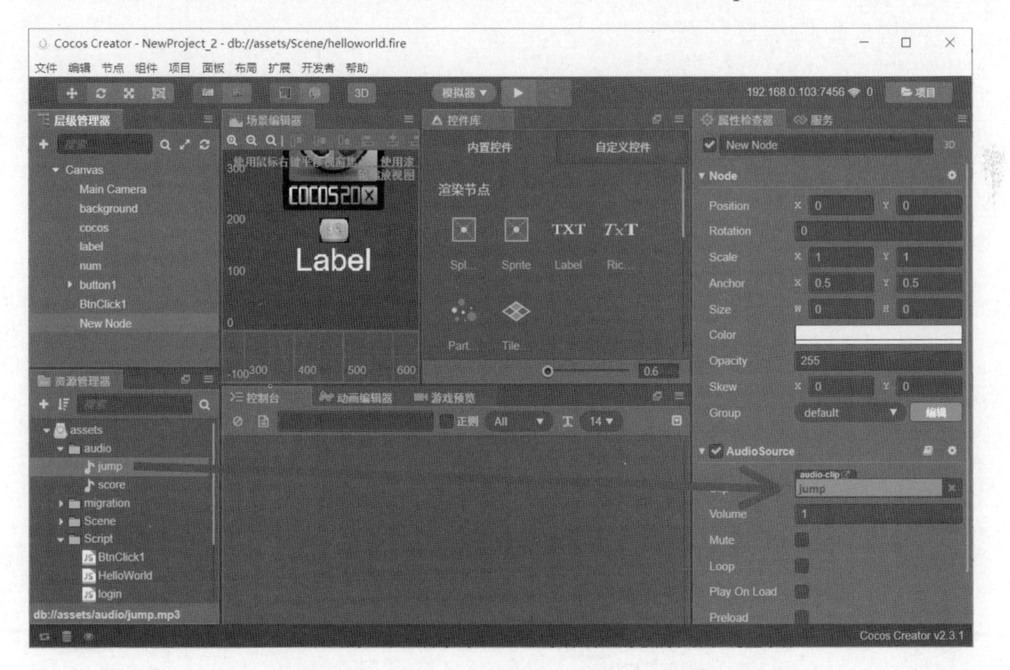

图20-22　AudioSource组件设置相应的音频文件

同时所指的 Play On Load 属性打钩，这样不用编写任何代码，在游戏运行起来的时候就能自动播放音频。

下面实现如何控制声音播放和停止。这里需要使用 Button 组件来控制，同样是无须编程的。首先在层级管理器右键单击 Canvas 创建两个按钮，或者在控件库里面拖曳按钮到场景中。一个按钮用来控制声音播放，另一个按钮用来停止声音播放。

选中用于控制声音播放的按钮，按以下步骤在按钮组件的属性检查器上进行事件绑定操作。

（1）在 Click Events 中填上 1，然后编辑器会自动生成下方的 cc.Node 属性。

（2）将层级管理器之前设置的含有 AudioSource 节点拖动到 cc.Node 属性上。

（3）然后在 cc.Node 属性旁边选择 cc. AudioSource。

（4）最后在右边下拉框中选择对应处理函数 play()函数。

用同样的方法，给停止按钮绑定 stop()函数，与绑定 play()函数一样，在第（4）步选择 stop()函数，这里附上 AudioSource 组件主要的方法，可以使用代码来调用。

- play()：播放音频。
- stop()：停止声音播放。
- pause()：暂停声音播放。
- resume()：恢复声音播放。
- rewind()：重新开始播放。

例如，用代码设置循环播放音乐。

```
cc.Class({
extends: cc.Component,
properties: {
    audio: {
        type: cc.AudioSource,
        default: null,
    },
},

// 初始化
onLoad: function () {
    //获得audio节点上的AudioSource组件
    this.audio2 = this.node.getChildByName("audio").getComponent
        (cc.AudioSource);
},
start: function() {
        this.audio2.loop = true; //循环播放，注意一下位置
        this.audio2.mute = false; //设置静音
        console.log(this.audio2.isPlaying); //是否正在播放
    this.audio2.play();
    /*this.scheduleOnce(function() {
        this.audio.stop();
    }.bind(this), 3);*/
    /*this.scheduleOnce(function() {
            this.audio.pause(); //暂停
    }.bind(this), 3);
    this.scheduleOnce(function() {
            this.audio.resume(); //恢复
    }.bind(this), 6);*/
```

```
    },
    //帧更新
    // update: function (dt) {
    // },
    });
```

4. Sprite 组件

在 Cocos Creator 游戏开发中，Sprite 组件是非常重要的组件之一，也是使用最频繁的组件之一。因此，必须对其非常熟悉。

游戏中显示的一个图片，通常叫作“精灵”（sprite）。Sprite 是 2D 游戏中最常见的显示图像的方式，在节点上添加 Sprite 精灵组件，为这个组件指定要显示的图片(Sprite Frame)，就可以在场景中显示项目资源中的图片。

Sprite 组件属性如表 20-1 所示。

表 20-1　Sprite 组件属性

属　性	功能说明
Atlas Sprite	显示图片资源所属的 Atlas 图集资源
Sprite Frame	渲染 Sprite 使用的 Sprite Frame 图片资源。（Sprite Frame 后面的“编辑”按钮用于编辑图像资源的九宫格切分）
Type	渲染模式，包括普通（Simple）、九宫格（Sliced）、平铺（Tiled）、填充（Filled）和网格（Mesh）渲染五种模式
Size Mode	指定 Sprite 的尺寸。TRIMMED：会将节点的尺寸（size）设置为原始图片裁剪掉透明像素后的大小。RAW：会将节点尺寸设置为原始图片未经裁剪的大小。CUSTOM：自定义尺寸，用户在修改 Size 属性或在脚本中修改 width 或 height 后，都会自动将 Size Mode 设为 CUSTOM，除非再次指定为前两种尺寸
Trim	勾选后将在渲染时去除原始图像周围的透明像素区域，该项仅在 Type 设置为 Simple 时生效
Src Blend Factor	当前图像混合模式
Dst Blend Factor	背景图像混合模式，和上面的属性共同作用，可以将前景和背景 Sprite 用不同的方式混合渲染

Sprite 组件支持以下五种 Type 渲染模式。

（1）普通模式（Simple）

按照原始图片资源渲染 Sprite，一般在这个模式下不会手动修改节点的尺寸，来保证场景中显示的图像和美术人员生产的图片比例一致。

（2）九宫格模式（Sliced）

图像将被分割成九宫格，并按照一定规则进行缩放以适应可随意设置的尺寸。四个角保护原像素不变，其他部分根据尺寸做相应伸缩。

（3）平铺模式（Tiled）

当 Sprite 的尺寸增大时，图像不会被拉伸，而是会按照原始图片的大小不断重复，就像平铺瓦片一样将原始图片铺满整个 Sprite 规定的大小。

（4）填充模式（Filled）

根据原点和填充模式的设置，按照一定的方向和比例绘制原始图片的一部分。经常用于进度条的动态展示。一般用作进度条、技能等。

（5）网格（Mesh）

必须使用 TexturePacker 4.x 以上版本并且设置 ploygon 算法打包出的 plist 文件才能够使用该模式。

添加 Sprite 组件之后，通过从“资源管理器”中拖曳 Texture 或 Sprite Frame 类型的资源到 Sprite Frame 属性引用中，就可以通过 Sprite 组件显示资源图像。如图 20-23 所示，将“资源管理器”中的小猫 kitty 拖曳到 Sprite 组件上，配置大小模式为 CUSTOM。

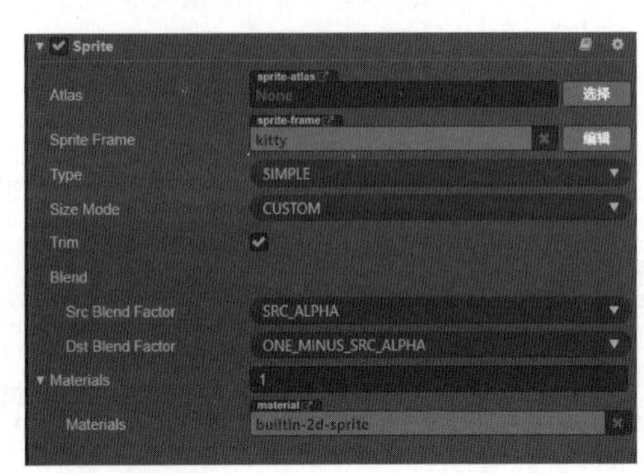

图 20-23　Sprite 组件显示小猫图片

下面利用 Sprite 组件填充模式（Filled）模拟实现进度条效果。

首先在“层级管理器”中选中 Canvas，添加单色 Sprite 组件之后，在场景编辑器中调整大小。在属性检查器中将节点命名为“time_bar”，以便在代码中找到此节点下的 Sprite 组件。

在属性检查器中将 Sprite 组件的 Type 属性设置为填充模式（Filled）。填充模式有 HORIZONTAL（横向填充）、VERTICAL（纵向填充）和 RADIAL（扇形填充）三种形式，这里使用 HORIZONTAL 横向水平填充。

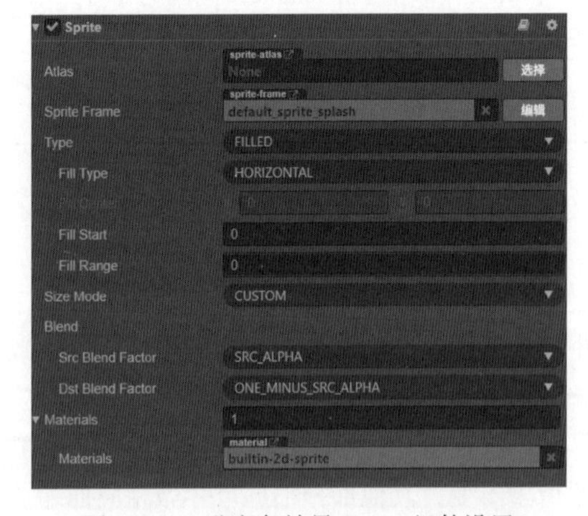

图 20-24　进度条效果 Sprite 组件设置

Fill Start 属性是填充起始位置（数值为 0～1，表示填充总量的百分比），Fill Range 属性是填充范围（数值为 0～1，表示填充总量的百分比）即填充多少。扇形填充时 Fill Center 属性是填充中心点，如图 20-24 所示。

“资源管理器”中 Script 下添加脚本文件 jindu.js，代码如下。

```
cc.Class({
    extends: cc.Component,
```

```
    properties: {
        sprite: {
            default: null,
            type: cc.Sprite,
        },
        action_time: 15,
    },
    //加载时初始化
    onLoad: function () {
        //获取组件的实例，代码获取，编辑器绑定
        var node = this.node.getChildByName("time_bar");
        this.sp = node.getComponent(cc.Sprite);
        this.now_time = 0;
    },
    //帧更新调用
    update: function (dt) {
        this.now_time += dt;
        var percent = this.now_time / this.action_time; //百分比
        if (percent >= 1)  {
            percent = 1;
            this.now_time = 0; //重新开始
        }
        this.sp.fillRange = percent;
    },
});
```

注意：要将脚本文件 jindu.js 以组件形式添加到 Canvas 节点中（通过图 20-25 属性检查器中“添加组件”按钮实现）。同时将“层级管理器”中节点 time_bar 拖曳到属性检查器 jindu 组件的 Sprite 属性中，如图 20-25 所示。

保存之后，单击场景编辑器上方“播放”按钮，模拟器运行效果如图 20-26 所示。

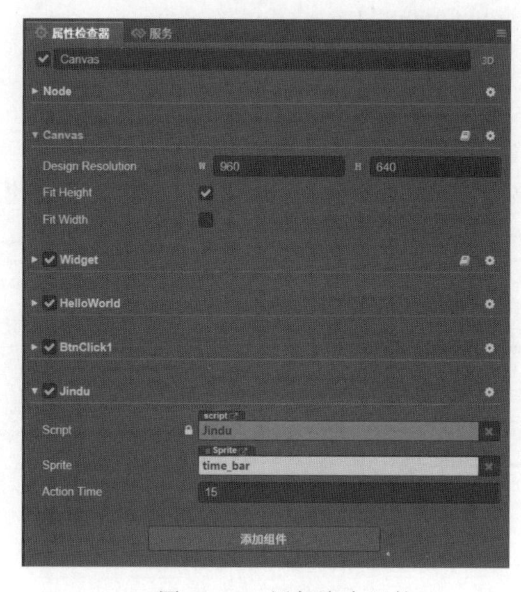

图 20-25　添加脚本组件

图 20-26　进度条效果

限于篇幅其余组件的使用详见 Cocos Creator 帮助文档。

20.4.2 节中将学习 cc.Node 节点事件响应的触摸事件和键盘事件。

20.4.2 事件响应

cc.Node 节点响应事件有触摸事件（如表 20-1 所示）和键盘事件（如表 20-2 所示）。

表 20-2 触摸事件

事件类型	相应事件
TOUCH_START	触摸开始事件
TOUCH_MOVE	在屏幕上目标节点区域内移动时
TOUCH_END	在目标节点区域内离开屏幕时
TOUCH_CANCEL	在目标节点区域外离开屏幕时

Cocos Creator 中所有事件都能够使用注册函数监听这类事件，使用 Node.on(EventType, callback, target, useCapture)注册函数进行事件的触发监听。

例如，触摸开始事件注册监听：

```
this.node.on(cc.Node.EventType.TOUCH_START,function(e){
      var pos = e.getLocation();   //返回触摸位置信息对象
      cc.log(pos);
},this);
```

callback()函数中传入一个 cc.Touch 触摸对象，触摸对象的 getLocation()方法可以返回触摸位置信息对象。

例如，触摸移动事件注册监听：

```
this.node.on(cc.Node.EventType.TOUCH_MOVE,function(e){
     var delta = e.getDelta();
     this.node.x += delta.x;
     this.node.y += delta.y;
},this);
```

e.getDelta()可以返回距离上次触摸偏移量，因此可以利用上面的代码实现节点随触摸移动而移动。

一个完整的 Touch 事件代码如下。

```
cc.Class({
    extends: cc.Component,
    properties: {
    },
    /*    触摸移动事件监听函数    */
    on_touch_move: function(t) {
        //位置
        console.log("cc.Node.EventType.TOUCH_MOVE called");
        console.log(t.getLocation());
```

```
        var w_pos = t.getLocation(); //cc.Vec2 {x, y}
        console.log(w_pos, w_pos.x, w_pos.y);
        //距离上一次触摸变化了多少
        var delta = t.getDelta();     //x, y各变化了多少cc.Vec2(x, y)
        this.node.x += delta.x;
        this.node.y += delta.y;
    },
    onLoad: function () {
        //监听对应的触摸事件
        this.node.on(cc.Node.EventType.TOUCH_START, function(t) {
            console.log("cc.Node.EventType.TOUCH_START called");
            //停止事件传递
            t.stopPropagationImmediate();
        }, this);

        this.node.on(cc.Node.EventType.TOUCH_MOVE, this.on_touch_move,
            this);
        this.node.on(cc.Node.EventType.TOUCH_END, function(t) {
            console.log("cc.Node.EventType.TOUCH_END called");
        }, this);
        this.node.on(cc.Node.EventType.TOUCH_CANCEL, function(t) {
            console.log("cc.Node.EventType.TOUCH_CANCEL called");
        }, this);
    },
    //每帧更新
    // update: function (dt) {
    // },
});
```

键盘按键事件如表 20-3 所示。与触摸事件同理，需要一个函数监听，即事件注册函数 cc.systemEvent.on(EventType,callback,target,useCapture)。

表 20-3　键盘按键事件

事件类型	相应事件
KEY_DOWN	按键按下
KEY_UP	按键弹起

例如，按键按下事件注册监听：

```
cc.systemEvent.on(cc.SystemEventType.KEY_DOWN,function(e){
    switch(e.keyCode){
        case cc.KEY.space:    //空格键
            cc.log("space key down");
            break;
    }
},this);
```

KEY 是 cc 模块的枚举类型。每个按键都会对应一个按键码： space, A, B, C,…；例如 cc.KEY.space 代表空格。

一个完整的键盘事件代码如下。

```
cc.Class({
    extends: cc.Component,
    properties: {
    },
    onLoad: function () {
        // console.log(cc.systemEvent);
        //注册按键被按下事件监听函数
        cc.systemEvent.on(cc.SystemEvent.EventType.KEY_DOWN,
             this.on_key_down, this);
        //注册按键弹起事件监听函数
        cc.systemEvent.on(cc.SystemEvent.EventType.KEY_UP,
             this.on_key_up, this);
    },
    on_key_down: function(event) {
        switch(event.keyCode) {
            case cc.KEY.space:
                console.log("space key down!");
            break;
        }
    },
    on_key_up: function(event) {
        switch(event.keyCode) {
            case cc.KEY.space:
                console.log("space key up!");
            break;
        }
    },
    //每帧更新
    // update: function (dt) {
    // },
});
```

至此，读者了解了 Cocos Creator 游戏开发中一些组件和事件响应处理方法。

20.4.3 坐标系

Cocos Creator 的坐标系和 cocos2d-x 引擎坐标系完全一致，都是起源于笛卡儿坐标系。笛卡儿坐标系中定义原点在左下角，x 轴向右，y 轴向上，z 轴向外，人们日常使用的坐标系就是笛卡儿坐标系。

1. 世界坐标系和本地坐标系

世界坐标系（World Coordinate）也叫作绝对坐标系，在 Cocos Creator 游戏开发中表示场景空间内的统一坐标体系，用来表示游戏场景。

本地坐标系（Local Coordinate）也叫作相对坐标系，是和节点相关联的坐标系。每个节点都有独立的坐标系，当节点移动或改变方向时，和该节点关联的坐标系将随之移动或改变方向。

Cocos Creator 中的节点（Node）之间可以有父子关系的层级结构，修改节点的位置（Position）属性设定的节点位置是该节点相对于父节点的本地坐标系而非世界坐标系。最后在绘制整个场景时 Cocos Creator 会把这些节点的本地坐标映射成世界坐标系坐标。

要确定每个节点坐标系的作用方式，还需要了解锚点的概念。

2. 锚点

锚点（Anchor）是节点的另一个重要属性，它决定了节点以自身约束框中的哪一个点作为整个节点的位置，所有子节点以父节点锚点所在位置作为子节点坐标系原点。选中节点后看到变换工具出现的位置就是节点的锚点位置。

锚点由 anchorX 和 anchorY 两个值表示，它们的范围都为 0 ~ 1。(0.5,0.5)表示锚点位于节点长度乘 0.5 和宽度乘 0.5 的地方，即节点的中心，如图 20-27 所示。

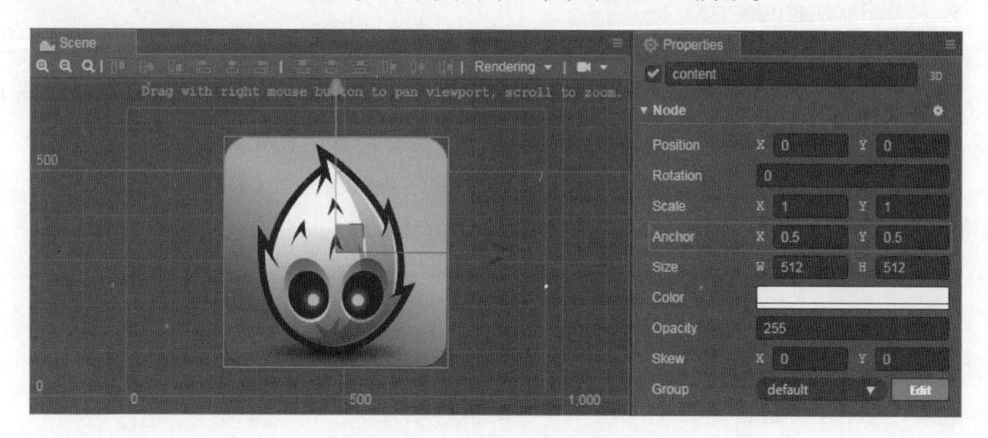

图 20-27　锚点位于节点的中心

锚点属性设为(0, 0)时，锚点位于节点本地坐标系的原点位置，也就是节点约束框的左下角。

3. 子节点的本地坐标系

锚点位置确定后，所有子节点就会以父节点锚点所在位置作为坐标系原点，注意这个和 cocos2d-x 引擎中的默认行为不同，是 Cocos Creator 坐标系的特色。

假设场景中有三个节点：NodeA、NodeB、NodeC，节点的层次结构如图 20-28 所示。

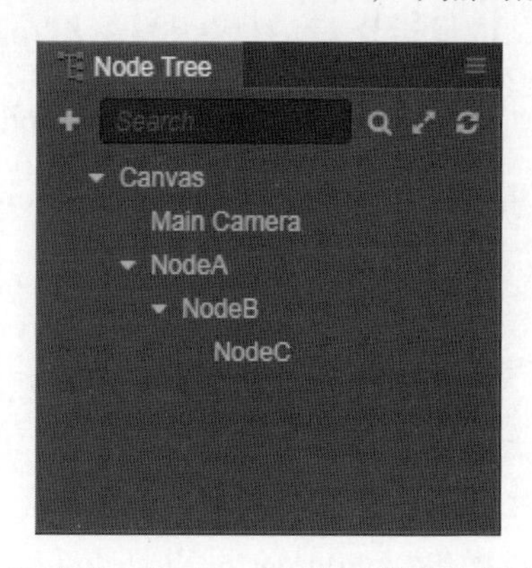

图 20-28　NodeA、NodeB、NodeC 节点的层次结构

当场景中包含不同层级的节点时，按照以下流程确定每个节点在世界坐标系中的位置。

（1）场景根级别开始处理每个节点，图 20-28 中 NodeA 就是一个第一层节点。首先根据 NodeA 的位置（Position）属性和 Canvas 节点（NodeA 的父节点）的锚点（Anchor）属性，在世界坐标系中确定 NodeA 的显示位置和 NodeA 的本地坐标系原点（NodeA 的锚点位置）。

（2）接下来处理 NodeA 的所有直接子节点，也就是图 20-28 中的 NodeB 以及和 NodeB 平级的节点。根据 NodeB 的位置和 NodeA 的本地坐标系原点，在 NodeA 的本地坐标系中确定 NodeB 在场景空间中的位置和 NodeB 坐标系原点位置。

（3）之后不管有多少级节点，都继续按照层级高低依次处理，每个节点都使用父节点的坐标系和自身位置属性来确定在场景空间中的位置。

4. 场景中的 canvas 节点

新建一个 CocosCreator 场景，会在场景中自动生成一个 canvas 节点，节点 Size 为(640，960)，Anchor 为(0.5,0.5)，Position 为(320,480)。由于 canvas 为根节点，这里的 Position 即世界坐标。世界坐标原点对应手机左下角，向右为 x 轴正方向，向上为 y 轴正方向。

当 Cocos Creator 中新添加节点时，节点总会出现在父节点的坐标系原点位置。Cocos Creator 中节点的默认位置为(0, 0)，默认锚点设为(0.5,0.5)。这样节点会默认出现在父节点的中心位置，在制作 UI 或组合玩家角色时都能够对所有内容一览无余。

任意节点的 this.node.position 返回的都是相对于父节点，以父节点锚点(Anchor)为原点的位置坐标。

注意：Cocos Creator 场景的触摸事件，返回的是世界坐标位置坐标。

20.4.4 节点属性和方法

节点属性和方法主要是用于更改节点的位置（Position）、旋转（Rotation）、缩放（Scale）、尺寸（Size）等。

1. active 属性——激活和关闭节点

```
this.node.active = true;    //激活节点（显示节点）
```

在父节点激活的情况下，所有激活的组件开始执行 update()方法和 onEnable()方法。

```
this.node.active = false;   //关闭节点（隐藏节点）
```

关闭节点则会隐藏该节点和所有子节点，组件停止执行，除了 onDisable()方法。

2. active 属性——更改节点的父节点

```
this.node.parent = parentNode;       //将当前节点的父节点设置为parentNode
```

3. 索引当前节点的子节点

children 属性返回子节点数组，childrenCount 属性返回子节点数量。

4. 改变节点位置

（1）分别对 x,y 设置节点位置坐标。

```
this.node.x = 100;
this.node.y = 50;
```

（2）使用 setPosition()方法设置节点位置坐标。

```
this.node.setPosition(100, 50);
```

（3）设置 cc.v2()二维向量。

```
this.node.position = cc.v2(100, 50);
```

5. 节点旋转

```
this.node.setRotation(90);                  //节点旋转90°
```

6. 节点缩放

```
this.node.setScale(2, 2);                   //节点x，y方向各放大2倍
```

7. 改变节点尺寸

```
this.node.setContentSize(100, 100);      //节点宽度为100px，高度为100px
```

8. 改变节点锚点位置

```
this.node.setAnchorPoint(1, 0);          //节点锚点位置为右下角
this.node.setAnchorPoint(0.5, 0.5);     //节点锚点位置为节点中央
this.node.setAnchorPoint(0, 1);          //节点锚点位置为左上角
```

9. color 和 opacity 属性——改变节点颜色和不透明度

颜色和不透明度需要组件的实例化，必须在节点上修改。

```
var mySprite = new Sprite();                    //实例化精灵组件
mySprite.node.color = cc.Color.RED;            //颜色color
mySprite.node.opacity = 128;                    //透明度opacity
```

10. runAction()方法——执行动作

```
var sp = new cc.sprite ("res/…");             //创建一个精灵
var moveTo = cc.moveTo(2,cc.p(50,10))       //移动的动作
sp.runAction(moveTo);                         //执行动作
```

11. stopAction()方法——停止执行动作

```
this.node.stopAction(action);                 //停止一个动作
this.node.stopAllActions();                    //停止所有动作
```

12. addChild()方法——添加一个子节点

```
var sp = new cc.sprite ("res/…");             //创建一个精灵
```

```
this.node.addChild(sp);
```

13. removeFromParent()/ removeAllChildren ()方法——删除子节点

removeFromParent()用于删除一个子节点，removeAllChildren ()用于删除所有子节点。

```
this.node.removeFromParent (sp);      //删除一个sp子节点
this.node.removeAllChildren ();        //删除所有子节点
```

20.4.5 动作

1. 移动动作

Cocos Creator 有两个移动动作：cc.moveTo 和 cc.moveBy。

1）cc.moveTo 移动

cc.moveTo 动作的具体用法是先创建一个精灵让它显示在舞台上面。然后定义一个 cc.moveTo 的动作，最后让这个精灵执行这个动作。例如：

```
var sp = new cc.sprite ("res/…");              //创建一个精灵
var moveTo = cc.moveTo(2,cc.p(50,10))          //移动的动作
sp.runAction(moveTo);                          //执行动作
```

其中，cc.moveTo 动作里面第一个参数 2 是指多少秒后执行这个动作；第二个参数 cc.p()里面的两个坐标就是设置的目标点的坐标。

2）cc.moveBy 移动

cc.moveBy 与 cc.moveTo 的创建基本一样。例如：

```
var sp = new cc.sprite ("res/…");              //创建一个精灵
var MoveBy = cc.MoveBy(2,cc.p(0,10))           //移动的动作
sp.runAction(MoveBy);                          //执行动作
```

其中，cc.moveBy 动作里面第一个参数 2 指的也是多少秒后执行这个动作；第二个参数 cc.p() 里面的两个坐标就是这个精灵对象移动的距离。以上面的例子来说，里面传递的两个坐标是 (0, 10)，那么这个精灵就会在 2s 后沿着 y 轴方向向上移动 10px。

2. 旋转动作

Cocos Creator 有两个旋转动作：cc.rotateTo 和 cc.rotateBy。

cc.rotateTo 动作是旋转到目标角度。第一个参数 2 是 2s 之后执行这个动作；第二个参数是旋转到目标角度。角度值为正时，节点顺时针旋转；角度值为负时，节点逆时针旋转。例如：

```
var sp = new cc.sprite ("res/…");              //创建一个精灵
var rotate = cc.rotateTo(2,270)                //旋转到目标角度270°
sp.runAction(rotate);
```

cc.rotateBy 用于旋转指定的角度。

```
var rotate = cc.rotateBy(2,270)            //旋转270°
```

3. 缩放动作

Cocos Creator 缩放动作是 cc.scaleTo 和 cc.scaleBy。cc.scaleTo 将节点大小缩放到指定的倍数，cc.scaleBy 按指定的倍数缩放节点大小。例如：

```
var sp = new cc.sprite ("res/…");          //创建一个精灵
var scaleTo = cc.scaleTo(2,3)              //在2s内将Node节点放大到3倍
sp.runAction(scaleTo);
var sp = new cc.sprite ("res/…");          //创建一个精灵
var scaleBy = cc.scaleBy(2,3)              //在2s内将Node节点放大3倍
sp.runAction(scaleBy);
```

4. 淡入和淡出动作

cc.fadeIn 执行淡入动作（逐渐显示出来），cc.fadeOut 执行淡出动作（逐渐消失）。例如：

```
var sp = new cc.sprite ("res/…");          //创建一个精灵
var fadeIn = cc.fadeIn(2,3)
sp.runAction(fadeIn);                      //淡入
var fadeOut = cc.fadeOut(2,3)
sp.runAction(fadeOut);                     //淡出
```

cc.fadeTo修改透明度到指定值。

```
var fadeTo= cc.fadeOut(2,3)
sp.runAction(fadeOut);                     //淡出
```

5. 序列执行动作

cc.sequence 是序列执行动作。

```
sp.runAction(cc.sequence(fadeIn,fadeOut))
```

精灵 sp 节点会先执行淡入效果，然后再执行淡出效果。

6. 缓动动作

cc.ease***执行缓动的动画效果动作。例如，cc.easeIn 执行缓入动画动作，cc.easeIn 执行缓出动画动作。

第 21 章将进行 Cocos Creator 游戏实战。

第 21 章

Cocos Creator开发实战——跳跳猫

21.1 跳跳猫小游戏介绍

游戏中小猫一直蹦蹦跳，场景中随机出现星星，玩家控制小猫左右移动来收集星星，每收集一个星星积一分。星星会持续显示 3 ~ 5s，如果小苗没有收集到星星，则游戏失败重新开始，效果如图 21-1 所示。

图 21-1 游戏运行效果

21.2 创 建 项 目

首先启动 Cocos Creator，然后选择“新建项目”，指定项目所在文件夹后，单击“打开”按钮，Cocos Creator 编辑器主窗口会打开，将看到如图 21-2 所示的项目初始状态。

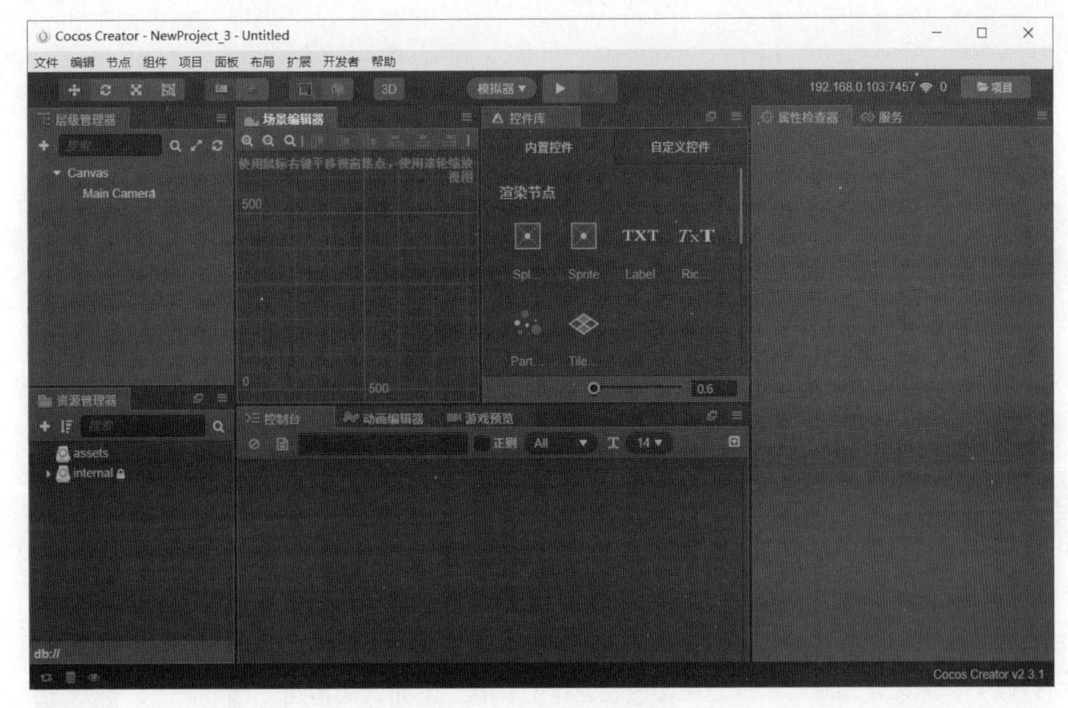

图 21-2 项目初始状态

21.2.1 添加资源和游戏场景

资源管理器的面板显示的是项目中的所有资源树状结构。项目资源指的就是游戏的字体、场景图片、主角模型、音乐音效等。由图 21-2 可以看到，项目资源的根目录名叫 assets，游戏使用到的声音、图片等资源只有在这个目录下，才会被 Cocos Creator 导入项目并进行管理。

资源管理器是层次的目录结构，其中，图标就代表一个文件夹，单击文件夹左边的三角图标可以展开文件夹的内容。每个资源都是一个文件，导入项目后根据扩展名的不同而被识别为不同的资源类型，其图标也会有所区别。项目中资源的类型和作用如下。

- 声音文件：一般为 mp3 文件，我们将在主角跳跃和得分时播放名为 jump 和 score 的声音文件。
- 位图字体：由 fnt 文件和同名的 png 图片文件共同组成。位图字体（Bitmap Font）是一种游戏开发中常用的字体资源。
- 图像资源：一般是 png 或 jpg 文件。图片文件导入项目后会经过简单的处理成为 texture 类型的资源。之后就可以将这些资源拖曳到场景或组件属性中去使用。

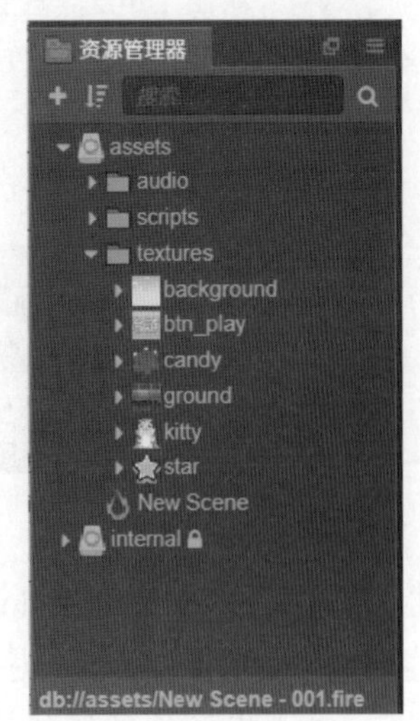

图 21-3 资源管理器中添加资源

如图 21-3 所示，在资源管理器中建立不同文件夹，将图 21-4 中图片拖曳到相应文件夹 textures 中即可。音频文件拖曳到 audio 文件夹下。

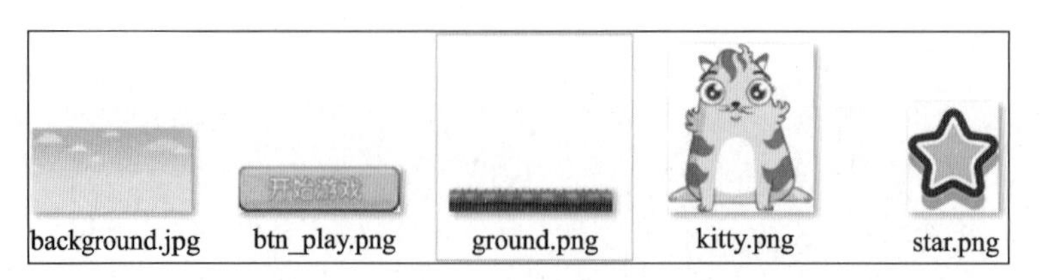

图 21-4 游戏素材

21.2.2 创建游戏场景

在 Cocos Creator 中，游戏场景（Scene）是开发时组织游戏内容的中心，也是呈现给玩家所有游戏内容的载体。游戏场景中一般会包括以下内容。

（1）场景图像和文字（Sprite，Label）。

（2）角色。

（3）以组件形式附加在场景节点上的游戏逻辑脚本。

当玩家运行游戏时，就会载入游戏场景，游戏场景加载后就会自动运行包含组件的游戏脚本，实现各种各样开发者设置的逻辑功能。所以除了资源以外，游戏场景是一切内容创作的基础。下面就来新建一个场景。

（1）在资源管理器中选中 assets 目录后，新建文件夹 Scene。

（2）选中文件夹 Scene，单击“资源管理器”左上角的加号按钮，在弹出的菜单中选择 Scene，如图 21-5 所示。

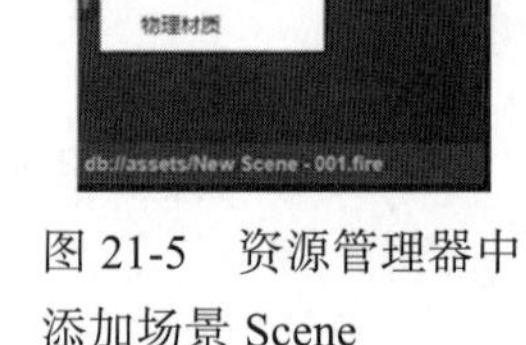

图 21-5 资源管理器中添加场景 Scene

（3）创建完成后场景文件 New Scene 的名称会处于编辑状态，将它重命名为 game。

（4）双击 game，就会在场景编辑器和层级管理器中打开这个场景。

打开场景后，层级管理器中会显示当前场景中的所有节点和它们的层级关系。刚刚新建的场景中只有一个名叫 Canvas 的节点，Canvas 可以被称为画布节点或渲染根节点，单击选中 Canvas，可以在属性检查器中看到它的属性，如图 21-6 所示。

图 21-6 Canvas 的节点属性

这里的 Design Resolution 属性规定了游戏的设计分辨率，Fit Height 和 Fit Width 规定了在不同尺寸的屏幕上运行时，将如何缩放 Canvas 以适配不同的分辨率。

由于提供了多分辨率适配的功能，一般会将场景中所有负责图像显示的节点都放在 Canvas 下面。这样当作为父节点的 Canvas 的 scale（缩放）属性改变时，所有作为其子节点的图像也会跟着一起缩放以适应不同屏幕的大小。

21.2.3 添加游戏背景

首先在资源管理器里按照 assets/textures 的路径找到背景图像资源 background，然后拖曳这个资源到层级管理器中的 Canvas 节点上，直到 Canvas 节点显示橙色高亮，表示将会添加以贴图资源的文件名来命名的子节点。在对场景进行编辑修改时，可以通过主菜单“文件”→“保存场景”命令来及时保存修改。

在场景编辑器中，可以看到刚刚添加的背景图像 background，选中 background 节点，在属性检查器里修改背景图像的尺寸（Size 属性的输入框中输入宽度 1280 和高度 700），来让它覆盖整个屏幕（紫色线框表示设计分辨率）。

21.2.4 添加游戏地面

主角需要一个可以在上面跳跃的地面，和添加背景图的方式相同，拖曳资源管理器中 assets/textures/ground 资源到层级管理器的 Canvas 上。在拖曳时还可以选择新添加的节点和 background 节点的顺序关系。拖曳资源的状态下移动鼠标指针到 background 节点的下方，直到在 Canvas 上显示橙色高亮框，并同时在 background 下方显示表示插入位置的绿色线条，然后松开鼠标，这样 ground 在场景层级中就被放在了 background 下方，同时也是 Canvas 下的一个子节点。

在层级管理器中，显示在下方的节点的渲染顺序是在上方节点的后面，也就是说，下方的节点是在上方节点之后绘制的。可以看到位于层级管理器最下方的 ground 节点，在场景编辑器的层级中显示在最前面。另外，子节点也会永远显示在父节点之前，可以随时调整节点的层级顺序和关系来控制它们的显示顺序。

在场景编辑器中使用移动工具来调整地面在场景中的位置，如图 21-7 所示。尝试按住移动工具显示在节点上的箭头并拖曳，就可以一次改变节点在单个坐标轴上的位置。

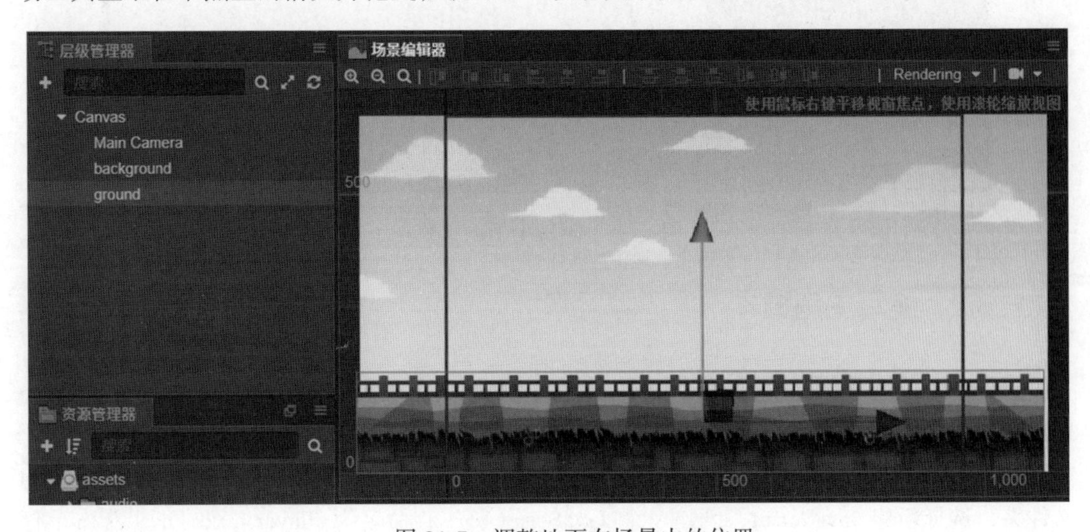

图 21-7 调整地面在场景中的位置

21.3 添加游戏主角

21.3.1 添加游戏的主角小猫

下面添加游戏的主角小猫。从资源管理器中拖曳 assets/texture/kitty 到层级管理器中 Canvas 的下面，并确保它的排序在 ground 下，这样主角小猫会显示在最前面。注意小猫节点 kitty 应该是 Canvas 的子节点，和 ground 节点平行。

对主角小猫的属性进行一些设置。

首先是改变锚点(Anchor)的位置。默认状态下，任何节点的锚点都会在节点的中心，也就是说，该节点中心点所在的位置就是该节点的位置。我们希望控制主角的底部位置来模拟在地面上跳跃的效果，所以现在需要把主角的锚点设置在脚下。在属性检查器里找到 Anchor 属性，把其中的 y 值设为 0，可以看到场景编辑器中，表示主角位置的移动工具的箭头出现在了主角脚下。注意锚点的取值，锚点的取值为(0,0)时表示锚点在节点的左下角，取值为(1,1)时表示锚点在节点的右上角，(0.5,0.5)表示在节点的中心，其他的可以类推。

然后在场景编辑器中使用移动工具拖曳小猫，将其放在地面上，效果如图 21-8 所示。

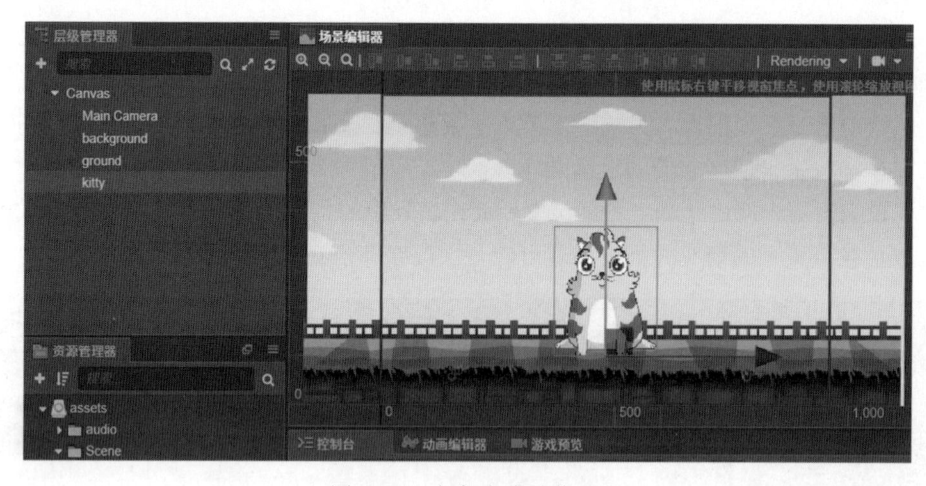

图 21-8　主角小猫的位置

21.3.2 编写主角脚本

现在基本的游戏场景已经搭建完成，主角小猫也加到场景中了。要让场景“活”了，小猫能跳跃，还需要编写脚本才能实现。

在资源管理器中右键单击 assets 文件夹，新建文件夹命名为“Script”。然后右键单击 Script 文件夹，选择新建 JavaScript，创建一个 JavaScript 脚本，命名为 Player。双击这个脚本，打开代码编辑器。

注意：Cocos Creator 中脚本名称就是组件的名称，这个命名是大小写敏感的，如果组件名称的大小写不正确，将无法正确通过名称使用组件。

打开脚本后会发现里面已经有一些编辑好的代码块。

```
cc.Class({
    extends: cc.Component,
    properties: {
    //一些属性
    },

    // LIFE-CYCLE CALLBACKS:
    // onLoad () {},
    start () {
    },
    // update (dt) {},
});
```

其中有 cc.Class()全局方法，什么是 cc 呢？cc 是 cocos 的简称，是 cocos 引擎的主要命名空间，引擎代码中所有的类、函数、属性和常量都在这个命名空间中定义。而 Class()就是 cc 模块下的一个方法，这个方法用于声明类。Class()方法的参数是一个原型对象，在原型对象中以键值对的形式设定所需的类型参数，就能创建出所需要的类。

所有与界面节点关联的脚本都继承自 cc.Component，其中，properties 定义属性，下面的 onLoad()、start()、update(dt)是 cc.Component 定义了一系列生命周期方法，具有这样结构的脚本就是 Cocos Creator 中的组件（Component），它们能够挂载到场景中的节点上，提供控制节点的各种功能。

下面给主角小猫添加属性和方法。Player 脚本文件如下。

```
cc.Class({
    extends: cc.Component,
    properties: {
        //主角跳跃高度
        jumpHeight: 0,
        //主角跳跃持续时间
        jumpDuration: 0,
        //辅助形变动作时间
        squashDuration: 0,
        //最大移动速度
        maxMoveSpeed: 0,
        //加速度
        accel: 0,
        //跳跃音效资源
        jumpAudio: {
            default: null,
            type: cc.AudioClip
        },
    },
}
```

接下来把 Player 脚本组件添加到主角小猫节点上。在层级编辑器中选中 Kitty 节点，然后在属性检查器中单击“添加组件”按钮，选择“添加用户脚本组件”→Player，为主角节点添加 Player 脚本组件，如图 21-9 所示。

之后在属性检查器中（需要选中 Kitty 节点）看到刚添加的 Player 组件了，按照如图 21-10 所示将主角跳跃和移动的相关属性设置好。

图 21-9　添加用户脚本组件

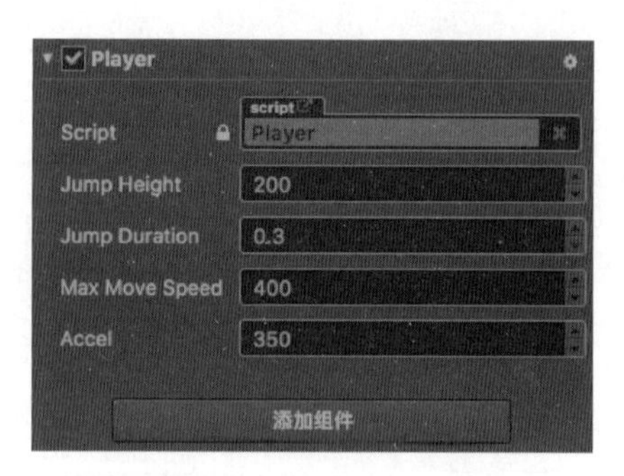

图 21-10　设置脚本组件属性

这些数值除了 jumpDuration 的单位是秒(s)之外，其他的数值都是以像素(px)为单位的。根据现在对 Player 组件的设置：主角将能够跳跃 200px 的高度，起跳到最高点所需的时间是 0.3s，最大水平方向移动速度是 400px/s，水平加速度是 350px/s。

21.3.3　实现主角跳跃和移动

下面添加一个方法，来让主角跳跃起来。在 properties: {…}代码块的下面添加 setJumpAction()的方法。

```
setJumpAction: function () {
    //跳跃上升
    var jumpUp = cc.moveBy(this.jumpDuration, cc.v2(0, this.jumpHeight))
      .easing(cc.easeCubicActionOut());
    //下落
    var jumpDown = cc.moveBy(this.jumpDuration, cc.v2(0, -this.jumpHeight))
        .easing(cc.easeCubicActionIn());
    //形变
    var squash = cc.scaleTo(this.squashDuration, 1, 0.6);
    var stretch = cc.scaleTo(this.squashDuration, 1, 1.2);
    var scaleBack = cc.scaleTo(this.squashDuration, 1, 1);
    //添加一个回调函数，用于在动作结束时调用我们定义的其他方法
    var callback = cc.callFunc(this.playJumpSound, this);
    //不断重复，而且每次完成落地动作后调用回调来播放声音
    return cc.repeatForever(cc.sequence(squash, stretch, jumpUp,
       scaleBack, jumpDown, callback));
},
```

在 Cocos Creator 中，动作简单来说就是节点的位移、缩放和旋转。例如，上面的代码 moveBy()方法的作用是在规定的时间内移动指定的一段距离，第一个参数就是之前定义主角

属性中的跳跃时间，第二个参数是一个 Vec2（表示 2D 向量和坐标）类型的对象。

后面还有链式调用 easing(cc.easeCubicActionOut())方法，这个方法可以让动作呈现为一种缓动的效果。

代码的最后一句 return cc.repeatForever(cc.sequence(jumpUp, jumpDown));，repeatForever()永远地重复一个动作（返回 ActionInterval），在这里就是一直重复地跳起来、落下去。这里传入的参数是使用 cc.sequence()方法返回一个 ActionInterval 类型的对象，sequence()方法的作用是根据传入的 Action 对象顺序执行动作，创建的动作将按顺序依次运行，所以 cc.sequence(jumpUp, jumpDown)就是一个先起跳再下降的动作。

onLoad()生命周期方法会在场景加载后立刻执行，所以通常把初始化相关的操作和逻辑都放在这里面。将循环跳跃的动作传给了 jumpAction 变量，之后调用这个组件挂载的节点下的 runAction 方法，传入循环跳跃的 Action 从而让节点（主角）一直跳跃。

```
// use this for initialization
onLoad: function () {
    this.enabled = false;
    //初始化跳跃动作
    this.jumpAction = this.setJumpAction();
    this.node.runAction(this.jumpAction);
    //节点下的runAction方法调用跳跃动作
},
```

单击 Cocos Creator 编辑器上方正中的“预览游戏”按钮会自动打开默认浏览器并开始在里面运行游戏，可以看到主角小猫在场景中间活泼地蹦个不停。

21.3.4　实现主角移动控制

1. 键盘控制

现在小猫只能在原地跳跃，下面为主角添加键盘输入，用 A 键和 D 键来控制它的跳跃方向。

```
onKeyDown (event) {
    switch(event.keyCode) {
        case cc.macro.KEY.a:
        case cc.macro.KEY.left:
            this.accLeft = true;
            this.accRight = false;
            break;
        case cc.macro.KEY.d:
        case cc.macro.KEY.right:
            this.accLeft = false;
            this.accRight = true;
            break;
    }
},
onKeyUp (event) {
    switch(event.keyCode) {
        case cc.macro.KEY.a:
        case cc.macro.KEY.left:
```

```
                this.accLeft = false;
                break;
            case cc.macro.KEY.d:
            case cc.macro.KEY.right:
                this.accRight = false;
                break;
        }
    },
```

然后修改 onLoad()，在其中加入向左和向右加速的开关，以及主角当前在水平方向的速度，最后在场景加载后就开始监听键盘输入。

```
    // use this for initialization
    onLoad: function () {
        this.enabled = false;
        //加速度方向开关
        this.accLeft = false;
        this.accRight = false;
        //主角当前水平方向速度
        this.xSpeed = 0;
        // screen boundaries
        this.minPosX = -this.node.parent.width/2;
        this.maxPosX = this.node.parent.width/2;

        //初始化跳跃动作
        this.jumpAction = this.setJumpAction();
        this.node.runAction(this.jumpAction);
        //节点下的runAction方法调用跳跃动作

        //注册键盘输入监听
        cc.systemEvent.on(cc.SystemEvent.EventType.KEY_DOWN, this
          .onKeyDown, this);
        cc.systemEvent.on(cc.SystemEvent.EventType.KEY_UP, this
          .onKeyUp, this);
          //注册触摸事件监听
        var touchReceiver = cc.Canvas.instance.node;
        touchReceiver.on('touchstart', this.onTouchStart, this);
        touchReceiver.on('touchend', this.onTouchEnd, this);
    },
```

最后修改 update()方法的内容，添加加速度、速度和主角当前位置的设置。

```
    // called every frame
    update: function (dt) {
        //根据当前加速度方向每帧更新速度
        if (this.accLeft) {
            this.xSpeed -= this.accel * dt;
        } else if (this.accRight) {
            this.xSpeed += this.accel * dt;
        }
        //限制主角的速度不能超过最大值
        if ( Math.abs(this.xSpeed) > this.maxMoveSpeed ) {
```

```
            this.xSpeed = this.maxMoveSpeed * this.xSpeed / Math.abs
             (this.xSpeed);
        }

        //根据当前速度更新主角的位置
        this.node.x += this.xSpeed * dt;

        // limit player position inside screen
        if ( this.node.x > this.node.parent.width/2) {
            this.node.x = this.node.parent.width/2;
            this.xSpeed = 0;
        } else if (this.node.x < -this.node.parent.width/2) {
            this.node.x = -this.node.parent.width/2;
            this.xSpeed = 0;
        }
    },
```

update()生命周期方法在场景加载后就会每更新一帧调用一次，传回的参数dt是每帧调用的时间，一般把需要经常计算或及时更新的逻辑内容放在这里。根据键盘输入获得加速度方向后，就需要每帧在update()中计算主角的速度和位置，this.node.x就是当前组件挂载的节点（小猫）的x坐标。

2. 触摸控制

上面的实现是使用键盘控制主角小猫的移动，如果发布到手机上，就不能使用键盘控制，通常会使用触摸的方法控制游戏主角的动作。

```
         onTouchStart (event) {
            var touchLoc = event.getLocation();
            if (touchLoc.x >= cc.winSize.width/2) {//在手机屏幕的右侧触摸
                this.accLeft = false;
                this.accRight = true;
            } else {                          //在手机屏幕的左侧触摸
                this.accLeft = true;
                this.accRight = false;
            }
        },
        onTouchEnd (event) {
            this.accLeft = false;
            this.accRight = false;
        },
        onDestroy () {
            //取消键盘输入监听
            cc.systemEvent.off(cc.SystemEvent.EventType.KEY_DOWN,
                this.onKeyDown, this);
            cc.systemEvent.off(cc.SystemEvent.EventType.KEY_UP,
                this.onKeyUp, this);
            //取消触摸事件监听
            var touchReceiver = cc.Canvas.instance.node;
            touchReceiver.off('touchstart', this.onTouchStart, this);
```

```
        touchReceiver.off('touchend', this.onTouchEnd, this);
    },
});
```

在触摸事件中 event.getLocation()获取位置，判断在手机屏幕的左侧还是右侧，依此决定小猫水平移动的方向。

21.4 添加星星

主角小猫现在可以跳来跳去了，还要给玩家一个抓取目标，也就是会不断出现在场景中的星星，玩家需要引导小猫碰触星星收集分数。被主角碰到的星星会消失，然后马上在随机位置重新生成一个。

21.4.1 制作 Prefab（预制）资源星星

对于需要重复生成的节点，可以将它保存成 Prefab（预制）资源，作为动态生成节点时使用的模板。

首先从资源管理器中拖曳 assets/textures/star 图片到场景中，借助场景制作 Prefab（预制）资源，制作完成后需要把这个节点从场景中删除。

按照添加 Player 脚本方法，添加名叫 Star 的 JavaScript 脚本到 assets/scripts/中。

接下来双击这个脚本开始编辑，星星组件只需要一个属性用来规定主角距离星星多近时就可以完成收集，修改 properties，加入以下内容。

```
// Star.js
cc.Class({
    extends: cc.Component,
    properties: {
        //星星和主角之间的距离小于这个数值时，就会完成收集
        pickRadius: 0,
    },

    getPlayerDistance: function () {
        //根据 player 节点位置判断距离
        var playerPos = this.game.player.getPosition();
        //根据两点位置计算两点之间距离
        var dist = this.node.position.sub(playerPos).mag();
        return dist;
    },

    onPicked: function() {
        //当星星被收集时，调用 Game 脚本中的接口，生成一个新的星星
        this.game.spawnNewStar();
        //调用 Game 脚本的得分方法
```

```
        this.game.gainScore();
        //然后销毁当前星星节点
        this.node.destroy();
    },

    update: function (dt) {
        //每帧判断和主角之间的距离是否小于收集距离
        if (this.getPlayerDistance() < this.pickRadius) {
            //调用收集行为
            this.onPicked();
            return;
        }
        //根据 Game 脚本中的计时器更新星星的透明度
        var opacityRatio = 1 - this.game.timer/this.game.starDuration;
        var minOpacity = 50;
        this.node.opacity = minOpacity + Math.floor(opacityRatio *
            (255 - minOpacity));
    },
});
```

保存脚本后，将这个脚本添加到刚创建的 star 节点上。然后在属性检查器中把 PickRadius 属性值设为 60。

至此，Star Prefab 需要的设置就完成了，现在从层级管理器中将 star 节点拖曳到资源管理器中的 assets 文件夹下，就生成了名叫 star 的 Prefab 资源，如图 21-11 所示。

图 21-11　生成了 star Prefab 资源

现在就可以从场景中删除 star 节点，后续可以直接双击 starPrefab 资源进行编辑。

21.4.2　游戏主逻辑脚本

星星的生成是游戏主逻辑的一部分，所以要添加一个叫作 Game 的脚本作为游戏主逻辑脚本，这个脚本之后还会添加计分、游戏失败和重新开始的相关逻辑。

添加 Game 脚本到 assets/scripts 文件夹下，双击打开脚本。首先添加生成星星需要的属性：

```
// Game.js
    properties: {
        //这个属性引用了星星预制资源
        starPrefab: {
            default: null,
            type: cc.Prefab
        },
        //星星产生后消失时间的随机范围
        maxStarDuration: 0,
        minStarDuration: 0,
        //地面节点，用于确定星星生成的高度
        ground: {
            default: null,
            type: cc.Node
        },
        //player 节点，用于获取主角弹跳的高度和控制主角行动开关
        player: {
            default: null,
            type: cc.Node
        }
    },
```

保存脚本后将 Game 组件添加到层级编辑器中的 Canvas 节点上（选中 Canvas 节点后，拖曳脚本到属性检查器上，或单击属性检查器中的“添加组件”按钮，并从用户自定义脚本中选择 Game，接下来从资源管理器中拖曳 Star Prefab 资源到 Game 组件的 StarPrefab 属性中。只有在属性声明时规定 Type 为引用类型时（比如这里写的 cc.Prefab 类型），才能够将资源或节点拖曳到该属性上。

接下来从层级编辑器中拖曳 Ground 和 Player 节点到组件中相同名字的属性上，完成节点引用，如图 21-12 所示。

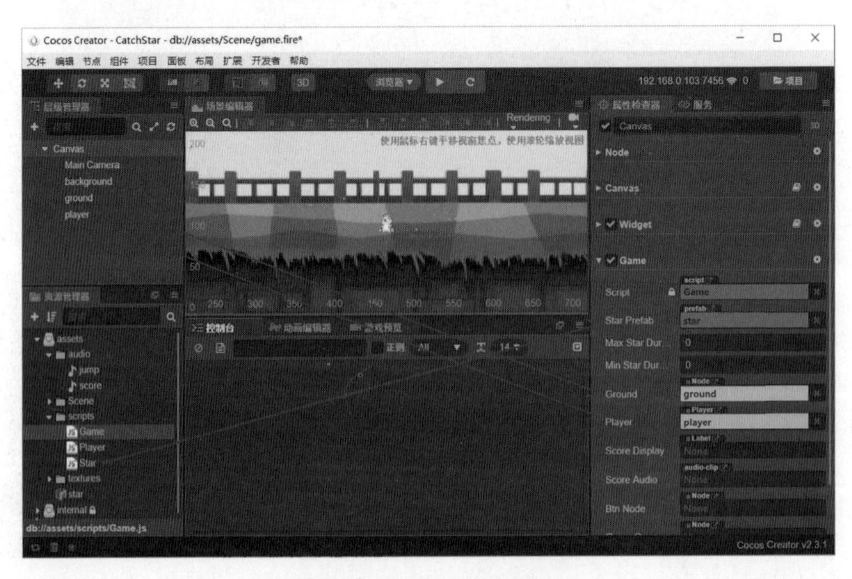

图 21-12 完成节点引用

然后设置 Min Star Duration 和 Max Star Duration 属性的值为 3 和 5，之后生成星星时，会在这两个值之间随机取值，就是星星消失前经过的时间（3 ~ 5s）。

21.4.3 随机位置添加星星

接下来继续修改 Game 脚本，在 onLoad()方法后面添加生成星星的逻辑。

```
// Game.js
    onLoad: function () {
        //获取地平面的 y 轴坐标
        this.groundY = this.ground.y + this.ground.height/2;
        //生成一个新的星星
        this.spawnNewStar();
    },

    spawnNewStar: function() {
        //使用给定的模板在场景中生成一个新节点
        var newStar = cc.instantiate(this.starPrefab);
        //将新增的节点添加到 Canvas 节点下面
        this.node.addChild(newStar);
        //为星星设置一个随机位置
        newStar.setPosition(this.getNewStarPosition());
    },

    getNewStarPosition: function () {
        var randX = 0;
        //根据地平面位置和主角跳跃高度，随机得到一个星星的 y 坐标
        var randY = this.groundY + cc.random0To1() *
                this.player.getComponent('Player').jumpHeight + 50;
        //根据屏幕宽度，随机得到一个星星的 x 坐标
        var maxX = this.node.width/2;
        randX = cc.randomMinus1To1() * maxX;
        //返回星星坐标
        return cc.p(randX, randY);
    }
```

这里需要注意几个问题。

（1）节点下的 y 属性对应的是锚点所在的 y 坐标，因为锚点默认在节点的中心，所以需要加上地面高度的一半才是地面的 y 坐标。

（2）instantiate 方法的作用是：克隆指定的任意类型的对象，或者从 Prefab 实例化出新节点，返回值为 Node 或者 Object。

（3）Node 下的 addChild()方法结果是将新节点建立在该节点的下一级，所以新节点的显示效果在该节点之上。

（4）Node 下的 setPosition()方法作用是设置节点在父节点坐标系中的位置。可以通过两种方式设置坐标点：一是传入两个数值 x 和 y；二是传入 cc.v2(x,y)类型为 cc.Vec2 的对象。

（5）通过 Node 下的 getComponent 方法可以得到该节点上挂载的组件引用。

保存脚本后，单击“预览游戏”按钮，在浏览器中可以看到，游戏开始后动态生成了一颗星星。用同样的方法，可以在游戏中动态生成任何预先设置好的 Prefab 为模板的节点。

21.4.4 主角碰触收集星星

接下来要添加主角收集星星的行为逻辑了。星星要随时可以获得主角节点的位置，才能判断它们之间的距离是否小于可收集距离，如何获得主角节点的引用呢？

Game 组件有个 player 属性，保存了主角节点的引用。

每个星星都是在 Game 脚本中动态生成的，所以只要在 Game 脚本中生成 Star 节点实例时，将 Game 组件的实例传入星星并保存起来，之后即可以在星星组件里随时通过 game.player 来访问到主角节点，从而获取到主角节点的位置。

打开 Game 脚本，在 spawnNewStar()方法最后面添加这样一句：

```
// Game.js
    spawnNewStar: function() {
        // ...
        //将 Game 组件的实例传入星星组件
        newStar.getComponent('Star').game = this;
    },
```

保存后打开 Star 脚本，利用 Game 组件中引用的 player 节点来判断距离，在 onLoad()方法后面添加名为 getPlayerDistance()和 onPicked()的方法。

```
// Star.js
    getPlayerDistance: function () {
        //根据 player 节点位置判断距离
        var playerPos = this.game.player.getPosition();
        //根据两点位置计算两点之间距离
        var dist = cc.pDistance(this.node.position, playerPos);
        return dist;
    },
    onPicked: function() {
        //当星星被收集时，调用 Game 脚本中的接口，生成一个新的星星
        this.game.spawnNewStar();
        //然后销毁当前星星节点
        this.node.destroy();
    },
```

Node 下的 getPosition()方法返回的是节点在父节点坐标系中的位置(x,y)，即一个 Vec2 类型对象。同时注意调用 Node 下的 destroy()方法就可以销毁节点。

然后在 update()方法中添加每帧判断距离，如果距离小于 pickRadius 属性规定的收集距离，就执行收集行为。

```
// Star.js
```

```
    update: function (dt) {
        //每帧判断和主角之间的距离是否小于收集距离
        if (this.getPlayerDistance() < this.pickRadius) {
            //调用收集行为
            this.onPicked();
            return;
        }
    },
```

保存脚本，然后再次预览测试，可以看到控制主角靠近星星时，星星就会消失掉，然后在随机位置生成了新的星星。

21.5 游戏逻辑实现

21.5.1 显示游戏得分

让小猫在收集星星时获得积分奖励，把得分结果显示出来，鼓励玩家继续游戏。

游戏开始时得分从 0 开始，每收集一个星星分数就会加 1。要显示得分，首先要创建一个 Label 节点。在层级管理器中选中 Canvas 节点，右键单击并选择菜单中的“创建新节点”→“创建渲染节点”→Label（文字），一个新的 Label 节点就会被创建在 Canvas 下面，而且顺序在最下面。接下来，用如下步骤配置这个 Label 节点。

（1）将该节点名字改为 score。

（2）将 score 节点的位置（position 属性）设为(0, 180)。

（3）选中该节点，编辑 Label 组件的 string 属性，填入 Score: 0 的文字。

（4）将 Label 组件的 Font Size 属性设为 50。

21.5.2 添加得分逻辑

在 Game 脚本中实现计分和更新分数显示的逻辑。

打开 Game 脚本开始编辑，首先在 properties 区块的最后添加分数显示 Label 的引用属性。

```
// Game.js
    properties: {
        // ...
        // score label 的引用
        scoreDisplay: {
            default: null,
            type: cc.Label
        }
    },
```

接下来在 onLoad()方法里添加计分用的变量的初始化。

```
// Game.js
    onLoad: function () {
        // ...
        //初始化计分
        this.score = 0;
    },
```

然后在 update()方法后面添加名为 gainScore()的新方法。

```
// Game.js
    gainScore: function () {
        this.score += 1;
        //更新 scoreDisplay Label 的文字
        this.scoreDisplay.string = 'Score: ' + this.score.toString();
    },
```

这里的 toString()方法是将分数 score 转换为 String 字符串类型便于输出到屏幕。

保存 Game 脚本后，回到层级管理器，选中 Canvas 节点，然后把前面添加好的 score 节点拖曳到属性检查器里 Game 组件的 ScoreDisplay 属性中。

然后在 Star 脚本中编写调用 Game 中的得分逻辑。

下面打开 Star 脚本，在 onPicked()方法中加入 gainScore 的调用。

```
// Star.js
    onPicked: function() {
        //当星星被收集时，调用 Game 脚本中的接口，生成一个新的星星
        this.game.spawnNewStar();
        //调用 Game 脚本的得分方法
        this.game.gainScore();
        //然后销毁当前星星节点
        this.node.destroy();
    },
```

保存后预览，可以看到现在收集星星时屏幕正上方显示的分数会增加了，如图 21-13 所示。

图 21-13　收集星星时分数会增加

21.5.3 失败判定和重新开始

现在游戏已经初具规模，但得分再多，不可能失败的游戏也不会给人成就感。现在加入星星定时消失的行为，而且让星星消失时就判定为游戏失败。也就是说，玩家需要在每颗星星消失之前完成收集，并不断重复这个过程。

1. 为星星加入计时消失的逻辑

打开 Game 脚本，在 onLoad()方法的 spawnNewStar 调用之前加入计时需要的变量声明。

```
// Game.js
    onLoad: function () {
        // ...
        //初始化计时器
        this.timer = 0;
        this.starDuration = 0;
        //生成一个新的星星
        this.spawnNewStar();
        //初始化计分
        this.score = 0;
    },
```

然后在 spawnNewStar()方法最后加入重置计时器的逻辑，其中，this.minStarDuration 和 this.maxStarDuration 是一开始声明的 Game 组件属性，用来规定星星消失时间的随机范围。

```
// Game.js
    spawnNewStar: function() {
        // ...
        //重置计时器，根据消失时间范围随机取一个值
        this.starDuration = this.minStarDuration + cc.random0To1() *
            (this.maxStarDuration - this.minStarDuration);
        this.timer = 0;
    },
```

在 update()方法中加入计时器更新和判断超过时限的逻辑。

```
// Game.js
    update: function (dt) {
        //每帧更新计时器，超过限度还没有生成新的星星
        //就会调用游戏失败逻辑
        if (this.timer > this.starDuration) {
            this.gameOver();
            return;
        }
        this.timer += dt;
    },
```

最后加入 gameOver 方法，游戏失败时重新加载场景。

```
// Game.js
    gameOver: function () {
        this.player.stopAllActions(); //停止 player 节点的跳跃动作
```

```
        cc.director.loadScene('game');
    }
```

这里 cc.director 是一个管理游戏的逻辑流程的单例对象。由于 cc.director 是一个单例，用户不需要调用任何构造函数或创建函数，使用它的标准方法是通过调用 cc.director.methodName()，例如，这里的 cc.director.loadScene('game')就是重新加载游戏场景 game，也就是游戏重新开始。

节点下的 stopAllActions()方法会让节点上的所有 Action 都失效。

对 Game 脚本的修改就完成了，保存脚本。

2. 为消失的星星加入简单的视觉

打开 Star 脚本，为即将消失的星星加入简单的视觉提示效果，在 update()方法最后加入以下代码。

```
// Star.js
    update: function() {
        // ...
        //根据 Game 脚本中的计时器更新星星的透明度
        var opacityRatio = 1 - this.game.timer/this.game.starDuration;
        var minOpacity = 50;
        this.node.opacity = minOpacity + Math.floor(opacityRatio * (255
            - minOpacity));
    }
```

以上代码就是为星星节点设置一个透明度，来提示玩家生成的星星何时会消失。

保存 Star 脚本，游戏玩法逻辑就全部完成了。现在单击场景编辑器上方“预览游戏”按钮，在浏览器中看到的就是一个有核心玩法、激励机制、失败机制的合格游戏了。

21.5.4 加入音效

1. 跳跃音效

首先加入跳跃音效，打开 Player 脚本，添加引用声音文件资源的 jumpAudio 属性。

```
// Player.js
    properties: {
        // ...
        //跳跃音效资源
        jumpAudio: {
            default: null,
            url: cc.AudioClip
        },
    },
```

然后改写 setJumpAction()方法，插入播放音效的回调，并通过添加 playJumpSound()方法来播放声音。

```
// Player.js
    setJumpAction: function () {
        //跳跃上升
```

```
        var jumpUp = cc.moveBy(this.jumpDuration, cc.p(0,this.jumpHeight)).
                     easing(cc.easeCubicActionOut());
        //下落
        var jumpDown = cc.moveBy(this.jumpDuration, cc.p(0, -this.jumpHeight)).
                     easing(cc.easeCubicActionIn());
        //添加一个回调函数，用于在动作结束时调用我们定义的其他方法
        var callback = cc.callFunc(this.playJumpSound, this);
        //不断重复，而且每次完成落地动作后调用回调来播放声音
        return cc.repeatForever(cc.sequence(jumpUp, jumpDown,
               callback));
    },
    playJumpSound: function () {
        //调用声音引擎播放声音
        cc.audioEngine.playEffect(this.jumpAudio, false);
    },
```

2. 得分音效

保存 Player 脚本后，打开 Game 脚本，添加得分音效。首先仍然是在 properties 中添加一个属性来引用声音文件资源。

```
// Game.js
    properties: {
        // ...
        //得分音效资源
        scoreAudio: {
            default: null,
            url: cc.AudioClip
        }
    },
```

然后在 gainScore()方法里插入播放声音的代码。

```
// Game.js
    gainScore: function () {
        this.score += 1;
        //更新 scoreDisplay Label 的文字
        this.scoreDisplay.string = 'Score: ' + this.score.toString();
        //播放得分音效
        cc.audioEngine.playEffect(this.scoreAudio, false);
    },
```

保存脚本，回到层级编辑器，选中 Player 节点，然后从资源管理器里拖曳 assets/audio/jump 资源到 Player 组件的 Jump Audio 属性上。然后选中 Canvas 节点，把 assets/audio/score 资源拖曳到 Game 组件的 Score Audio 属性上。

现在制作完成游戏了，当然也可随时修改 Player 和 Game 组件里的移动控制和星星持续时间等游戏参数，来快速调节游戏的难度。修改组件属性之后需要保存场景，修改后的数值才会被记录下来。

21.6 发布到微信小游戏平台

游戏开发完成后，需要发布成微信小游戏，才可以在小游戏平台上线。下面详细讲解发布步骤。

（1）在 CocosCreator 主界面中选择“文件”→“设置”，打开设置窗口。本章要开发微信小游戏，所以设置WebchatGame的路径为“C:\Program Files (x86)\Tencent\微信web开发者工具”。

（2）在 CocosCreator 主界面中选择“项目”→“构建发布”，打开如图 21-14 所示的“构建发布”窗口。选择发布平台为“微信小游戏”，设置初始场景和 AppID（登录微信公众平台获得）。

（3）单击右下角的“构建”按钮，开始构建微信小游戏。构建完成后，接下来单击右下角的“运行”按钮，就会启动微信开发者工具并且打开构建好的项目。如果启动不成功，可以手动在微信开发者工具中打开构建好的项目。

（4）找到构建目录（发布路径旁边的“打开”按钮会打开构建项目发布路径），可以看到生成 WechatGame，这就是微信小游戏的发布包，如图 21-15 所示。

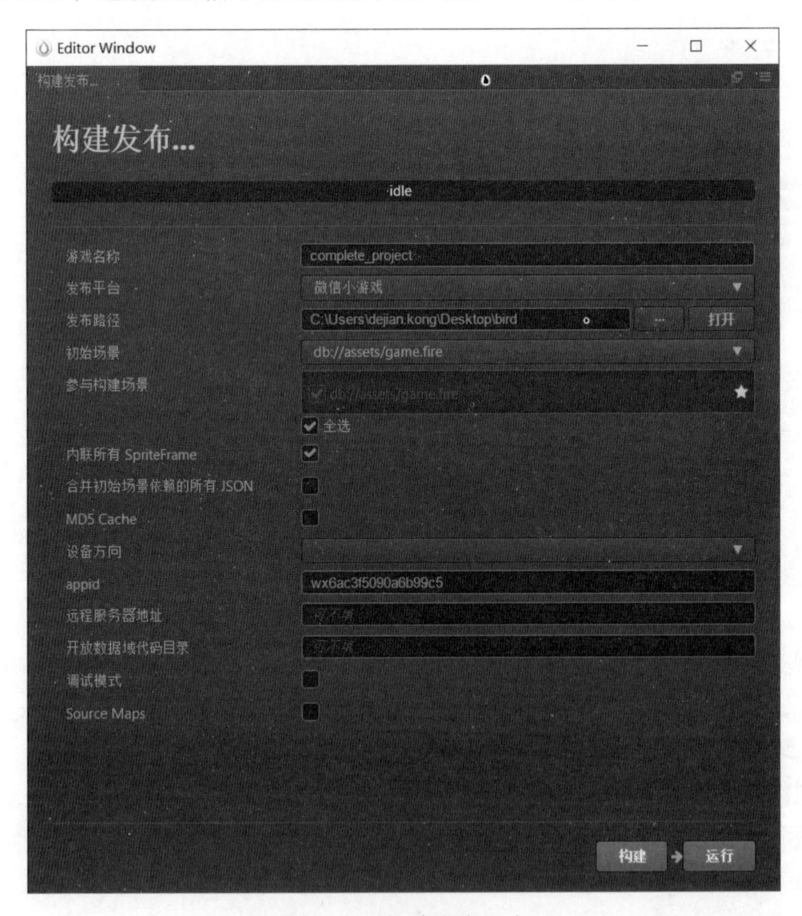

图 21-14 “构建发布”窗口

(D:) › CocosCreator_xmj › game › WXGame › Tetris › build › wechatgame

名称	修改日期	类型	大小
cocos	2020/7/8 12:12	文件夹	
OpenDataDomain	2020/6/15 13:15	文件夹	
res	2020/7/8 12:12	文件夹	
src	2020/7/8 12:12	文件夹	
.gitignore	2020/5/26 14:18	GITIGNORE 文件	1 KB
adapter-min.js	2020/7/8 12:12	JavaScript 文件	91 KB
ccRequire.js	2020/7/8 12:12	JavaScript 文件	1 KB
game.js	2020/7/8 12:12	JavaScript 文件	2 KB
game.json	2020/7/8 12:12	JSON File	1 KB
main.js	2020/7/8 12:12	JavaScript 文件	3 KB
project.config.json	2020/7/12 9:54	JSON File	1 KB

图 21-15　微信小游戏的发布包

第 22 章

Cocos Creator开发实战——俄罗斯方块

22.1 俄罗斯方块小游戏介绍

俄罗斯方块是一款风靡全球的电视游戏机和掌上游戏机游戏，游戏过程中仅需要玩家将不断下落的各种形状的方块移动、翻转，如果某一行被方块充满了，那就将这些行消掉；而当窗口中无法再容纳下落的方块时宣告游戏的结束。

可见俄罗斯方块的需求如下。

（1）由移动的方块和不能动的固定方块组成。

（2）一行排满消除。

（3）能产生多种方块；下一方块可以移动、逆时针旋转。

（4）玩家可以看到游戏的积分。

本章用 Cocos Creator 开发的俄罗斯方块游戏运行效果如图 22-1 所示。图 22-1(a)是游戏的初始界面，玩家单击“开始游戏” 按钮后可以进入游戏页面；图 22-1(b)是游戏过程中的页面；图 22-1(c)是方块无法下落，游戏失败后出现的“Game Over”页面。

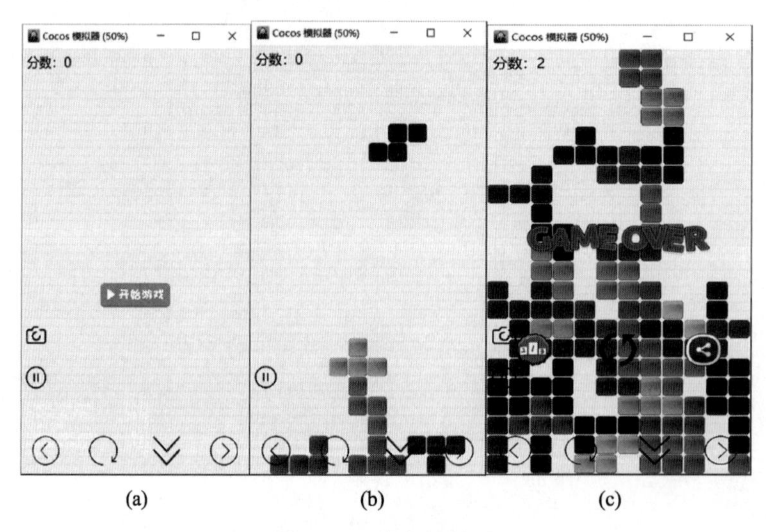

(a) (b) (c)

图 22-1 总布局界面

游戏界面下方有四个按钮：左移⊘、旋转◯、快速下落≫、右移⊘。游戏界面右侧是“暂停”按钮⊘。

22.2　创 建 项 目

首先启动 Cocos Creator，然后选择“新建项目”，指定项目所在文件夹后，单击“打开”按钮，Cocos Creator 编辑器主窗口会打开。

22.2.1　添加资源

资源管理器的面板显示的是项目中的所有资源树状结构。建立相应文件夹，拖曳放入图片和声音文件，最终如图 22-2 所示。其中，图片资源文件夹都在 textures 里面，声音资源都在 audios 里面。

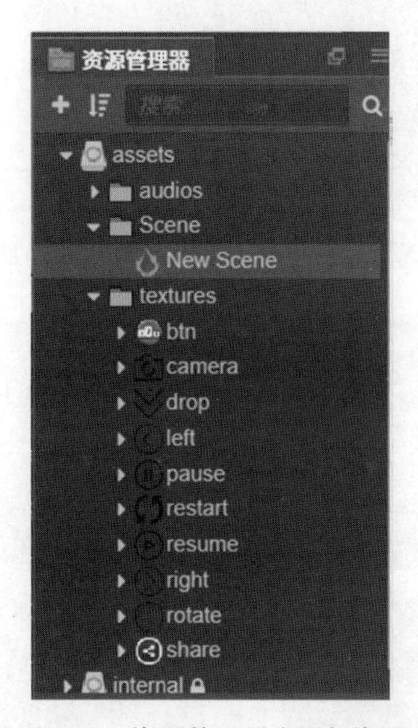

图 22-2　资源管理器中添加资源

22.2.2　创建游戏场景

在资源管理器的面板中新建游戏场景 Scene 后，按图 22-1 游戏界面布局设计场景按钮等，最终如图 22-3 所示。设计场景时，Canvas 分辨率设置为宽度 1080px，高度 1920px。然后建立 Sprite 组件节点 bg 作为背景，Sprite 组件 Width 和 Height 分别为 1100 和 2200。具体设置如图 22-4 所示。建立空节点 shapeBoard 作为游戏区域，用于动态添加下落方块和固定的方块，注意坐标设置和锚点设置（左下角）。shapeBoard 的左上角坐标为(−540,960)。所以方块下落时，y 坐标值减少。具体设置如图 22-5 所示。至此完成场景设计。俄罗斯方块的形状如图 22-6 所示。

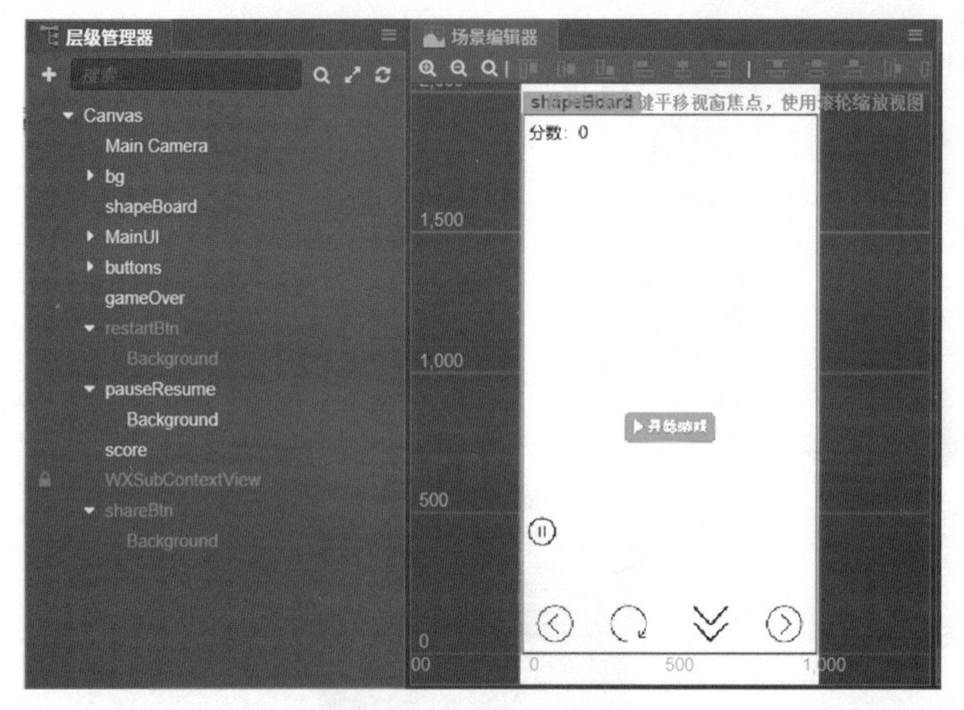

图 22-3 层级管理器设计游戏场景

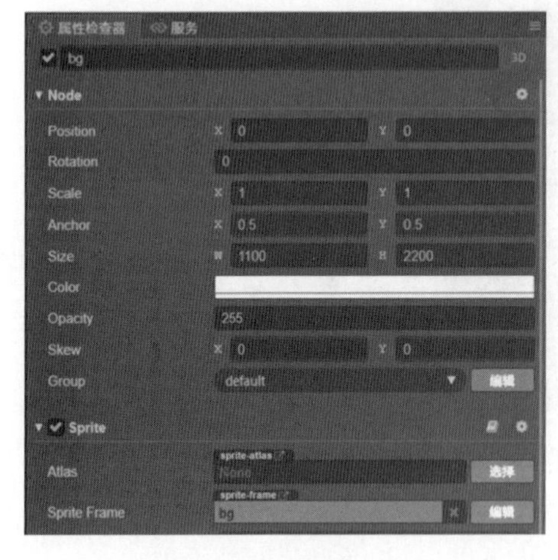

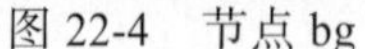
图 22-4 节点 bg

图 22-5 空节点 shapeBoard

接着就是 buttons 节点添加 4 个按钮分别用于左移、旋转、快速下落、右移；pauseResume 节点添加 1 个按钮用于暂停；score 节点添加 1 个 Label 用于显示分数；gameOver 节点添加 1 个 Sprite 用于 GameOver 图片。

最后设计方块预制体 tile，是一个 Sprite 组件，代表游戏中的一个个小方块，当然颜色在游戏代码中动态改变。

图 22-6　俄罗斯方块的形状

22.3　项目核心代码实现

22.3.1　游戏方块的七种形状

俄罗斯方块游戏里的游戏方块一共有七种形状，并且游戏方块的每个形状由四个方块组成，同时每一个方块又有各自的形态变化(除了“田”这个形状)。用户需要在 Cocos Creator 中使用一个游戏方块预制体来制作出这七种形状。

游戏中下落的方块有着各种不同的形状，要在游戏中绘画不同形状的方块，就需要使用合理的数据表示方式。目前常见的俄罗斯方块拥有七种基本的形状以及它们旋转以后的变形体，具体的形状如图 22-7 所示。

图 22-7　俄罗斯方块的形状

每种形状都是由四个方块组成，实际上每个形状都可以通过关键的四个坐标（如图 22-8 所示）来进行表示，同时每一个坐标都代表当前方块形状中的一个方块。

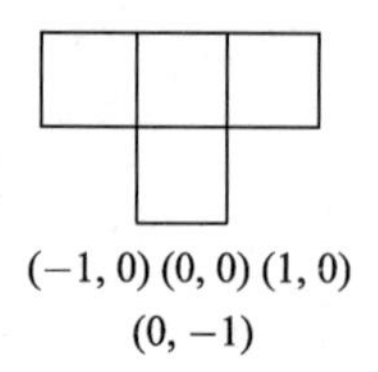

图 22-8　T 形方块形状坐标示意图

确定一个关键方块，该方块将作为整个形状旋转的中心点，而它的坐标也将被设为(0,0)。那剩下三个方块的坐标也就可以确定下来。例如，如图 22-8 所示的 T 形方块，以上方中央那个为关键方块，其坐标为(0,0)，其左侧方块为(−1,0)，右侧方块为(1,0)，下方方块为(0,−1)。

自然而然地，游戏方块形状的旋转就可以随着游戏方块的坐标的改变来实现这种效果。如图 22-9 所示为 T 形方块及旋转后的坐标。

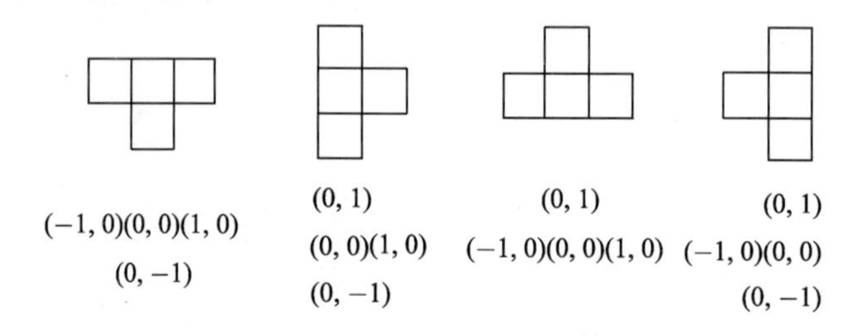

图 22-9　俄罗斯方块的形状坐标示意图

每种形状逆时针转动就会形成一个新的形状，为了程序处理简单，可以把这些基本形状的变形体都使用二维列表定义好，这样就不需要编写每个方块的旋转函数了。

Shape.js 代码如下。

```
const SHAPE_COORDS = {
    squareShape: [                                //正方形(田形)
        [[0,0],[0,1],[1,0],[1,1]]
    ],
    lineShape: [                                  //直线形
        [[0,0],[-1,0],[1,0],[2,0]],
        [[0,0],[0,-1],[0,1],[0,2]]
    ],
    tShape: [                                     //T形
        [[0,0],[-1,0],[1,0],[0,-1]],
        [[0,0],[0,1],[1,0],[0,-1]],
        [[0,0],[-1,0],[0,1],[1,0]],
        [[0,0],[-1,0],[0,1],[0,-1]],
    ],
    zShape: [                                     //Z形
        [[0,0],[-1,0],[0,-1],[1,-1]],
```

```
        [[0,0],[0,-1],[1,0],[1,1]],
    ],
    zShapeMirror: [                              //Z形镜像(S形)
        [[0,0],[1,0],[0,-1],[-1,-1]],
        [[0,0],[0,1],[1,0],[1,-1]],
    ],
    lShape: [                                    //L形
        [[0,0],[0,1],[1,0],[2,0]],
        [[0,0],[0,1],[0,2],[-1,0]],
        [[0,0],[0,-1],[-1,0],[-2,0]],
        [[0,0],[1,0],[0,-1],[0,-2]]
    ],
    lShapeMirror: [                              //L形镜像
        [[0,0],[0,1],[-1,0],[-2,0]],
        [[0,0],[0,-1],[0,-2],[-1,0]],
        [[0,0],[0,-1],[1,0],[2,0]],
        [[0,0],[1,0],[0,1],[0,2]]
    ],
}
export {SHAPE_COORDS};
```

这样就轻松解决了旋转后方块形状问题。

定义的这个 SHAPE_COORDS 常量存储了游戏方块的所有形状及它旋转变化的坐标。在这一常量中每一个键名都代表一个游戏方块相应的形状，而每一个键对应的值类型是数组，自然而然这个键名包含该方块形状所对应的所有的形态变化，而数组的长度就是游戏方块形状的形态总数。

将定义的 shapeBoard 这个锚点设置为(0,1)，即左上角。shapeBoard 大小同 Canvas 节点相同，调整位置坐标为(0,0)，使其与 Canvas 节点重合。也就是整个游戏坐标系都是以游戏 Canvas 节点左上角为坐标原点，从这个锚点开始往右的 x 坐标为正，往左为负；往上 y 坐标为正，往下为负。

22.3.2　游戏逻辑实现

游戏区域是由一定的行数和列数的单元格组成的，每个单元格就是一个方块。确定了行列数，也就是确定了要怎么分割屏幕。根据游戏的行列数也就确定了每一个游戏方块的宽高。

游戏逻辑实现 Game.js 代码如下。

```
import {SHAPE_COORDS} from './Shape'
cc.Class({
    extends: cc.Component,
    properties: {
        tilePrefab: cc.Prefab,                   //方块预制
        shapeBoard: cc.Node,                     //添加方块的节点
        gameOverNode: cc.Node,                   //Game Over图片节点
        restartNode: cc.Node,                    //重新开始按钮节点
        pauseResumeBtn: cc.Node,                 //暂停按钮节点
```

```
        pausePic: cc.SpriteFrame,                //暂停图片
        resumePic: cc.SpriteFrame,               //继续图片
        scoreLabel: cc.Label,
        finscore: cc.Label,                      //分数文本
        //音频
        bgAudio: {
            default: null,
            type: cc.AudioClip
        },
        btnAudio: {
            default: null,
            type: cc.AudioClip
        },
        dropAudio: {
            default: null,
            type: cc.AudioClip
        },
        pauseResumeAudio: {
            default: null,
            type: cc.AudioClip
        },
        removeAudio: {
            default: null,
            type: cc.AudioClip
        },
        loseAudio: {
            default: null,
            type: cc.AudioClip
        },
        scoreDisplay: {default: null,type: cc.Label},
    },
```

因为游戏方块会经常生成和删除，所以这里用设置游戏方块节点池来提高性能。makeShape()用来生成方块形状。一个游戏方块形状有 4 个方块（通过方块预制体动态生成），首先确定关键方块坐标，从而决定形状位置。形状的其余 3 个方块根据相对坐标计算出屏幕上显示位置。最终 4 个方块加入到存储当前这个形状中的 shapeTileArray 数组，并添加到 shapeBoard 节点里，从而显示到屏幕上。

```
    makeShape() {   //生成方块形状
        this.shapeTileArray = [];                   //用来保存当前形状中的所有方块
        this.color = this.getColor();               //当前形状颜色
        let startX = Math.floor(Math.random()*(this.col-4))+2;
                                                    //横向起始位置
        let startY = 2;                             //纵向起始位置
        let x = startX * this.tileWidth;            //关键方块x坐标
        let y = startY * this.tileHeight;           //关键方块y坐标
```

```
        let keyTile = this.getTile();            //关键方块(旋转中心点)
        //设置关键方块的颜色、位置、大小
        keyTile.color = this.color;
        keyTile.position = cc.v2(x, y);
        keyTile.width = this.tileWidth;
        keyTile.height = this.tileHeight;
        this.shapeBoard.addChild(keyTile);
        this.shapeTileArray.push(keyTile);

        let coords = this.getShapeCoords();    //随机获取一个形状坐标
        //添加形状的其余3个方块
        for (let i=1; i<coords.length; i++) {
            //通过相对于关键方块coords[i][0]坐标计算其他方块的x坐标
            let x = (coords[i][0]+startX)*this.tileWidth;  //其他方块的x坐标
            //通过相对于关键方块coords[i][1]坐标计算其他方块的y坐标

            let y = (coords[i][1]+startY)*this.tileHeight; //其他方块的y坐标
            let tile = this.getTile();                      //生成方块
            tile.color = this.color;                        //设置方块颜色
            tile.position = cc.v2(x, y);
            tile.width = this.tileWidth;
            tile.height = this.tileHeight;
            this.shapeBoard.addChild(tile);//添加到shapeBoard节点
            this.shapeTileArray.push(tile) //存储当前形状中的游戏方块
        }
    },
```

shapeTileArray 这个数组是为了用来存储当前这个形状中的 4 个游戏方块，方便之后的旋转和移动方块的操作。而 getColor()则是用来返回一个随机颜色，用在确定好形状中的 4 个游戏方块上。

```
    getColor() {
        //设置随机颜色
        let red = Math.round(Math.random()*255);
        let green = Math.round(Math.random()*255);
        let blue = Math.round(Math.random()*255);
        return new cc.Color(red, green, blue);
    },
```

确定好颜色之后，再来确定每个方块形状刚开始生成的位置。为了确保游戏刚开始的方块不超出屏幕的左右边界，startX 的取值范围就定在了[2, 10]，而 startY 等于 2 表示会在屏幕上方生成。用户可以根据需要自行修改这两个值。根据确定的关键方块位置调用 getTile()来生成关键方块，这里使用游戏方块节点池来提高性能。如果节点池中有方块，就从节点池中获取，否则新生成一个方块预制体。

```
    getTile () {
        //生成方块预制体，代表一个方块
        let tile = null;
        if (this.tilePool.size() > 0) {    //如果节点池中有方块，就从节点池中获取
```

```
        tile = this.tilePool.get();
    }
    else {                          //否则调用cc.instantiate()生成
        tile = cc.instantiate(this.tilePrefab);
    }
    return tile;
},
```

关键游戏方块生成好之后，调用 getShapeCoords()来随机获取某个游戏方块形状的某种形态的坐标，然后再根据该坐标（相对于关键方块）生成其他 3 个游戏方块，即可生成整个游戏方块形状。

```
getShapeCoords() {
    //随机获取一种形状
    let shapeArray = ['squareShape', 'lineShape', 'tShape', 'zShape',
      'zShapeMirror', 'lShape', 'lShapeMirror'];
    this.shape = shapeArray[Math.floor(Math.random()*shapeArray.
        length)];
    //随机获取该形状的某种形态，形态的索引保存在this.num中
    let coordsArray = SHAPE_COORDS[this.shape];
    this.num = Math.floor(Math.random()*coordsArray.length);
    //返回坐标
    return coordsArray[this.num];
},
```

22.3.3 形状的旋转和移动

1. 形状的旋转

rotateBtn()实现形状的旋转功能。让游戏方块形状进行旋转的原理是关键方块的坐标保持为(0，0)，变化的其实只是其他三个游戏方块的坐标。但是不管其他三个游戏的方块的坐标怎么改变，只要关键方块的坐标确定，通过相对坐标也就知道剩余三个方块的位置。

```
rotateBtn() {
    //旋转
    if (this.isPaused)
        return;
    cc.audioEngine.playEffect(this.btnAudio, false);
    //如果形状只有一种变化形式，则直接返回
    let temp = this.num;
    if(SHAPE_COORDS[this.shape].length == 1)
        return;
    else {
        if (this.num+1 == SHAPE_COORDS[this.shape].length)
            this.num = 0;
        else
            this.num += 1;
    }

    let keyTile = this.shapeTileArray[0];
    let coords = SHAPE_COORDS[this.shape][this.num];
```

```
        for (let i=1; i<coords.length; i++) {
            let x = Math.round(keyTile.x + coords[i][0]*this.tileWidth);
            let y = Math.round(keyTile.y + coords[i][1]*this.tileHeight);
        if(x<0||x>=this.shapeBoard.width || Math.abs(y)>=this.shapeBoard.
            height) { //越界
                this.num = temp;            //恢复到以前状态，不旋转
                return;
            }
            //如果与其他固定方块重合，则不旋转
            for (let j=0; j<this.confirmedTileArray.length; j++) {
                let confirmedX = Math.round(this.confirmedTileArray[j].x);
                let confirmedY = Math.round(this.confirmedTileArray[j].y);
                if (confirmedX == x && confirmedY == y) {
                    this.num = temp;     //恢复到以前状态，不旋转
                    return;
                }
            }
        }

        //根据坐标重新设置其他三个方块
        for (let i=1; i<coords.length; i++) {
            let x = coords[i][0]*this.tileWidth + keyTile.x;
            let y = coords[i][1]*this.tileHeight + keyTile.y;
            let tile = this.shapeTileArray[i];
            tile.position = cc.v2(x, y);
        }
    },
```

rotateBtn()旋转时首先要判断当前方块形状一共有几种方块的形态变化，如果只有一种，比如“田”，那么方块形状就不需要旋转了，直接返回。如果变化数量大于 1，那么就需要根据 this.num 的值获取到下一种游戏方块形态的坐标，this.num 要小于数组长度。接着获取关键游戏方块(数组的第 1 个元素)和其旋转后坐标。在最后要根据关键的游戏方块重新设置剩余的三个游戏方块的位置。

同时应该禁止任何游戏方块跑出左、下、右三个边界，而且旋转后也不能与其他已经存在的固定游戏方块重合。首先判断是否有超出边界，如果有则还原 this.num 值，并返回。循环遍历固定游戏方块 confirmedTileArray 数组，用来判断下落方块是否与固定游戏方块重合。

2. 形状的移动

形状的左移和右移其实很简单。跟方块旋转的游戏原理差不多是一样的，只需要确保游戏方块不会超出边界或者与其他的游戏方块来进行重合就行。

```
leftBtn() {
    //左移
    if (this.isPaused)
        return;
    cc.audioEngine.playEffect(this.btnAudio, false);//调音乐
    for (let i=0; i<this.shapeTileArray.length; i++) {
```

```
            let x = Math.round(this.shapeTileArray[i].x - this.tileWidth);
            let y = Math.round(this.shapeTileArray[i].y);

            //防止出界
            if (x < 0)  {
                return;
            }
            //如果与其他方块重合，则不能移动
            for (let j=0; j<this.confirmedTileArray.length; j++) {
                let confirmedX = Math.round(this.confirmedTileArray[j].x);
                let confirmedY = Math.round(this.confirmedTileArray[j].y);
                if (confirmedX==x && confirmedY==y) {
                    return;
                }
            }
        }

        //当前形状中的方块全部左移一步
        for (let i=0; i<this.shapeTileArray.length; i++) {
            this.shapeTileArray[i].x -= this.tileWidth;
        }
    },
```

RightBtn() 实现右移，原理和左移一样，这里不再重复介绍。

3. 形状的下移

moveDown()实现形状的下移。循环 shapeTileArray 数组，获取左移后各个游戏方块的 x 值，并判断游戏方块是否出界。循环设置的 confirmedTileArray 数组，用来判断是否与其他的游戏方块重合。右移跟左移类似，代码就不复制了。要实现下落功能，需要知道如何让游戏方块形状往下移动一步。在 Game.js 中添加 moveDown()方法，这个方法可以让当前游戏方块形状中的所有游戏方块往下移动一步（即一个游戏方块高度的距离）。

```
    moveDown () {
        //往下移动一行
        for (let i=0; i<this.shapeTileArray.length; i++) {
            let x = Math.round(this.shapeTileArray[i].x);
            let y = Math.round(this.shapeTileArray[i].y - this.tileHeight);
            //y坐标减去方块高度

            //如果触底，则不再下降
            if (Math.abs(y) >= this.shapeBoard.height)  {
                this.shapeTileArray.forEach(element => {
                  this.confirmedTileArray.push(element); //添加到固定方块数组中
                });
                this.removeLines();        //消除整行
                this.makeShape();         //产生新形状
                return false;
            }
```

```
        //如果碰到其他方块，则不再下降
        for (let j=0; j<this.confirmedTileArray.length; j++) {
            let confirmedX = Math.round(this.confirmedTileArray[j].x);
            let confirmedY = Math.round(this.confirmedTileArray[j].y);
            if (confirmedX==x && confirmedY==y) {
                this.shapeTileArray.forEach(element => {
                  //遍历循环shapeTileArray
                    this.confirmedTileArray.push(element);
                      //添加到固定方块数组中
                });
                if (this.judgeLose()) {
                    this.lose();                //游戏失败
                }
                else {
                    this.removeLines();       //消除整行
                    this.makeShape();         //产生新形状
                }
                return false;
            }
        }
    }
    //方块形状下降
    for (let i=0; i<this.shapeTileArray.length; i++) {
        this.shapeTileArray[i].y -= this.tileHeight;
    }
    return true;
},
```

下落过程中不能让游戏方块超出底部边界或者与固定的游戏方块重合。

如果形状的任何一个游戏方块触底了，那么整个游戏方块形状就不会再往下移动。遍历循环形状数组 shapeTileArray，将形状中的四个游戏方块全部加到固定方块 confirmedTileArray 数组中，并重新生成一个方块形状。

如果形状其中的任何一个游戏方块都与固定游戏方块重合了，那么整个方块形状也不会再移动。同理，将形状中的四个游戏方块全部加到固定方块 confirmedTileArray 数组中，并重新生成一个方块形状。

4. 形状的快速下落

形状的下落就是循环调用 moveDown()实现形状的不断下移。如果 moveDown()返回 true 说明可以继续下落，直到 moveDown()返回 false 结束循环。

```
dropBtn() {         //下落
    if (this.isPaused)   //暂停状态
        return;
    cc.audioEngine.playEffect(this.dropAudio, false);
    while (true) {
        let temp = this.moveDown();
```

```
        if (!temp)
            return;
    }
},
```

游戏中为实现方块形状自动下移，需要给游戏开始按钮里加一个计时器，让这个计时器每秒调用 moveDown()这一个方法，这样的话就可以使游戏方块每一秒都可以自动往下降落一行。

```
//添加计时器，让方块每0.5s往下移动一行
this.schedule(this.moveDown, 0.5);
```

22.3.4 游戏方块消除

实现判断是否要消除的游戏方块的方法逻辑还是比较明了的，只需要经过判断检查某一行是否被游戏的方块填满即可——也就是说，如果说某一行上所有游戏方块的宽度总和等于这个游戏设置的屏幕宽度，那么就可以把这一行方块给消除掉。

```
removeLines() {                              //消除整行
    let lines = [];                          //用于记录被消除的行编号（第几行）
    for (let i=0; i<this.row; i++) {
        let tempWidth = 0;           //用于判断是否进行消除
        let tempTile = [];           //用于存储某一行要被消除的方块预制体
        let y = Math.round(-i*this.tileHeight);
          //当前行y坐标，坐标系原点是左上角

        //判断confirmedTileArray中固定方块是否与当前行y坐标相同
        for (let j=0; j<this.confirmedTileArray.length; j++) {
            let confirmedY = Math.round(this.confirmedTileArray[j].y);
            if (y == confirmedY) {
                tempTile.push(this.confirmedTileArray[j]);
                  //如果相同则存储该方块
                tempWidth += this.tileWidth;         //并增加tempWidth
            }
        }
        //判断tempWidth是否等于（超过）shapeBoard.width
        if (tempWidth >= this.shapeBoard.width) {
            lines.push(i);
            tempTile.forEach(e=>{
            //从固定方块confirmedTileArray数组中删除相关方块
               for (let j=0; j<this.confirmedTileArray.length; j++) {
                    if (e == this.confirmedTileArray[j])
                        this.confirmedTileArray.splice(j, 1);
                }
                this.tilePool.put(e);              //回收方块
            });
        }
    }
```

```
        //让其他未消除的方块下落
    if (lines.length)
        this.dropConfirmedTiles(lines);
},
```

removeLines()中首先把所有的游戏行数进行循环，并且每次循环的时候查找固定方块数组 confirmedTileArray 中那些游戏方块的 y 值跟当前行 y 值相同，这样就可以非常清楚地知道这一行上有多少个游戏方块。

每当找到一个游戏方块的时候，就把它部署在数组中，并且让一个方块宽度的值增加。如果 tempWidth 这一个参数等于(正常来讲应该不会超过)屏幕宽度，那么就可以说明这一行的游戏方块已经被填满了，可以进行消除。接着要将当前行的编号放到提前写好的 lines 这个数组中，再从之前放置方块的方法中删除相关的游戏方块的元素，当然也要把这个游戏方块回收到自己设置的游戏的节点池中。在 moveDown()方法中调用之前已经编写好的 removeLines()方法，但是要注意只有游戏方块触底和碰到其他游戏方块时才可以进行调用。

不过消除一行之后其他游戏方块并未下落，所以还需要写一个消除后上方方块下落的 dropConfirmedTiles()函数。

```
dropConfirmedTiles (lines) {
    //让其他未消除的方块下落
    for (let i=0; i<lines.length; i++) {
        for (let j=0; j<this.confirmedTileArray.length; j++) {
            let confirmedY = Math.round(this.confirmedTileArray[j].y);
            //只有消除行上方的方块才允许下降
            if (confirmedY <= -lines[i]*this.tileHeight)
                continue;
            this.confirmedTileArray[j].y -= this.tileHeight;
        }
        this.addScore();
    }
    cc.audioEngine.playEffect(this.removeAudio, false);
}
```

并不是说必须要全部的游戏方块都下落，而是只有在消除一行的上方的游戏方块才可以下落。所以要在 removeLines()函数的最后再调用 dropConfirmeTile()这一个方法来让其他没有消除的方块下落。

22.3.5　游戏失败逻辑

只有当某一游戏形状中的各方块下落完毕后，并且如果任一游戏方块超出屏幕顶端，则判定游戏失败。

```
judgeLose() {    //游戏失败判定
    for (let i=0; i<this.confirmedTileArray.length; i++) {
        let confirmedY = Math.round(this.confirmedTileArray[i].y);
        //如果有任何一个方块的y坐标超出顶端，则判定输
```

```
        if (confirmedY >= 0)
            return true;
    }
    return false;
},
```

循环 confirmedTileArray 数组，检查哪个游戏方块超出了屏幕顶端(通过游戏中的 y 值范围来进行判断)。注意要在方块下移 moveDown()中调用 judeLose()判断游戏是否失败。

游戏失败后，让这个 lose ()方法完成失败后的处理工作。

```
lose () {        //游戏失败后的处理工作
    this.unschedule(this.moveDown);              //取消定时下移
    let fadeInAction = cc.fadeIn(1);
    this.gameOverNode.runAction(fadeInAction);  //渐入效果显示GameOver图片
    //相关按钮可见
    this.restartNode.active = true;              //显示restart按钮
    cc.audioEngine.stopMusic();                  //停止音乐播放
    cc.audioEngine.playEffect(this.loseAudio);  //播放失败音效
    //将最好分数成绩保存到本地和微信托管云
    this.setBestScore();
},
restart() {        //重新开始按钮事件代码
    cc.audioEngine.playEffect(this.btnAudio, false);
    cc.director.loadScene('俄罗斯方块');         //调入场景
},
```

22.3.6 游戏暂停以及得分和音效

1. 编写游戏暂停按钮事件代码

首先判断当前游戏是否是暂停状态：如果不是暂停状态则设置 isPaused 为 true，取消设置的计时器，并且将按钮图片设置成重新开始的图片，这样游戏就进入暂停状态。

如果是暂停状态则设置 isPaused 为 false，重新开启计时器，并且重新设置按钮的图片为暂停图片，这样游戏继续进行。

```
pauseResume() {   //游戏暂停
        if (!this.isPaused) {//不是暂停状态
            this.isPaused = true;
            this.unschedule(this.moveDown);        //取消计时器
            let btnBg = this.pauseResumeBtn.children[0];
            btnBg.getComponent(cc.Sprite).spriteFrame = this.resumePic;
            //修改按钮背景
        }
        else {  //是暂停状态，则恢复计时
            this.isPaused = false;
```

```
            if (this.score<10)
            {
            this.schedule(this.moveDown, 0.5);
            };
            if (this.score>=10)
            {
                    this.schedule(this.moveDown, 0.2);
            };
            if (this.score>=20)
            {
                    this.schedule(this.moveDown, 0.1);
            };
            let btnBg = this.pauseResumeBtn.children[0];
            btnBg.getComponent(cc.Sprite).spriteFrame = this.pausePic;
            //修改按钮背景
        }
        cc.audioEngine.playEffect(this.pauseResumeAudio, false);
    },
```

addScore()实现计分功能。并根据积分调整游戏方块下移速度。分数在 10 分以内，每 0.5s 下落一行；分数为 10~20 分，每 0.2s 下落一行；分数在 20 分以上，每 0.1s 下落一行。

```
    addScore() {
        this.score += 1;
        this.scoreLabel.string = "分数: " + String(this.score);
        if (this.score>=10)
        {
            this.schedule(this.moveDown, 0.2);
        };
        if (this.score>=20)
        {
        this.schedule(this.moveDown, 0.1);
        };
        //this.finscore.string = '最终成绩为: ' + this.score;
    },
```

2. 编写游戏音效

在游戏开始方法中循环播放游戏背景音乐，为了防止声音过大，可调用 setMusicVolume()方法在里面设置游戏音量。

```
    cc.audioEngine.playEffect(this.pauseResumeAudio, false);
```

在单击控制游戏方块形状的移动按钮后和得分时调用启动别的音效的方法类似。

以左移为例：

```
    leftBtn() {
        //左移
        if (this.isPaused)
```

```
            return;
        cc.audioEngine.playEffect(this.btnAudio, false);//调整音乐
    }
```

22.3.7 记录历史成绩功能

这个游戏中用 setBestScore()这个方法将玩家的最高分保存到本地和微信自带的云托管（因为用的是微信自带的云数据库）上，代码如下。

```
setBestScore () {
    //首先从本地获取历史最高分
    let bestScore = cc.sys.localStorage.getItem('bestScore');
    if (!bestScore) {
        //保存到本地
        cc.sys.localStorage.setItem('bestScore', String(this.score));
        //wx.setUserCloudStorage这个API来更新云托管分数
        let newKVData = {key: 'score', value: String(this.score)};
        this.setNewCloudScore(newKVData);
    }
    else {
        if (this.score > Number(bestScore)) {
            //保存到本地
            cc.sys.localStorage.setItem('bestScore', String(this.score));
            //wx.setUserCloudStorage这个API用来更新云托管分数
            let newKVData = {key: 'score', value: String(this.score)};
            this.setNewCloudScore(newKVData);
        }
    }
},
```

首先需要通过 cc.sys.localStorage.getItem()这个方法来获取之前存储在本地的最高分。当然如果是第一次玩这个游戏的话，那么本地肯定不会有一个名为 bestScore 的键，当然这个 cc.sys.localStorage.getItem('bestScore')也绝对为空值。因此直接将玩家第一次玩游戏的分数设为最高分数保存在本地，同时调用 wx.setUserCloudStorage 这个 API 来更新微信的云托管分数。相对应地如果这不是第一次玩，那么 bestScore 则一定不为空（因为第一次游戏时已经设置了最高分）。所以在判定之前要先比较下新分数和之前存储在本地的分数，究竟哪一个分数是比较大的；如果是新分数比较大，那么就更新存储在本地和云托管上的最高分数，否则不用更新。

至此整个游戏功能就开发完成，参考第 21 章发布本俄罗斯方块游戏成微信小游戏，然后在小游戏平台上线供玩家休闲时使用。

参考文献

REFERENCE

[1] 李雯，李洪发. HTML5 程序设计基础教程[M]. 北京：人民邮电出版社，2017.
[2] 肖睿，何源. 微信小程序开发实战[M]. 北京：人民邮电出版社，2020.
[3] 杜春涛. 微信小程序开发案例教程[M]. 北京：中国铁道出版社，2019.
[4] 阮文江. JavaScript 程序设计基础教程[M]. 2 版. 北京：人民邮电出版社，2015.
[5] 张路斌. HTML5 Canvas 游戏开发实战[M]. 北京：机械工业出版社，2013.
[6] 郑秋生，夏敏捷. Java 游戏编程开发教程[M]. 北京：清华大学出版社，2016.

图书资源支持

感谢您一直以来对清华版图书的支持和爱护。为了配合本书的使用,本书提供配套的资源,有需求的读者请扫描下方的“书圈”微信公众号二维码,在图书专区下载,也可以拨打电话或发送电子邮件咨询。

如果您在使用本书的过程中遇到了什么问题,或者有相关图书出版计划,也请您发邮件告诉我们,以便我们更好地为您服务。

我们的联系方式:

地　　址:北京市海淀区双清路学研大厦 A 座 714

邮　　编:100084

电　　话:010-83470236　010-83470237

客服邮箱:2301891038@qq.com

QQ:2301891038(请写明您的单位和姓名)

资源下载:关注公众号“书圈”下载配套资源。

资源下载、样书申请

书圈

获取最新书目

观看课程直播